甘肃省现代气候业务技术手册

主编　林　纾　马鹏里

气象出版社
China Meteorological Press

内容简介

本手册按照我国省级现代气候业务服务的框架，全面系统地对兰州区域气候中心所有业务进行了介绍。全书共分为六章，内容涵盖了甘肃省气候概况和气候区划、气候监测与气候变化业务、短期气候预测业务、农业气象业务、生态与遥感业务和气候可行性论证等各方面，对所有岗位的业务流程、技术方法、技术指标、产品内容、分发时间节点和兰州区域气候中心周年服务方案等进行了细致的总结，并结合中国气象局《气象高质量发展纲要(2022—2035年)》，对各项业务发展进行了展望。

本书可供相关专业技术人员学习和交流。

图书在版编目（CIP）数据

甘肃省现代气候业务技术手册 / 林纾，马鹏里主编. -- 北京 : 气象出版社，2023.10
ISBN 978-7-5029-8084-9

Ⅰ. ①甘… Ⅱ. ①林… ②马… Ⅲ. ①气象－工作－甘肃－技术手册 Ⅳ. ①P468.242-62

中国国家版本馆CIP数据核字(2023)第211297号

甘肃省现代气候业务技术手册
GANSU SHENG XIANDAI QIHOU YEWU JISHU SHOUCE

出版发行：气象出版社
地　　址：北京市海淀区中关村南大街46号　　**邮政编码：**100081
电　　话：010-68407112(总编室)　010-68408042(发行部)
网　　址：http://www.qxcbs.com　　**E-mail：**qxcbs@cma.gov.cn
责任编辑：陈　红　林雨晨　　**终　　审：**张　斌
责任校对：张硕杰　　**责任技编：**赵相宁
封面设计：艺点设计
印　　刷：北京建宏印刷有限公司
开　　本：787 mm×1092 mm　1/16　　**印　　张：**14.25
字　　数：362千字
版　　次：2023年10月第1版　　**印　　次：**2023年10月第1次印刷
定　　价：88.00元

《甘肃省现代气候业务技术手册》
编委会

主　　编：林　纾　马鹏里

副 主 编：方　锋　王有恒

撰稿人员（按姓氏笔画为序）：

万　信　王　帆　王　兴　王　蕊　王　鑫
王大为　王小巍　石　界　卢国阳　申恩青
冯建英　朱　飙　刘　丽　刘卫平　刘丽伟
李丹华　李红英　李晓霞　杨苏华　张旭东
陈佩璇　林婧婧　赵红岩　胡　婕　段欣妤
贾建英　殷　菲　郭俊琴　黄　涛　黄鹏程
梁　芸　梁东升　蒋友严　韩　涛

编写单位：兰州区域气候中心

序

甘肃省地处我国地理中心，地形地貌复杂，东西和南北跨度大，气候类型多样，涵盖了亚热带、暖温带、温带和高寒等气候带的湿润区、半湿润区、半干旱和干旱区等气候区，其中干旱、半干旱区占总面积的75%。正是特殊的地理和气候环境，造就了甘肃省厚重的文化底蕴和丰富的旅游资源，其生态系统却是我国最脆弱最复杂的地区之一。甘肃省主要气象灾害有干旱、霜冻、暴雨洪涝、大风沙尘、强对流天气和连阴雨等，每年对甘肃省主要粮食作物以及各种重要经济类作物和人民生命财产造成严重危害。

兰州区域气候中心作为甘肃省气候业务的主体承担单位，业务涵盖面广，除气候监测评估、气候预测和气候可行性论证等领域外，还承担着农业气象与生态遥感监测等方面的业务服务和科研任务；并对西北区的青海、陕西和宁夏三省（区）业务发挥指导职能。技术人员多年来在业务发展、拓展服务和科研创新等方面做了大量工作，技术能力和服务水平不断提高，并有了长足的发展和进步，为防灾减灾、粮食安全、生态安全等提供全方位实时监测和未来气候趋势预测及气候变化预估，为甘肃全省经济社会发展提供气候资源评估，以及城镇规划、工业园区和新机场建设、重大工程气候可行性论证等多方位气候应用服务，在应对气候变化和防灾减灾工作中发挥了积极的作用。

《甘肃省现代气候业务技术手册》（以下简称《手册》）是兰州区域气候中心为贯彻落实《气象高质量发展纲要（2022—2035年）》，精心组织相关业务技术人员对其业务技术、工作流程以及业务系统进行概括总结，以业务技术、科研成果转化应用和服务为基础编撰而成。该《手册》系统地介绍了业务工作流程、业务技术规定、业务系统开发应用、产品制作与质量评估、发布以及业务高质量发展展望等，既有理论依据，也有应用实例。该《手册》的出版，将对规范兰州区域气候中心业务流程，为进一步提升甘肃省监测精密、预报精准、服务精细能力，不断提高极端天气气候事件、流域或中小河流洪涝灾害、地质灾害、大气污染潜势预报和森林草原火灾等气象风险预报预警能力提供技术支撑，也将是甘肃省相关一线业务人员最实用的技术工具。

杨兴国*

2023年4月

---

* 杨兴国，甘肃省气象局党组书记、局长。

前　言

兰州区域气候中心隶属于甘肃省气象局，成立于2006年4月，是全国八大区域气候中心之一。兰州区域气候中心承担着短期气候趋势预测、气候监测、气候变化与影响评估、农业气象、生态遥感监测、气候资源开发利用等多方面的业务、服务和科研任务，业务涵盖面广。兰州区域气候中心作为一个整体，上述大量的工作分别由各科室分工负责，各业务之间既相对独立，也有各科室协作完成决策服务材料或气候论证项目等。完成繁多的业务和科研任务，必定有一套完整的业务流程和技术规范支撑。《甘肃省现代气候业务技术手册》依托中国气象局山洪地质灾害防治气象保障工程建设项目，把兰州区域气候中心所有岗位的业务流程、技术方法、技术指标、产品数量、分发时间节点和周年服务方案等，汇编成一个完整的业务技术手册，是对近年来甘肃省气候监测与预测、气候评价与气候变化评估、农业气象、遥感、气候可行性论证等业务的全面总结，展现了多种业务的阶段性成果，可作为各业务岗位的技术规范、新同志上岗的技术指导以及与其他同仁交流的技术手册，具有非常重要的意义。

《甘肃省现代气候业务技术手册》是兰州区域气候中心业务技术人员共同努力的结果。全书由林纾、马鹏里全面负责统筹、内容设计及对初稿的把关、编辑，方锋、王有恒参与提纲设计及对通稿进行审核；各章节负责人承担本章节内容的编写、修改和校对。本手册分为六章，内容包括甘肃省气候概况和气候区划、气候监测与气候变化业务、短期气候预测业务、农业气象业务、生态与遥感业务和气候可行性论证。

本书中气候均值时段为1991—2020年。

各章节编著者如下：

第1章由张旭东和殷菲编写；

第2章由刘卫平、林婧婧、王鑫、赵红岩和卢国阳编写；

第3章由林纾、卢国阳、李丹华、刘丽伟、杨苏华、王鑫、王帆、王蕊、李红英、段欣妤、朱飙和殷菲编写。附录A和B所有原始图绘制和检校排版由黄鹏程、王蕊完成，卢国阳、党慧慧、刘丽伟、刘晨汐、李丹华、段欣妤、黄鹏程、王小巍、王帆、马玉龙、郭天亭、张欣参与完成月季年邮票图的录入排版。

第4章由王兴、王小巍、贾建英、王帆、万信、梁芸、黄鹏程、石界、刘丽和马玉龙编写；

第5章由韩涛、王大为、蒋友严和申恩青编写；

第6章由黄涛、梁东升、李晓霞和胡婕编写。

兰州区域气候中心涉及的业务面广泛，由于编者水平有限，可能未能完全达到预期目的，难免有错误、遗漏和不足，敬请各位专家和读者提出宝贵意见。《手册》中也引用了不少学者的著作和科研成果，参考文献所列不一定全面，敬请相关作者见谅。在此特别对甘肃省气象局科技与预报处以及其他关心本手册出版并提出宝贵建议的专家和同仁表示衷心的感谢！

编者

2023年4月

目　录

序

前　言

第 1 章　甘肃省气候概况和气候区划 …… 1

1.1　甘肃省行政区划 …… 1

1.2　基本地形地貌 …… 1

1.3　气候特点 …… 1

1.4　气候区划 …… 2

1.5　气候资源区划 …… 4

1.6　气象灾害风险区划基本概况 …… 9

参考文献 …… 10

第 2 章　气候监测与气候变化业务 …… 11

2.1　基本要素监测 …… 11

2.2　极端天气气候事件监测 …… 30

2.3　气象灾害 …… 33

2.4　气候与气候变化业务产品 …… 44

2.5　气候评价业务展望 …… 47

参考文献 …… 47

第 3 章　短期气候预测业务 …… 49

3.1　业务流程与产品 …… 49

3.2　基本预测思路及方法 …… 59

3.3　月和季节 EOF 特征向量分布特征 …… 60

3.4　典型年对应月环流和海洋特征 …… 62

3.5　各季节气温和降水概念模型和预测模型 …… 69

3.6　准 150 d 韵律方法 …… 78

3.7　常用业务应用数据和业务系统介绍 …… 89

3.8　气候模式发展与业务化应用 …… 108

3.9　未来预测业务展望 …… 112

参考文献…… 112
第 4 章 农业气象业务…… 114
4.1 农业气象服务信息 …… 115
4.2 农业干旱监测预报 …… 116
4.3 农作物产量气象预报 …… 118
4.4 农用天气预报 …… 124
4.5 关键农时季节气象服务 …… 126
4.6 农业气象专题服务 …… 127
4.7 农业气象灾害调查 …… 128
4.8 农业气象业务系统 …… 133
4.9 主要农作物生育期气象指标 …… 137
4.10 甘肃省农业气象业务发展展望…… 142
参考文献…… 143

第 5 章 生态与遥感业务…… 145
5.1 业务工作目的和意义 …… 145
5.2 业务流程 …… 146
5.3 国家级、省级业务规定和管理办法…… 150
5.4 应用的数据与开展的业务服务内容 …… 153
5.5 产品发布的种类与时间节点 …… 154
5.6 业务系统框架和功能简介 …… 156
5.7 遥感业务展望 …… 167
参考文献…… 169

第 6 章 气候可行性论证…… 170
6.1 工作概述 …… 170
6.2 工作流程和技术方法 …… 172
6.3 典型案例介绍 …… 176
6.4 创新团队 …… 181
6.5 未来展望 …… 181
参考文献…… 182

附录 A 甘肃省月、季和年气温距平邮票图(1981—2020 年) …… 183

附录 B 甘肃省月、季和年降水距平百分率邮票图(1981—2020 年) …… 200

第 1 章　甘肃省气候概况和气候区划

1.1　甘肃省行政区划

甘肃省位于祖国大陆地理中心和黄河上游，位于 32°11′—42°57′N，92°13′—108°46′E，东西长 1659 km，南北宽 530 km。东邻陕西省、南接四川省，西连青海省和新疆维吾尔自治区，北靠内蒙古自治区、宁夏回族自治区，并与蒙古人民共和国接壤。总土地面积 45.44×10^4 km^2，居全国第 7 位。

甘肃省所辖行政区域划分为 12 个地级市、2 个自治州；17 个市辖区、5 个县级市、57 个县、7 个自治县。习惯上将黄河以西的地域称为河西，以东的地域称为河东。另外，还将甘肃省所辖区域按照地理位置划分为五个自然地理区：河西（包括酒泉、嘉峪关、张掖、金昌和武威 5 个地级市）、陇中（包括兰州、白银和定西 3 个地级市和临夏回族自治州）、陇东（包括庆阳、平凉 2 个地级市）、陇南（包括天水、陇南 2 个地级市）、甘南（甘南藏族自治州）。

1.2　基本地形地貌

甘肃省地处黄土高原、青藏高原和蒙古高原的交汇地带，境内山脉纵横交错，地形十分复杂。同时又处在中国自然区划三大自然区的交汇处，自然景观地域差异显著。境内地形复杂，山脉纵横交错，海拔相差悬殊，高山、盆地、平川、沙漠和戈壁等兼而有之，是山地型高原地貌。地势自西南向东北倾斜，地形狭长，东西长 1659 km，南北宽 530 km。海拔大多在 1000 m 以上，四周为群山峻岭所环抱。北有六盘山和龙首山；东为岷山、秦岭和子午岭；西接阿尔金山和祁连山；南接青泥岭。

甘肃省境内地形复杂多样，山脉纵横交错，海拔相差悬殊，高山、盆地、平川、湿地、沙漠和戈壁等兼而有之。独特的地理位置和地形地貌，形成了复杂多样的气候类型。具有气候温凉干燥，太阳辐射强、光照充足，气温日较差大，降水少、变化率大，气象灾害种类多、发生频率高、范围广等大陆性气候特征。

1.3　气候特点

1.3.1　气候温凉、昼夜温差大、热量资源分布差异大

全省年平均气温 8.5 ℃。气温分布趋势为自东南向西北，由盆地、河谷向高原、高山逐渐递减。河西走廊和陇中北部年平均气温为 0.7～10.9℃，陇中南部为 4.3～10.6 ℃，甘南高原

为2.3～7.9 ℃,陇东南为8.3～15.5 ℃。年平均气温乌鞘岭最低为0.7 ℃,文县最高为15.5 ℃,气温年较差最大为34.6 ℃。年极端最高气温为43.6 ℃(敦煌),年极端最低气温为－37.1 ℃(马鬃山,2002年12月25日)。

1.3.2 气候干燥、降水少变率大、地域差异显著

全省平均年降水量为410.2 mm。从东南向西北递减,河西西部的酒泉市年降水量为44.6～96.5 mm,平均值为66.5 mm,河西中东部为115.7～431.3 mm,平均值为227.5 mm,陇中北部为210.4～396.3 mm,平均值为300.5 mm,陇中南部为382.6～532.5 mm,平均值为485.1 mm,陇东南和甘南高原为423.4～770.4 mm,平均值为527.6 mm。降水各季分配不均,夏半年(4—9月)集中了年降水量的80%～90%。年际波动大,如兰州最多年的降水量(457.1 mm)是最少年(168.3 mm)的2.7倍。地域差异显著,如陇南市平均年降水量达577.5 mm,而酒泉市只有66.5 mm。

1.3.3 光照充足,开发潜力大

全省平均年日照时数为2421 h,高于全国平均(2109 h)。太阳能储量大,尤其是河西走廊和甘南高原。全省年太阳总辐射达700万亿 kW,如果利用太阳能丰富区面积1%估算,发电量可达3000亿 kW·h,相当于3座三峡水电站发电量。

1.3.4 各地风速差别大、河西风能资源丰富

甘肃省境内地形地貌复杂,受地形影响,各地风速差别显著。全省年平均风速的变化范围为1.0～5.1 m/s。高山地区年平均风速最大,例如乌鞘岭为5.1 m/s、华家岭4.7 m/s、马鬃山4.4 m/s。河谷、盆地年平均风速最小,例如两当仅为1.0 m/s、成县1.1 m/s、兰州1.1 m/s。祁连山区年平均风速一般为2.7 m/s,是风速最大的地区;河西走廊由于受南北两山的狭管效应作用风速也比较大,年平均风速为1.7～3.0 m/s;陇中山脊区在2.0 m/s以上,河谷地带在2.0 m/s以下;陇东塬区为2.0 m/s左右,河谷地带一般为1.5 m/s左右;陇南大多数地方山高谷深,风速较小,一般为1.5 m/s左右;甘南高原海拔较高,一般为2.0 m/s左右。

甘肃省风能总储量居全国第三位,风功率密度＞300 kW的技术可开发量2.37亿 kW,可开发面积达6万 km^2。

1.4 气候区划

1.4.1 气候区划指标

气候区划指标由两部分组成,即气候带指标和气候区指标。

气候带指标:以日平均气温稳定通过10 ℃活动积温及其初、终日间的持续日数和1月平均气温作为划分气候带指标。甘肃省从南到北分为北亚热带和温带,温带再细分为暖温带和冷温带。对于靠近青藏高原的祁连山区和甘南高原,由于海拔高、面积大、气候寒冷,列为高寒气候区。各气候带气温指标见表1.1。

气候区指标:采用年干燥度作为划分气候区指标,年干燥度4级指标见表1.2。

表 1.1　气候带气温指标

气候带(代号)	≥10 ℃积温/℃·d	≥10 ℃初终日间持续日数/d	1 月平均气温/℃
北亚热带(Ⅰ N)	＞4200	＞220	＞0
暖温带(Ⅱ W)	3400～4200	175～220	0～－10
冷温带(Ⅱ C)	2000～3400	＜175	＜－10
高寒气候区(Ⅲ H)	＜2000		

表 1.2　气候区干燥度指标

气候区(代号)	年干燥度值	气候区(代号)	年干燥度值
湿润区(1)	＜1.00	半干旱区(3)	1.50～3.99
半湿润区(2)	1.00～1.49	干旱区(4)	≥4.00

1.4.2　气候区划

根据上述气候区划指标组合以及地理特征，将甘肃省分为 8 个气候区(图 1.1)：陇南南部河谷北亚热带半湿润区(Ⅰ N_2)、陇南北部暖温带湿润区(Ⅱ W_1)、陇中南部冷温带半湿润区(Ⅱ C_2)、陇中北部冷温带半干旱区(Ⅱ C_3)、河西走廊冷温带干旱区(Ⅱ C_4)、河西西部暖温带干旱区(Ⅱ W_4)、祁连山高寒半干旱半湿润区(Ⅲ $H_{3\text{-}2}$)和甘南高寒湿润区(Ⅲ H_1)。

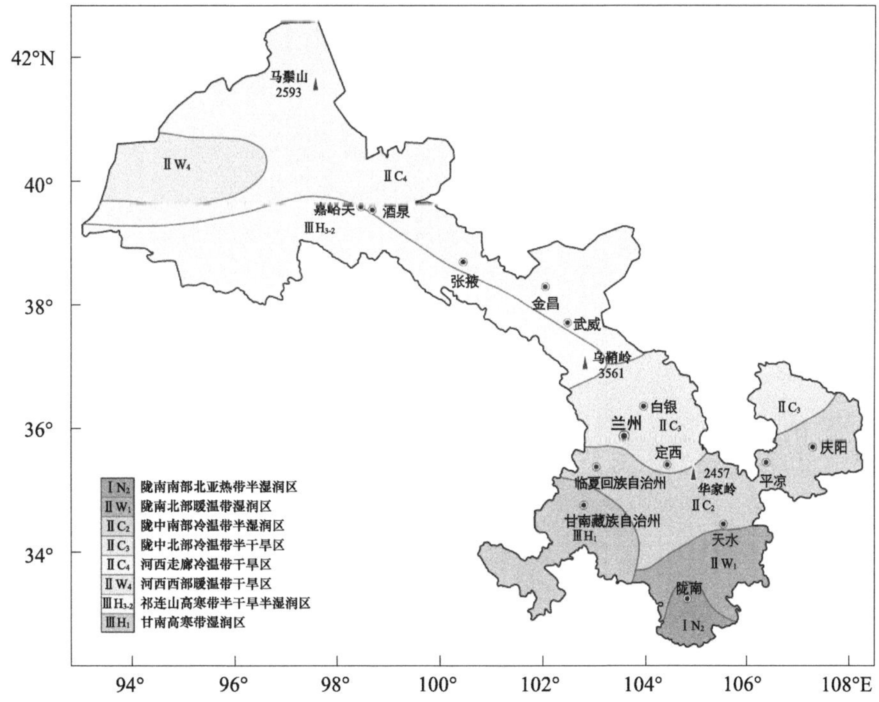

图 1.1　甘肃省气候区划

1.5 气候资源区划

1.5.1 太阳能资源

1.5.1.1 太阳总辐射

地球上绝大多数能量来自太阳。太阳辐射是大气一切物理过程或现象形成的基本动力，几乎是地球和大气唯一的能量来源。到达地面太阳辐射由两部分组成：一部分是太阳辐射通过大气直接到达地表面的平行光线，称为直接辐射；另一部分则是太阳辐射被大气中空气分子和浮游的灰尘所散射的、来自天空各个部分的光线，称为散射辐射。直接辐射和散射辐射的总和，称为总辐射。

甘肃省各地年太阳总辐射值为4636～6382 MJ/m^2，分布呈自西北向东南逐渐递减。河西走廊地形平坦，降水稀少、空气干燥、晴天多，是全省年总辐射高值区，一般都在5500 MJ/m^2以上，并有两个＞6000 MJ/m^2的高值区，一个位于河西走廊西部，另一个位于民勤一带。祁连山区地形复杂，海拔变化较大，对太阳总辐射影响明显，尤其祁连山区东段年太阳总辐射值基本与地形等高线平行。陇中为5000～5834 MJ/m^2。陇东黄土高原为4980～5284 MJ/m^2，陇东北部环县是一个辐射相对高值区。陇南地区丘陵、盆地相间，湿润多雨，是低值区域，为4636～5154 MJ/m^2。甘南地区海拔较高，太阳辐射强，但由于该地区受高原性天气影响，年太阳总辐射较低，为4813～5491 MJ/m^2，甘南州西南部的玛曲年太阳总辐射值略高于周围地区。

1.5.1.2 日照时数≥6 h天数

日照时数＞6 h天数指标，是太阳能评估重要指标之一[1]。该值越大说明该地区日照越充裕、越稳定，受天气变化影响越小，越有利于太阳能资源开发利用。

甘肃各地每年太阳日照时数＞6 h天数为143～320 d，尤其是河西走廊的酒泉、张掖、嘉峪关在290 d以上，非常有利于太阳能资源开发。陇中在197～272 d；陇南地区＜190 d，其中成县最低，只有143 d。

1.5.1.3 太阳能资源区划

根据《太阳能资源等级　总辐射：GB/T31155—2014》[1]规定，以太阳能总辐射为指标，可以将甘肃省太阳能资源划分为资源最丰富区、资源很丰富区和资源丰富区等三级区域（图1.2），每个分区的主要太阳能资源参数见表1.3。

表1.3　甘肃省太阳能资源区划

等级名称	分级阈值/($MJ \cdot m^{-2} \cdot a^{-1}$)	年日照时数/h	日照百分率/%	＞6 h天数/d
最丰富	G≥6300	≥3329	≥77	≥320
很丰富	5040≤G＜6300	2123～3328	49～76	202～319
丰富	3780≤G＜5040	1563～2122	35～48	143～201

注：G表示总辐射年辐照量，采用多年平均值（一般取30 a平均）。

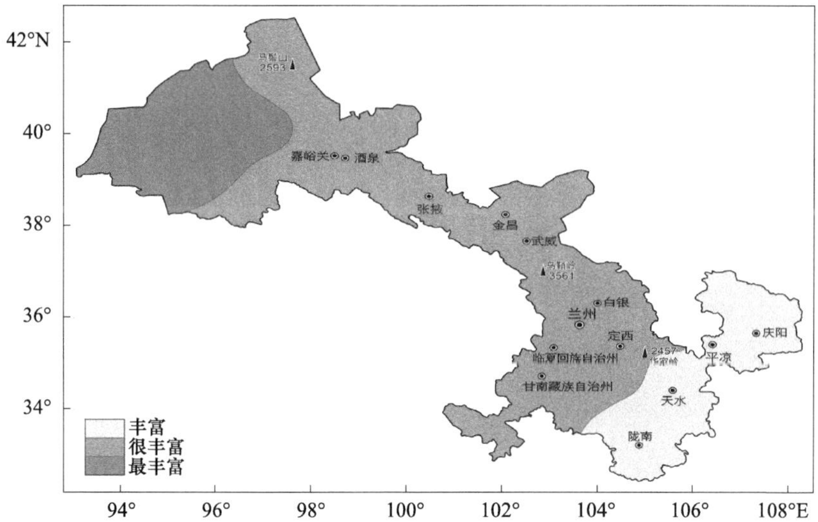

图 1.2　甘肃省太阳能资源区划

1.5.2　热量资源

热量是农作物生长发育所需的外界环境因子和能量，是决定作物熟制类型的基础，常以积温作为标志。不同热量、光能、水分资源组合，可构成不同农业气候类型，各地生长季节长短、积温多少，决定了农作物的品种、布局、种植制度和产量水平。当水肥条件基本满足时，热量适宜，农作物就能正常生长发育和取得较好收成。因此，确切地掌握各地热量资源状况，对因地制宜地安排作物布局、合理部署农业生产，提高科学种田水平是非常重要的。不同品种作物，农业指标气温是不同的，所需积温也是不等的。常用的农业指标气温，以日平均气温稳定通过≥0 ℃、≥5 ℃、≥10 ℃、≥20 ℃等界限气温的初、终日期、持续期和积温，以及≤0 ℃初、终日期、持续期和积温来表示，它们是鉴定热量资源的基本依据。

1.5.2.1　日平均气温稳定通过≥0 ℃积温

全省日平均气温稳定通过≥0 ℃期间积温为 1400～5540 ℃ · d，空间分布趋势大致自东南向西北，由河川、谷地向山顶递减(图 1.3)。热量资源相对较丰富地区有两个：一个在陇南南部，日平均气温稳定通过≥0 ℃期间积温为 4900～5540 ℃ · d；另一个在河西走廊西部安敦盆地，达 4070 ℃ · d 以上。热量资源不足地区也有两个，一个是甘南高原，为 1536～2462 ℃ · d；另一个在祁连山区，为 1406～2427 · d℃。河西走廊大部分地方为 3162～3900 ℃ · d。

1.5.2.2　日平均气温稳定通过≥10 ℃积温

日平均气温稳定通过≥10 ℃积温，全省为 380～4739 ℃ · d(图 1.4)。分布趋势大致与≥0 ℃积温相同。陇南南部在 4600 ℃ · d 以上，是全省热量资源最丰富地区。甘南高原为 380～2100 ℃ · d，是全省热量资源不足区之一。河西走廊大多数地方为 2200～3400 ℃ · d，其中安敦盆地在 3600 ℃ · d 以上，是仅次于陇南南部的热量丰富区。祁连山区和马鬃山区为 430～2380 ℃ · d，是仅次于甘南高原的热量资源不足区。

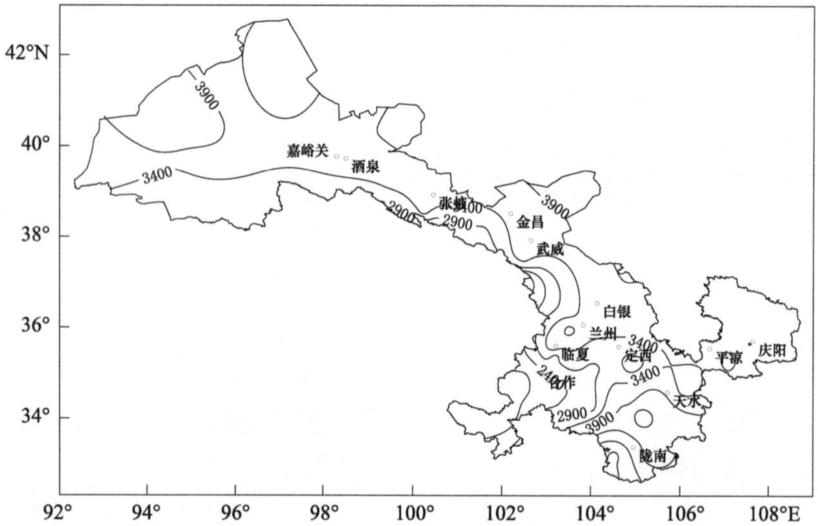

图 1.3　甘肃省日平均气温≥0 ℃积温(单位:℃・d)空间分布

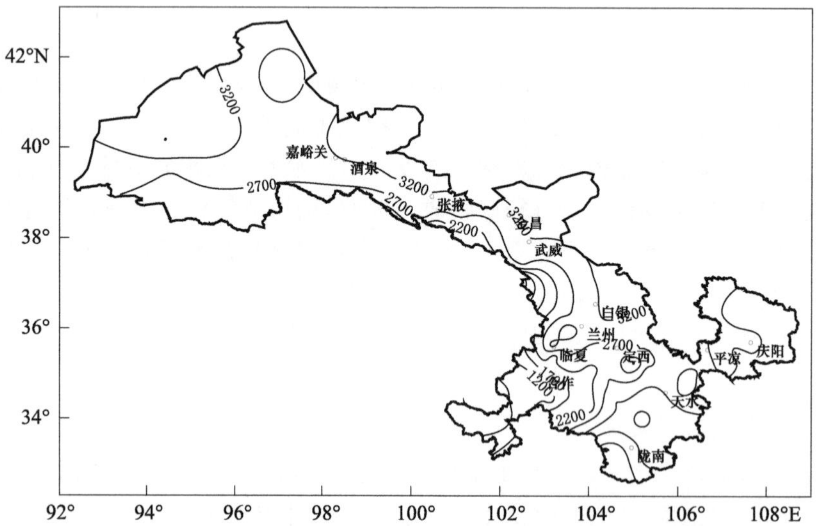

图 1.4　甘肃省日平均气温稳定通过≥10 ℃积温(单位:℃・d)空间分布

1.5.3　降水资源

甘肃省大部分地区为半干旱和干旱气候,年降水量不多,而雨季集中,降水年变率大,降水是农、林、牧业生产发展的限制因子。因此,提高降水资源利用效率对甘肃省农、林、牧业发展至关重要。不同热量、光能、水分资源组合,构成不同农业气候类型。甘肃省光条件优越,热量适中,降水因子在一定程度上决定作物种类、品种、耕作制度和生产水平,在不同的光、温条件下,降水资源时空分布特征和作物耗水特征,对合理开发利用降水资源有重要意义。

1.5.3.1　年平均降水量空间分布

全省年平均降水量空间分布,大致是从东南向西北递减,东南多,西北少,中部有个相对少雨带(图 1.5)。全省平均年降水量为 40～750 mm。如甘肃省东南部的康县,平均年降水量为 750.8 mm,西北部的敦煌,平均年降水量仅 39.9 mm,两地相差 710.9 mm。

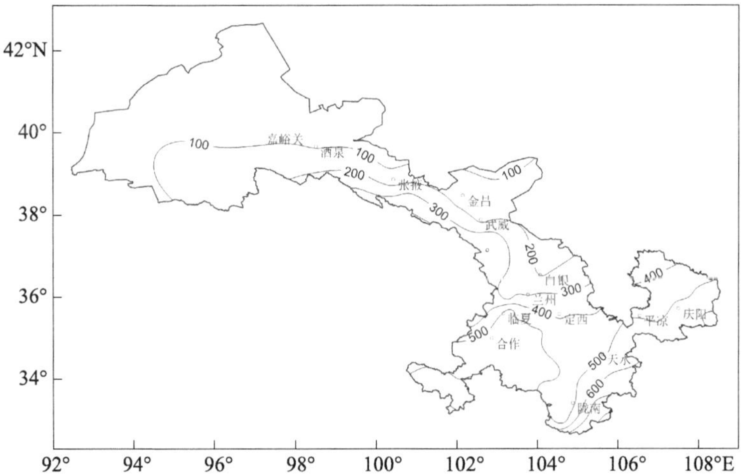

图 1.5　甘肃省年平均降水量(单位:mm)分布

1.5.3.2　各季节降水量空间分布

冬季,甘肃省地面受蒙古冷高压影响,上空为北支西风急流控制,故雨雪极为稀少,气候干燥,降水量为 2～26 mm。河西走廊为 5 mm 左右;祁连山区为 5～12 mm;陇中为 3～15 mm,渭源最多达 15 mm,黄河谷地最少,仅 3 mm 左右;陇东为 9～20 mm;陇南大多为 12～26 mm,白龙江谷地为 5 mm 左右;甘南高原为 6～14 mm(图 1.6a)。

春季,是大气环流转换季节,蒙古高压势力减弱退缩,甘肃省位于其东南部,高空仍在北支西风急流控制之下,但偏南暖湿气流在西风槽前可达甘肃东部。降水比冬季增多,降水量为9～160 mm。河西走廊西部大都为 10～20 mm,中部和东部为 30 mm 左右;祁连山区为 50 mm 左右;陇中地区,兰州以北为 30～50 mm,兰州以南为 60～120 mm;陇东为 80～110 mm;陇南为 90～160 mm;甘南高原为 100～140 mm。其中自景泰经安定、礼县、武都直到文县,为一个由北向南伸展的相对少雨带(干舌)(图 1.6b)。

夏季,蒙古高压已退至西伯利亚北部,亚洲大陆为热低压控制,甘肃位于其东北部,盛行偏南及偏东风。高空北支西风急流在向北撤退过程中,高空西风势力较弱,副热带高压已向北推进,高压西侧的偏南暖湿气流与西北侵入的冷空气相遇,导致了降水量的显著增多,成为降水量最多的季节。全省降水量为 20～360 mm。河西走廊的西北部在 50 mm 以下,中部和东部为 50～150 mm;祁连山区为 150～240 mm;陇中地区,兰州以北为 130 mm 左右,兰州以南大都为 200～300 mm;陇东为 220～320 mm;陇南为 210～360 mm,其中以康县为最多,在 350 mm 以上;甘南高原为 210～330 mm。其中自景泰经安定、礼县、武都直到文县由北向南的相对少雨带(干舌)比春季更为明显,其降水量为 100～250 mm(图 1.6c)。夏季虽然是一年中的多雨季节,尤其是 7 月、8 月达到最盛,但由于副热带高压的影响,在甘肃省陇东和陇中地区 7 月下旬至 8 月中旬容易形成干旱,即通常所说的伏旱。

秋季,大陆低压减弱南撤,北方蒙古高压再度迅速南下,高空北支西风急流重新控制甘肃,副热带高压渐向南退,但行动较慢,加上冷空气活跃,降水仍然较多,降水量为 5～200 mm。

河西走廊西部为 5～15 mm，中部和东部为 15～40 mm；祁连山区为 20～85 mm；陇中地区，兰州以北为 40～70 mm，兰州以南为 90～130 mm；其中临夏、和政为一相对多雨区，为 130 mm 左右；陇东为 90～160 mm；陇南为 100～200 mm，其中徽县、康县一带为 200 mm 左右；甘南高原

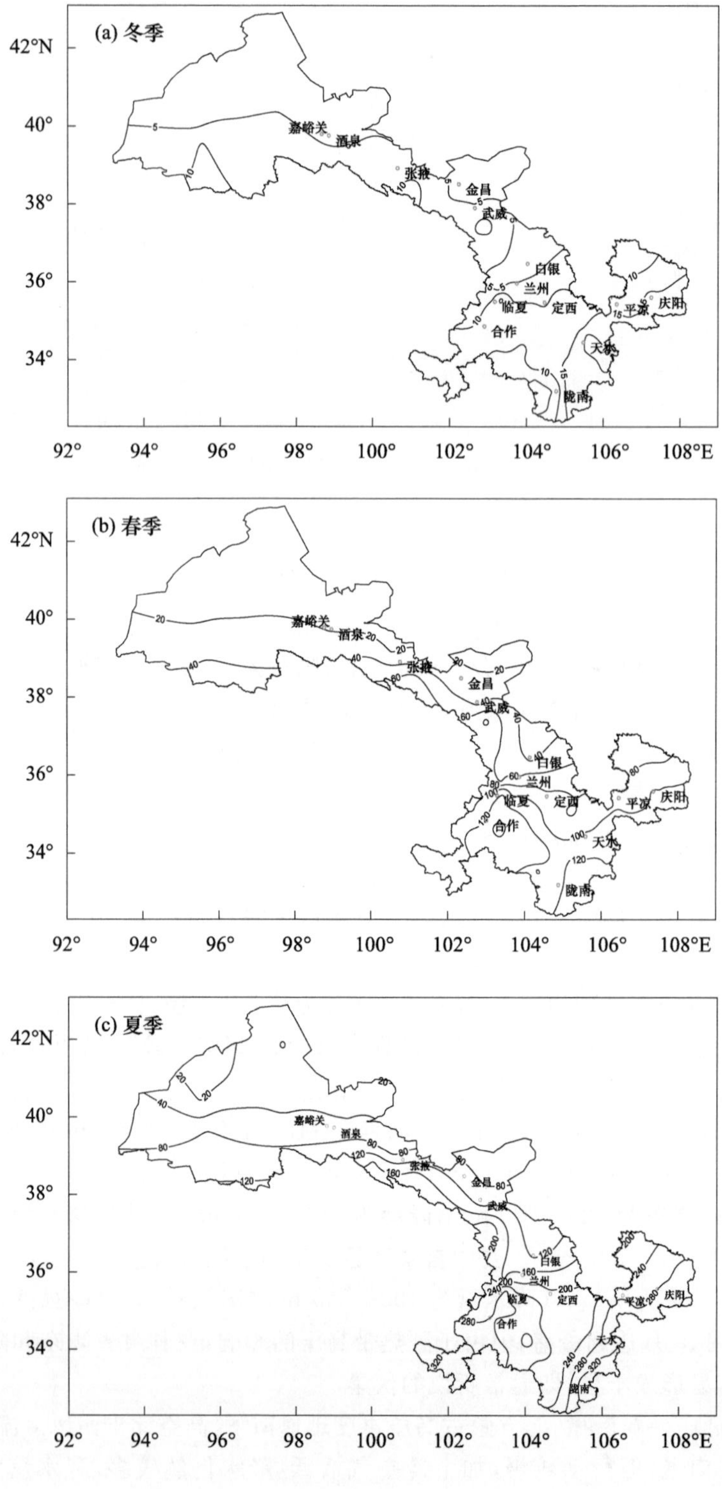

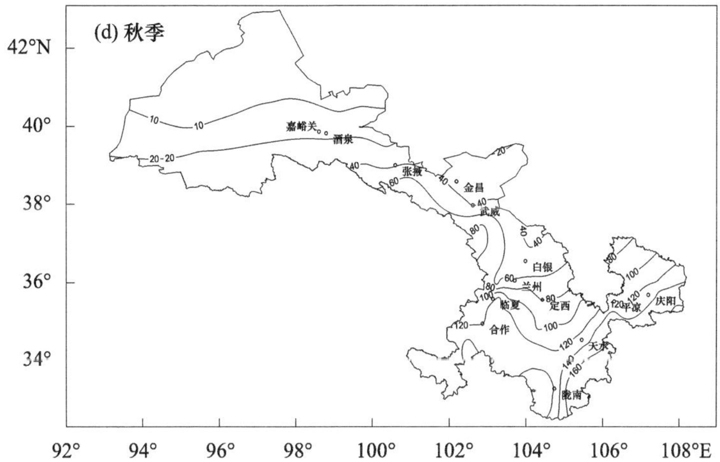

图 1.6　甘肃省四季平均降水量(单位:mm)空间分布

为 100～140 mm。自景泰经礼县到文县的相对少雨带仍明显存在,其降水量为 40～130 mm(图 1.6d)。这一时期,甘肃省的偏南地区处于副热带高压的边缘地带,北方冷空气已明显增强,不时南下的冷空气与北上的暖湿气流交汇,往往有阴雨连绵的现象,尤其是 9 月连阴雨天气更多,属于我国华西秋雨的北片区。

1.6　气象灾害风险区划基本概况

由图 1.7 可以看出,甘肃省气象灾害种类多,发生频率高、时空分布不均,危害重。主要气象灾害有:干旱、暴雨、冰雹、大风、沙尘暴、霜冻、高温、干热风、连阴雨等。从气象灾害空间分布看,河西多大风、沙尘暴、霜冻、高温、干热风等天气,河东多干旱、暴雨、冰雹、霜冻、高温、连阴雨等天气,以及由大到暴雨天气引发的山洪、滑坡、泥石流等次生灾害。

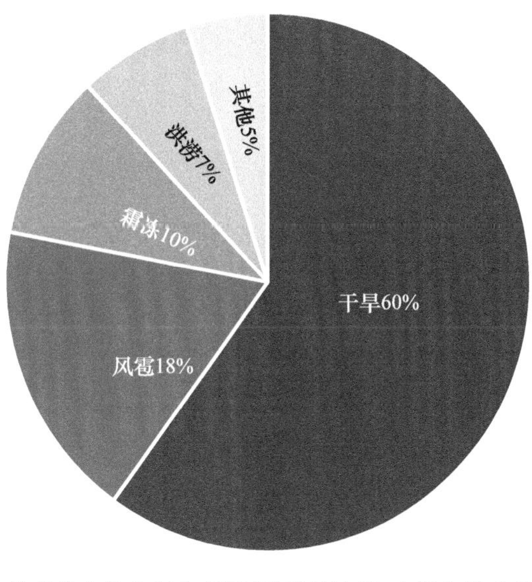

图 1.7　甘肃省自然灾害分布图(风雹是冰雹、大风和沙尘暴的简称)

近50年来，受气候变暖影响，甘肃省暴雨日数呈增多趋势，冰雹、沙尘暴、大风日数均呈减少趋势，连阴雨次数略有减少，干旱、高温、局地强降水等天气频次增多。据统计，甘肃省气象灾害造成的经济损失占自然灾害的比重达88.5%，高出全国平均状况17.5%；气象灾害损失占甘肃省GDP的3%～5%，21世纪平均为3%，大约是全国的3倍。

参考文献

[1] 全国气象防灾减灾标准化技术委员会．太阳能资源等级　总辐射：GB/T 31155—2014[S]．北京：中国标准出版社，2014.

第 2 章　气候监测与气候变化业务

2.1　基本要素监测

气象要素监测是气候评价业务的基础，兰州区域气候中心依托干旱半干旱地区气候变化监测与评估系统，对甘肃省 80 个国家气象站监测的基本气象要素进行日、旬、月、季、年分析，为气候评价业务提供数据支撑。

2.1.1　基本气象要素

2.1.1.1　气温

根据《天气预报基本术语：GB/T 35663—2017》[1]规定，气温指在标准环境里百叶箱中离地面 1.5 m 高处的气温观测仪器所测量的空气温度，单位为摄氏度(℃)。气温距平就是气温与其气候态值的差值。

对气温的主要监测指标：

(1)平均气温：是任意时段内定时观测的平均值。四季按天文季节划分，春季(3—5 月)、夏季(6—8 月)、秋季(9—11 月)、冬季(12 月—翌年 2 月)。

(2)平均最高(最低)气温，监测包括任意时段内最高(最低)气温的平均值。

(3)极端气温：定义为任意时段内出现最高(最低)气温的最大(最小)值。

监测显示甘肃省年平均气温呈显著上升趋势，平均每 10 年升高 0.29 ℃，常年平均气温为 8.6 ℃，2016 年气温最高，1975 年气温最低，除 2008 年和 2013 年以外，2000 年以后气温基本在常年值以上(图 2.1)。

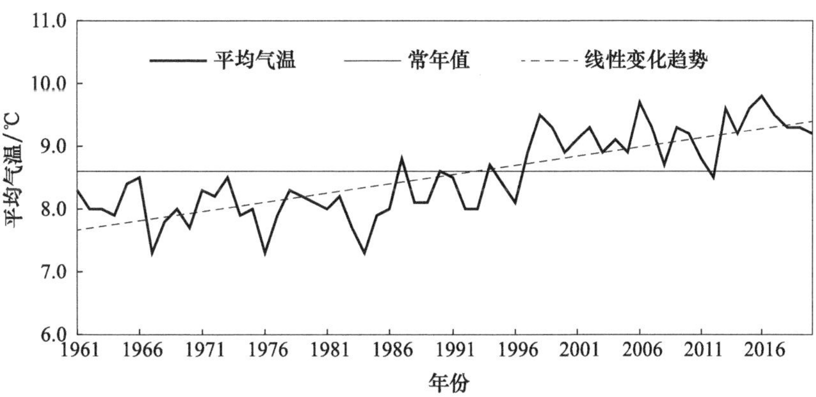

图 2.1　1961　2020 年甘肃省年平均气温变化图

2.1.1.2 降水

根据《地面气象观测规范 降水量:GB/T 35228—2017》[2]规定,降水量指某一时段内的未经蒸发、渗透、流失的降水,在水平地面上积累的深度,单位为毫米(mm)。

任意时段降水量:任意时段内各日降水量的总和。监测指标包括:

(1)降水距平百分率:任意时段内降水量与同期气候平均降水量之差,再除以同期气候平均降水量乘以 100%。

(2)降水日数:各台站任意时段内日降水量≥0.1 mm 的天数。

(3)不同降水量级日数:任意时段内日降水量达到某级别的天数。其中日降水量 0.1～9.9 mm 为小雨,日降水量 10.0～24.9 mm 为中雨,日降水量 25.0～49.9 mm 为大雨,日降水量 50.0～99.9 mm 为暴雨,日降水量 100.0～249.9 mm 为大暴雨,日降水量≥250.0 mm 为特大暴雨。

(4)降水强度:某时段内的累积降水量除以降水日数,为该时间段的降水强度。

监测显示甘肃省年降水量整体呈弱的增加趋势,1967 年最多为 520.4 mm,1997 年最少为 304.1 mm,2003 年以后进入降水相对较多时段(图 2.2)。

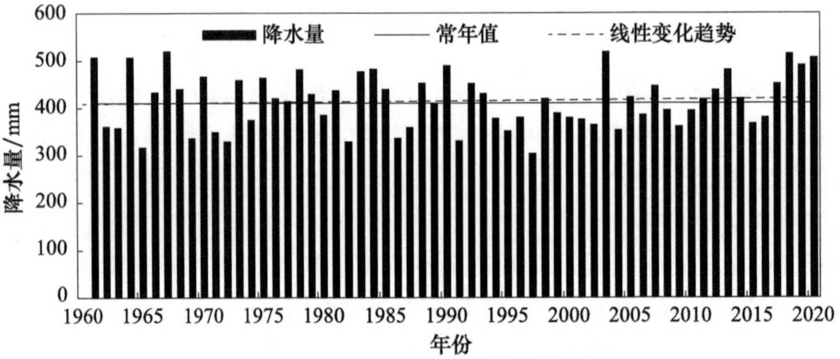

图 2.2 1961—2020 年甘肃省年平均降水量变化图

2.1.1.3 日照

根据《地面气象观测规范 日照:GB/T 35232—2017》[3]规定,监测指标包括:

(1)日照时数指在一给定时段内太阳直接辐照度大于或等于 120 W/m^2 的各分段时间的总和,单位为小时(h)。

(2)日照百分率指一定时期内(年、季、月)实际照射时数占可日照时数的百分比,单位为百分数(%)。

甘肃省平均年日照时数呈减少趋势,平均每 10 年减少 20 h,其中 2019 年和 2020 年日照时数是 1961 年来最少的两年(图 2.3)。

2.1.1.4 相对湿度

根据《天气预报基本术语:GB/T 35663—2017》[1]规定,相对湿度是指空气中实际水汽压与当时气温下的饱和水汽压之比,单位为百分数(%)。监测指标为平均相对湿度,任意时段内定时观测相对湿度的平均值,最大(最小)相对湿度为任意时段内观测记录中相对湿度的最大(最小)值。

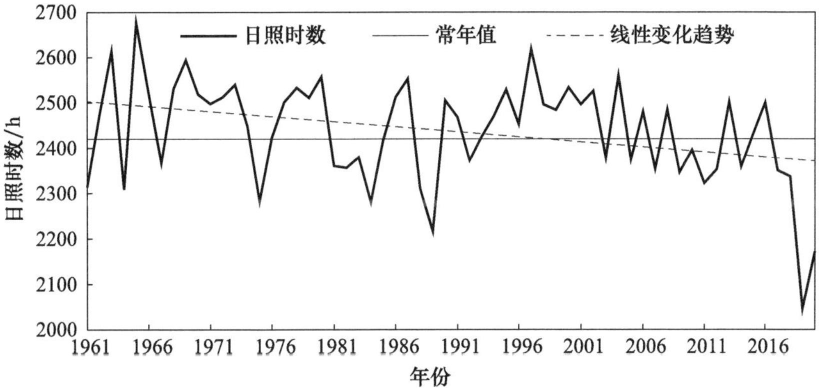

图 2.3　1961—2020 年甘肃省年平均日照时数变化图

甘肃省常年平均相对湿度为 59.8%，1961—2020 年呈减少趋势，尤其 2005 年以来减少明显，2016 年相对湿度最小，为 53%，1989 年相对湿度最大，为 64.9%(图 2.4)。

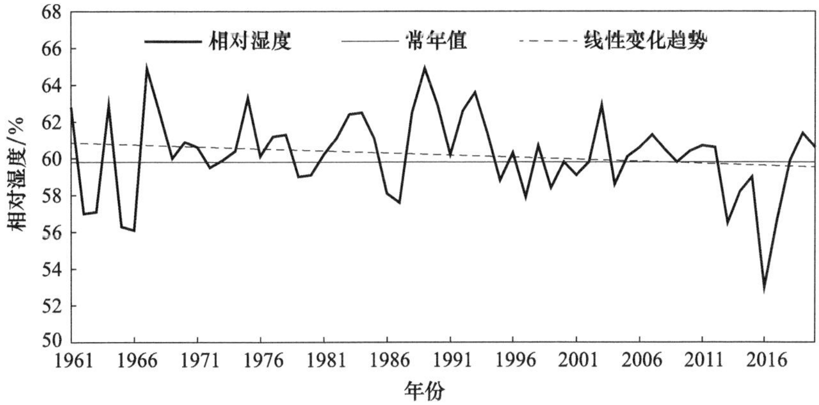

图 2.4　1961—2020 年甘肃省年平均相对湿度变化图

2.1.1.5　风

根据《天气预报基本术语：GB/T 35663—2017》[1]规定，空气的水平运动称为风。风向为风的来向，风速为单位时间空气移动的水平距离，单位为米/秒(m/s)。风的监测指标包括：

(1)平均风速：指两分钟(min)定时观测的平均值，单位为米/秒(m/s)。

(2)年、月各风向频率：指(年、月)各风向出现次数占观测总次数的百分比，单位为百分数(%)。

(3)各风向平均风速和最大风速：各风向平均风速指该风向下实际风速的平均值。最大风速指实测记录中该风向的最大风速值，单位为米/秒(m/s)。C 指静风频率，单位为百分数(%)。

(4)大风日数：极大风速≥17.2 m/s 记为一个大风日。

监测显示甘肃省年平均大风日数呈显著减少的趋势，但阶段性特征明显，20 世纪 60—90 年代期间大风日数相对较多，尤其在 60 年代中期到 70 年代中期、90 年代到 21 世纪初 10 年大风日数相对较少，而 21 世纪 10 年代以来，大风日数相对较多(图 2.5)。

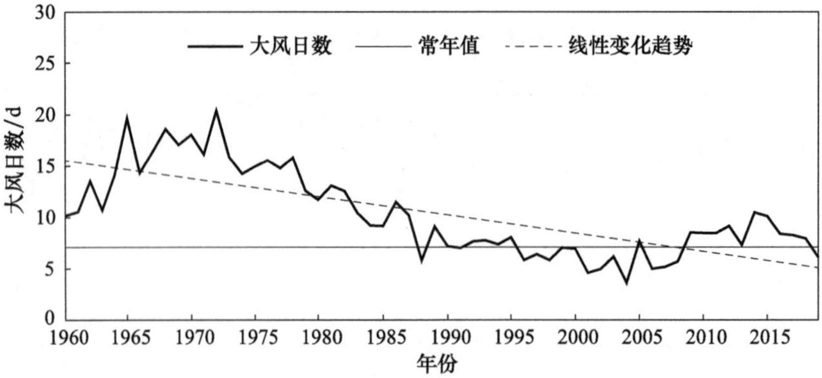

图 2.5　1961—2020 年甘肃省平均年大风日数变化图

2.1.2　气候事件监测

2.1.2.1　暴雨

根据气象行业标准《降雨过程等级：QX/T 489—2019》[4]，按照 24 h 降雨量等级划分，降雨量 50.0～99.9 mm 为暴雨，100.0～249.9 mm 为大暴雨，≥250.0 mm 为特大暴雨。暴雨监测指标包括：

(1)暴雨日数：统计时段内日降雨量≥50.0 mm 的天数。

(2)暴雨站数：统计时段内日降雨量≥50.0 mm 的站数。

(3)暴雨过程：包括单站和区域性(单日出现站数≥5 站)暴雨。

甘肃省年累计暴雨站日数呈弱增加趋势(图 2.6)，每 10 a 增加 0.64 站日。

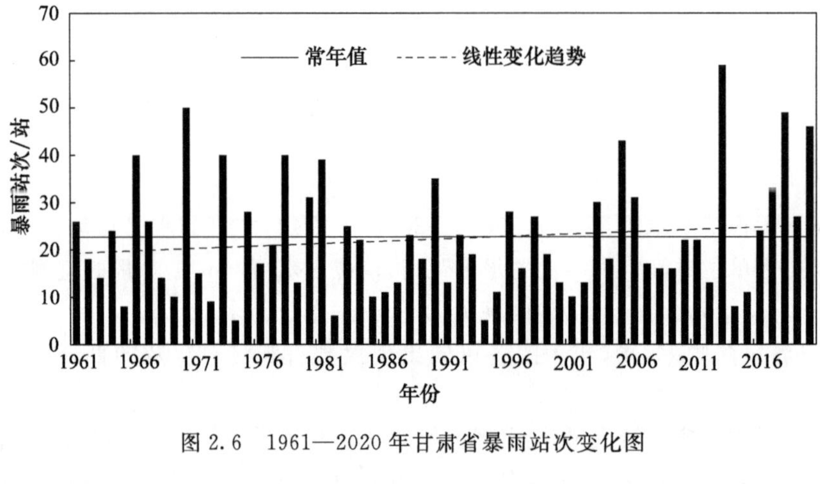

图 2.6　1961—2020 年甘肃省暴雨站次变化图

2.1.2.2　高温

根据气象行业标准《极端高温监测指标：QX/T 280—2015》[5]，高温定义为日最高气温≥35 ℃的现象。高温监测指标包括：

(1)高温站数：日最高气温≥35 ℃的站数。

(2)高温日数：日最高气温≥35 ℃的天数。

甘肃省高温日数总体呈增加趋势，≥32 ℃和≥35 ℃高温日数平均每 10 年分别增加 1.3 d 和 0.3 d，2000 年以后增加趋势更为明显(图 2.7)。

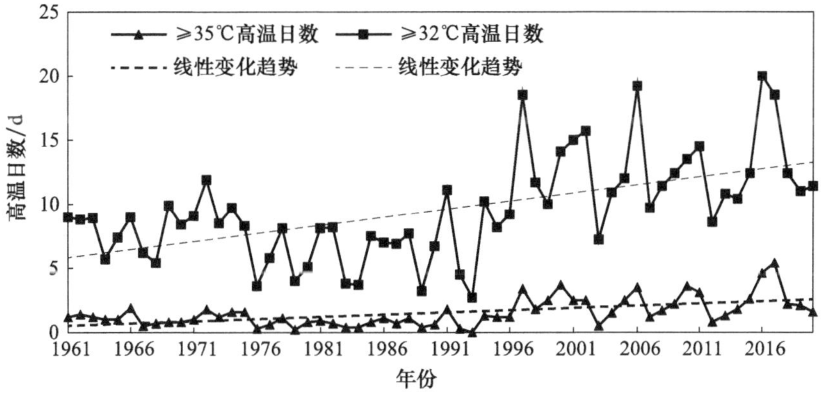

图 2.7　1961—2020 年甘肃省平均年高温日数变化图

2.1.2.3　低温

根据气象行业标准《气候指数 低温：QX/T 558—2020》[6]，低温定义为一段时间内平均气温较常年同期偏低的现象，甘肃省常用－10 ℃和－20 ℃作为低温日监测指标。

甘肃省≤－10 ℃和≤－20 ℃低温日数均呈减少趋势，≤－10 ℃的低温日数在 2015 年最少，≤－20 ℃的低温日数在 1967 年最多(图 2.8、图 2.9)。

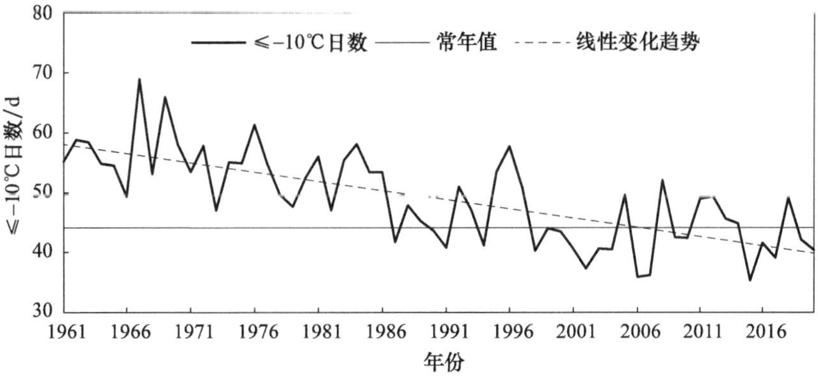

图 2.8　1961—2020 年甘肃省≤－10 ℃日数变化图

2.1.2.4　冷空气

根据国家标准《冷空气等级：GB/ T 20484—2017》[7]，冷空气等级定义采用受冷空气影响的某地在一定时段内日最低气温下降幅度和日最低气温值两个指标，将冷空气划分为弱冷空气、较强冷空气、强冷空气三个等级。

弱冷空气：日最低气温 48 h 内降温幅度小于 6 ℃。

较强冷空气：日最低气温 48 h 内降温幅度大于或等于 6 ℃但小于 8 ℃；或者日最低气温 48 h 内降温幅度大于或等于 8 ℃，但未能使该地日最低气温下降到 8 ℃或以下。

强冷空气：日最低气温 48 h 内降温幅度大于或等于 8 ℃，且使该地日最低气温下降到

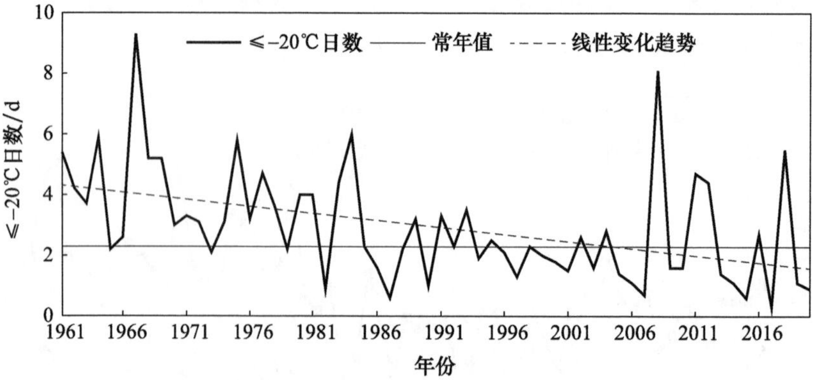

图 2.9　1961—2020 年甘肃省≤−20 ℃日数变化图

8 ℃或以下。

2.1.2.5　寒潮

根据国家标准《寒潮等级:GB/T 21987—2017》[8],采用受寒潮影响的某地在一定时段内日最低气温降温幅度和日最低气温值两个指标将寒潮划分为三个等级:寒潮、强寒潮、特强寒潮。

寒潮:使某地的日最低气温 24 h 内降温幅度≥8 ℃,或 48 h 内降温幅度≥10 ℃,或 72 h 内降温幅度≥12 ℃,而且使该地日最低气温≤4 ℃的冷空气活动。

强寒潮:使某地的日最低气温 24 h 内降温幅度≥10 ℃,或 48 h 内降温幅度≥12 ℃,或 72 h 内降温幅度≥14 ℃,而且使该地日最低气温≤2 ℃的冷空气活动。

特强寒潮:使某地的日最低气温 24 h 内降温幅度≥12 ℃,或 48 h 内降温幅度≥14 ℃,或 72 h 内降温幅度≥16 ℃,而且使该地日最低气温≤0 ℃的冷空气活动。

区域冷空气过程:根据气象行业标准《冷空气过程监测指标》(QX/T393—2017)[9],每日监测区域内有 170 个及以上观测站或监测区域内有 20%及以上观测站单站出现中等及其以上冷空气,且持续两日及以上,判定为出现一次区域冷空气过程。满足区域冷空气过程判定条件的首日为区域冷空气过程开始日。区域冷空气过程开始后,单日监测区域内少于 170 个观测站或监测区域内少于 20%的观测站单站出现中等及其以上冷空气的首日为区域冷空气过程结束日,根据甘肃省具体情况,将监测区域的范围制定为 30%以上观测站单站出现中等及其以上冷空气,且持续两日及以上,判定为出现一次区域冷空气过程。

2.1.2.6　连阴雨

根据甘肃省气候影响评价业务规定,将某一气象站连续阴雨日数≥5 d,过程降水总量≥15 mm(允许其中一天微量降水或无降水,但过程开始或结束日降水量必须≥0.1 mm),同时满足以上条件者,定为单站连阴雨天气。区域性连阴雨过程:连阴雨天气出现站数≥5 站的初日作为开始日期,当不足 5 站时,则认为区域性连阴雨过程结束,这天作为结束日期。

监测指标主要包括:开始日、结束日、阴雨期长度、阴雨期雨量、降水强度。

甘肃省年区域性连阴雨次数呈减少趋势,发生连阴雨次数的常年值为 2 次,2000 年以来减少趋势变缓(图 2.10)。

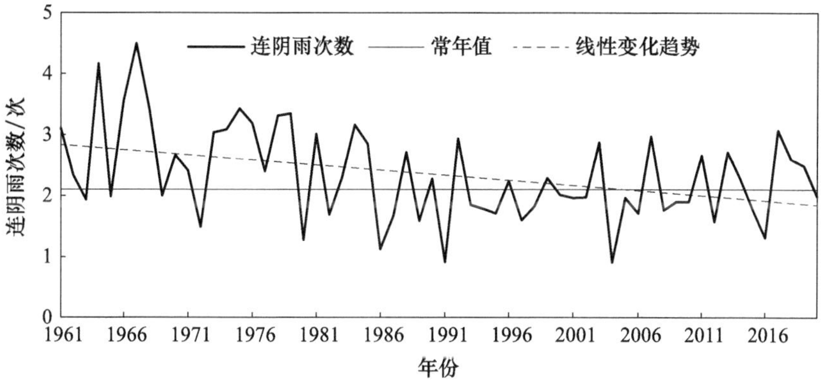

图 2.10　1961—2020 年甘肃省平均年连阴雨次数变化图

2.1.2.7　沙尘

根据国家标准《沙尘天气等级：GB/T 20480—2017》[10]沙尘天气指沙粒、尘土悬浮空中，使空气混浊、能见度降低的天气现象。沙尘天气等级主要依据沙尘天气发生时的水平能见度，同时参考风力大小进行划分。沙尘天气划分为浮尘、扬沙、沙尘暴、强沙尘暴、特强沙尘暴五个等级。

浮尘：无风或风力 ≤3 级，沙粒和尘土飘浮在空中使空气变得混浊，水平能见度小于 10 km。

扬沙：风将地面沙粒和尘土吹起使空气相当混浊，水平能见度在 1～10 km 以内。

沙尘暴：风将地面沙粒和尘土吹起使空气很混浊，水平能见度＜1 km。

强沙尘暴：风将地面沙粒和尘土吹起使空气非常混浊，水平能见度＜500 m。

特强沙尘暴：风将地面沙粒和尘土吹起使空气特别混浊，水平能见度＜50 m。

区域性浮尘或扬沙天气指在同一次天气过程中，5 个或 5 个以上站点在同一观测时次出现了浮尘或扬沙天气。

区域性沙尘暴、强沙尘暴和特强沙尘暴天气指在同一次天气过程中，3 个或 3 个以上站点在同一观测时次出现了沙尘暴、强沙尘暴和特强沙尘暴天气。

沙尘监测指标包括：

沙尘日数、沙尘站数、影响区域、沙尘持续天数和区域性沙尘天气过程。

甘肃省平均沙尘暴、扬沙和浮尘日数均呈明显减少趋势，平均每 10 年分别减少 0.9 d、3.3 d、4.6 d，20 世纪 60 年代至 80 年代后期沙尘暴、扬沙和浮尘日数持续偏多，之后转入偏少阶段（图 2.11）。

2.1.2.8　霜冻

根据气象行业标准《初霜冻日期早晚等级：QX/T456—2018》[11]，霜冻是指空气气温突然下降，地表气温骤降到 0 ℃以下，使农作物受到损害，甚至死亡，是一种较为常见的农业气象灾害。霜冻根据发生时间的不同可以分为初霜冻和终霜冻，通常我们把每年入秋后第一次出现的霜冻称为初霜冻，每年春季最后一次出现的霜冻称为终霜冻。

霜冻监测指标主要包括：站点初（终）霜冻开始和结束日期、初（终）霜冻持续时间，无霜期等。

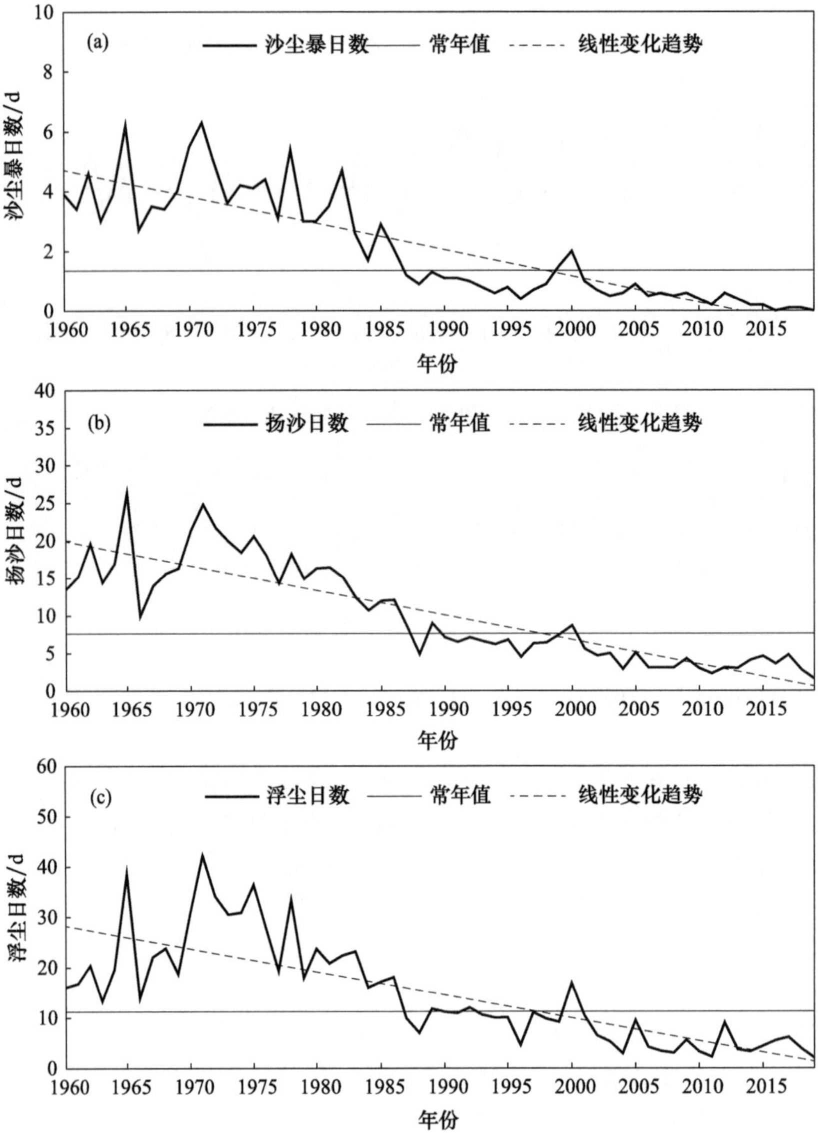

图 2.11 甘肃省年平均沙尘暴、扬沙、浮尘日数分布图

甘肃省霜冻日数呈减少趋势，2000 年以来减少趋势明显(图 2.12)。

2.1.2.9 冰雹

根据国家标准《天气预报基本术语：GB/T T35663—2017》[1]，冰雹是指坚硬的球状、锥状或形状不规则的固态降水，雹核一般不透明，外面包有透明的冰层，或由透明的冰层与不透明的冰层相间组成，常伴随雷暴出现。

冰雹监测指标包括：冰雹日数，冰雹站数。

甘肃省平均冰雹日数呈明显减少趋势，平均每 10 年减少 0.3 d，常年平均值为 1 d，1973 年冰雹日数最多(4 d)，2002 年以前，全省发生冰雹的日数基本在常年值以上，2002 年以后均低于常年值，尤以 20 世纪 80 年代后期减少趋势更为明显(图 2.13)。

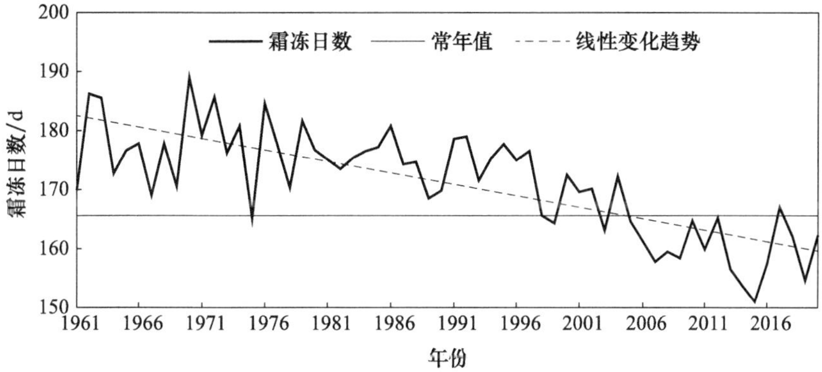

图 2.12 甘肃省年平均霜期日数变化图

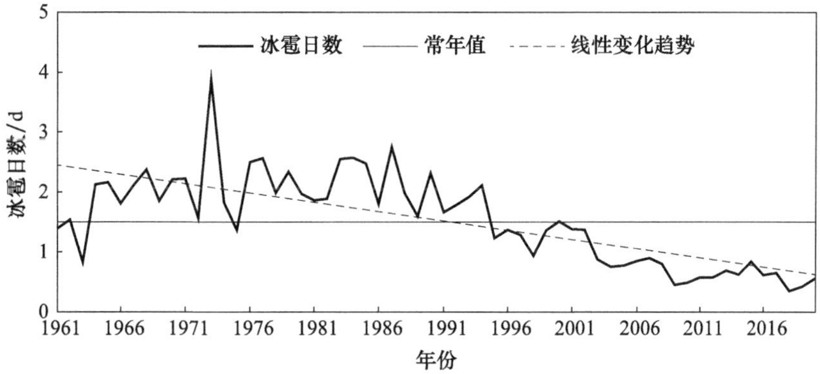

图 2.13 甘肃省年平均冰雹日数变化图

2.1.2.10 四季入季

根据气象行业标准《气候季节划分:QX/T 152—2012》[12],从天气气候角度,按照日平均气温将一年划分为春季,夏季,秋季和冬季四个季节。当连续 5 d 滑动平均气温≥10 ℃,则以其所对应的常年气温序列中第一个≥10 ℃的日期作物春季起始日,同理,夏季标准为≥22 ℃,秋季为<22 ℃,冬季为<10 ℃。四季监测指标包括:季节开始时间、季节结束时间和季节长度。

2.1.2.11 人居环境气候舒适度

根据国家标准《人居环境气候舒适度评价:GB/T 27963—2011》[13],气候舒适度是健康人群在无需借助任何防寒、避暑装备和设施情况下对气温,湿度、风速和日照等气候因子感觉的适宜程度。通过温湿指数和风效指数的综合评价,将舒适度等级分为 5 级(表 2.1)。

表 2.1 人居环境舒适度等级划分

等级	感觉程度	温湿指数	风效指数	健康人群感觉的描述
1	寒冷	<14.0	<−400	感觉很冷,不舒服
2	冷	14.0~16.9	−400~−300	偏冷,较不舒服
3	舒适	17.0~25.4	−299~−100	感觉舒适

续表

等级	感觉程度	温湿指数	风效指数	健康人群感觉的描述
4	热	25.5～27.5	－99～－10	有热感，较不舒服
5	闷热	＞27.5	＞－10	闷热难受，不舒服

2.1.3　1961—2020年甘肃省各月、季平均气温距平和降水距平百分率历年变化图

2.1.3.1　甘肃省1—12月气温距平（图2.14—图2.25）

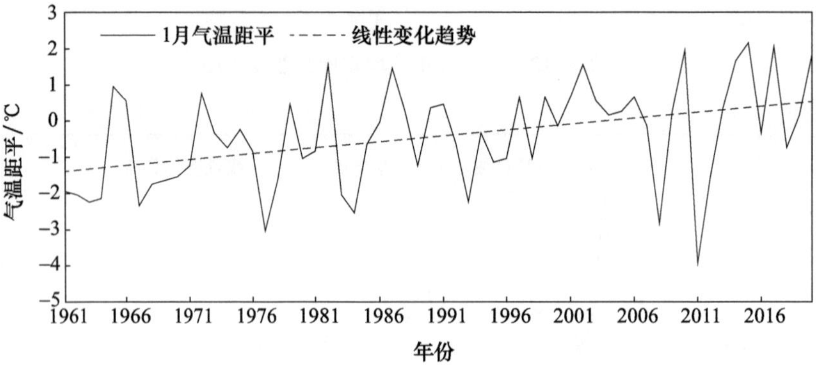

图2.14　甘肃省1月气温距平

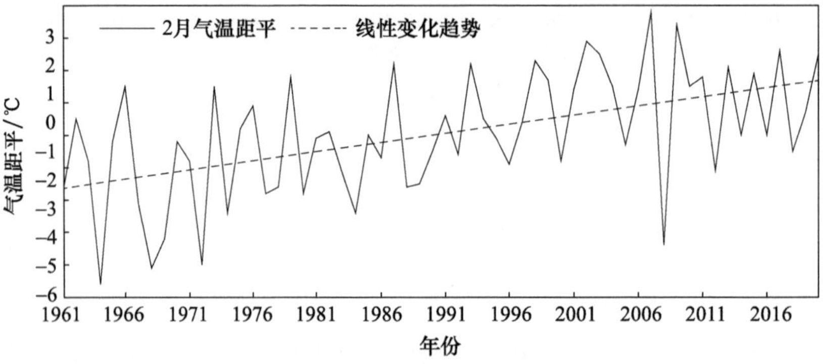

图2.15　甘肃省2月气温距平

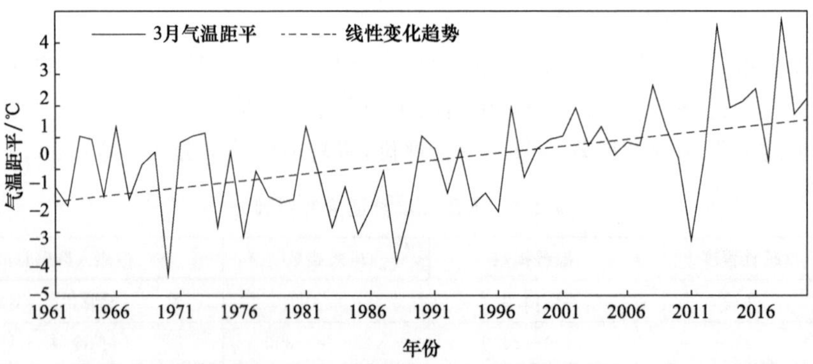

图2.16　甘肃省3月气温距平

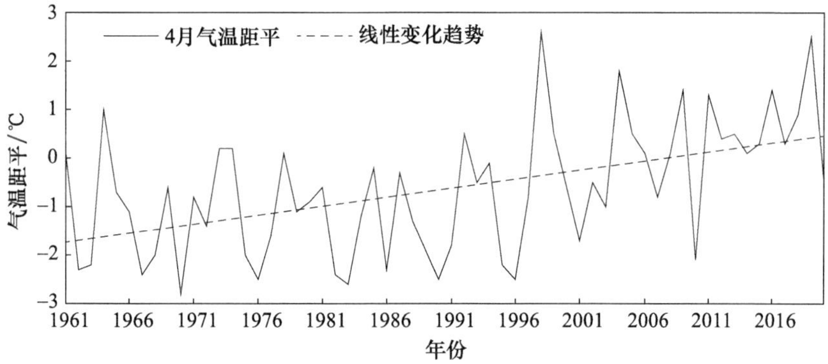

图 2.17　甘肃省 4 月气温距平

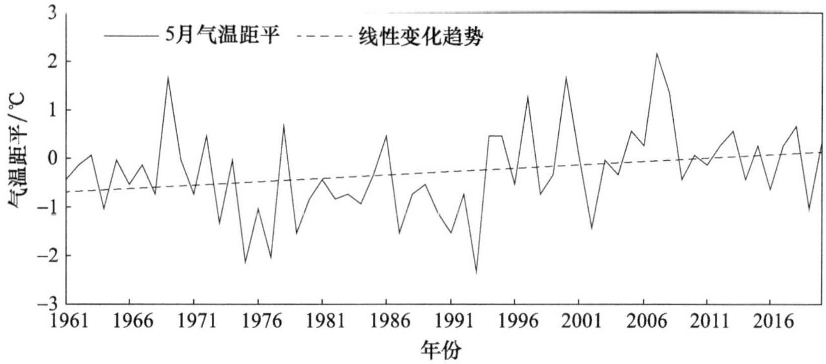

图 2.18　甘肃省 5 月气温距平

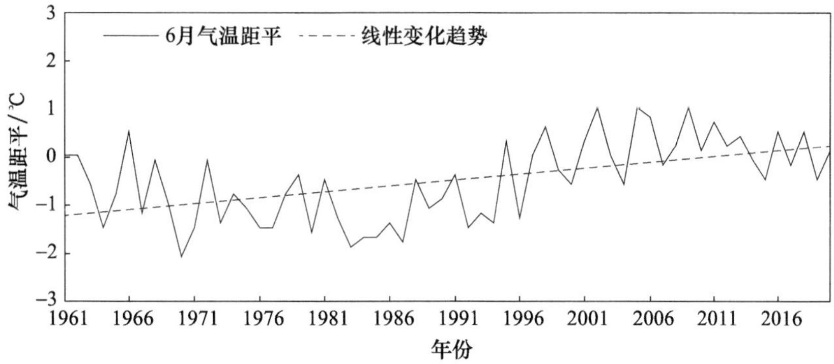

图 2.19　甘肃省 6 月气温距平

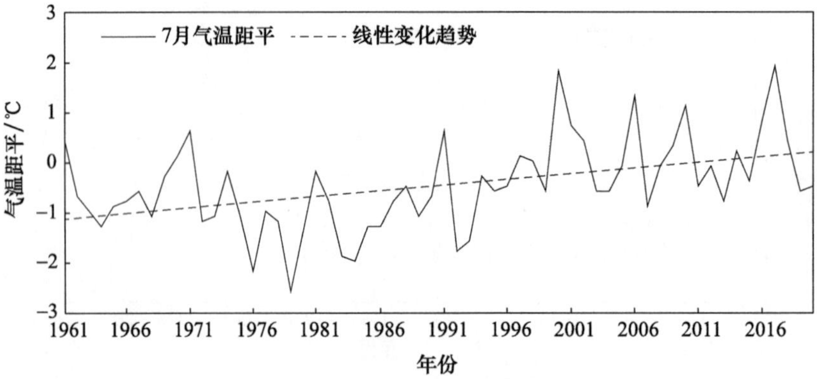

图 2.20　甘肃省 7 月气温距平

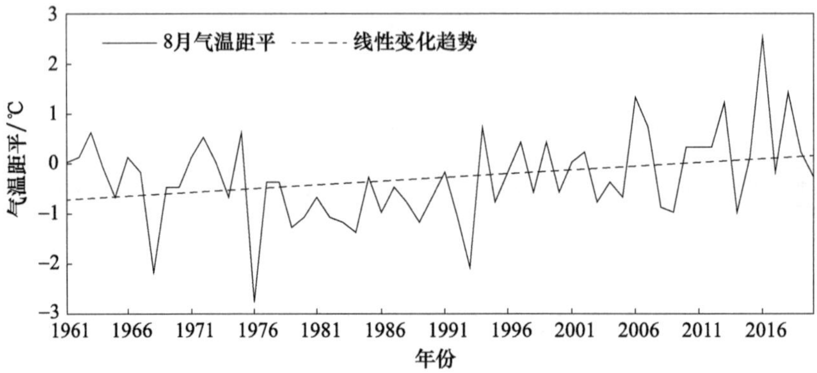

图 2.21　甘肃省 8 月气温距平

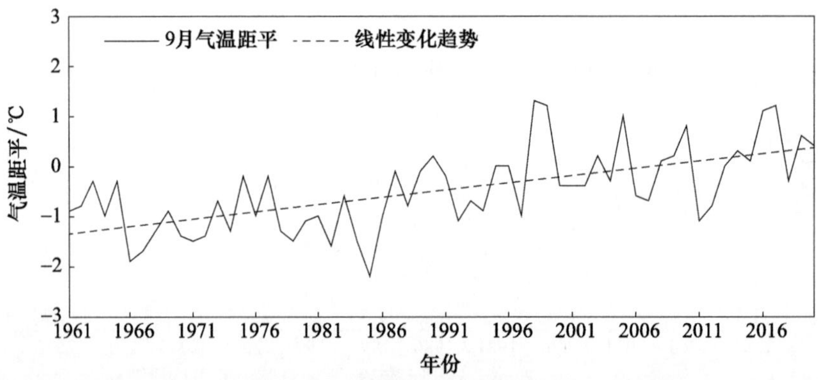

图 2.22　甘肃省 9 月气温距平

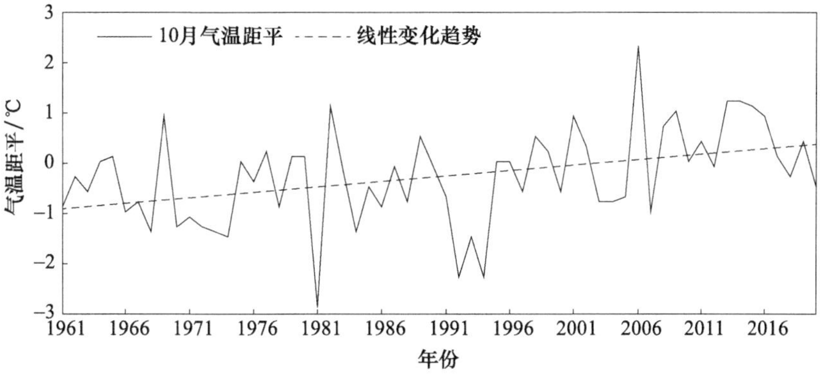

图 2.23　甘肃省 10 月气温距平

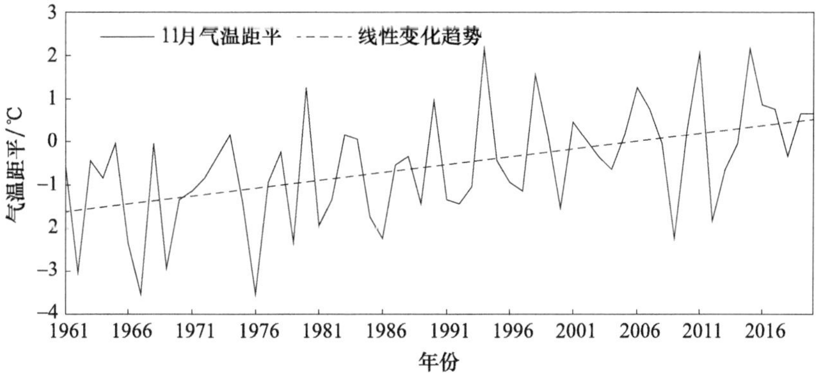

图 2.24　甘肃省 11 月气温距平

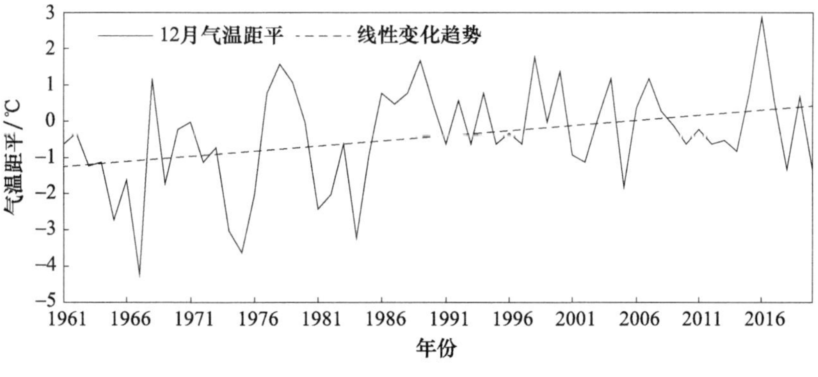

图 2.25　甘肃省 12 月气温距平

2.1.3.2　甘肃省四季气温距平(图 2.26—图 2.29)

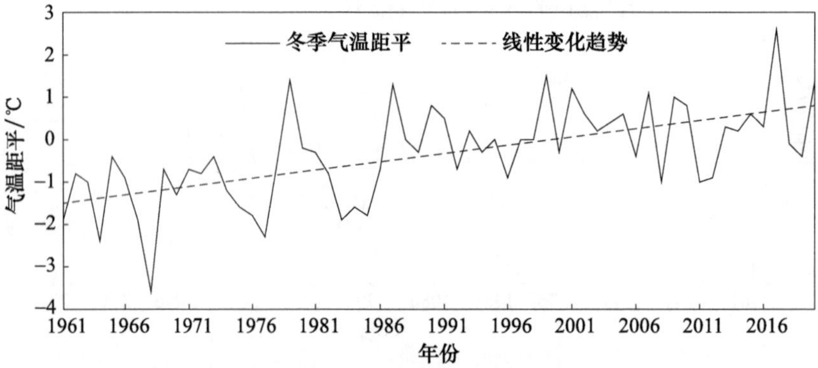

图 2.26　甘肃省冬季气温距平

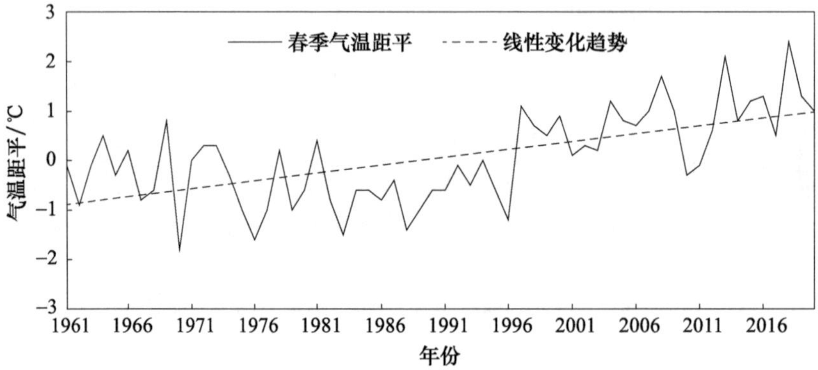

图 2.27　甘肃省春季气温距平

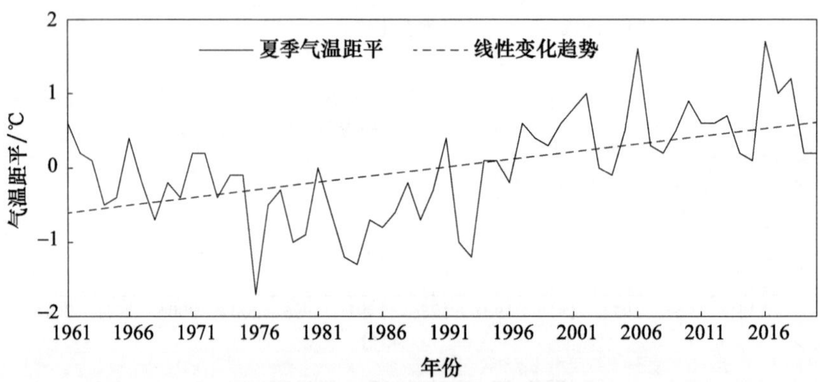

图 2.28　甘肃省夏季气温距平

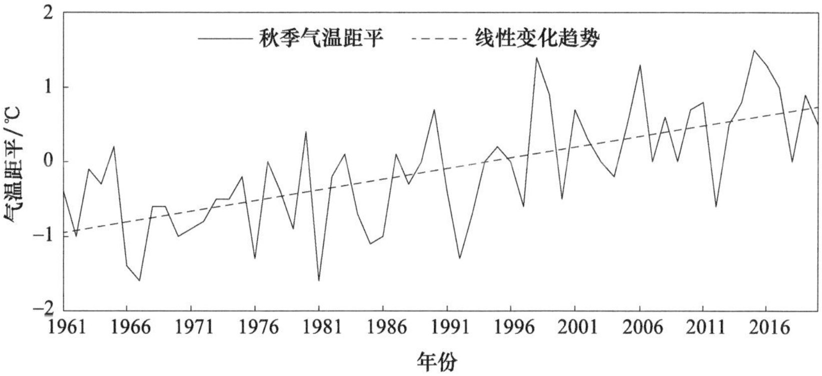

图 2.29　甘肃省秋季气温距平

2.1.3.3　甘肃省 1—12 月降水距平百分率(图 2.30—图 2.41)

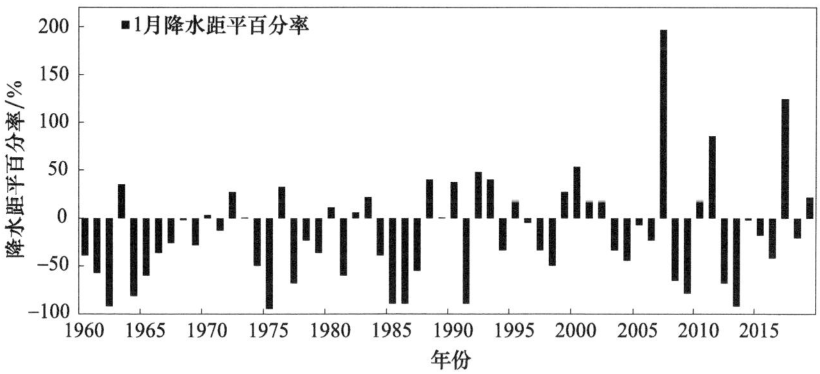

图 2.30　甘肃省 1 月降水距平百分率

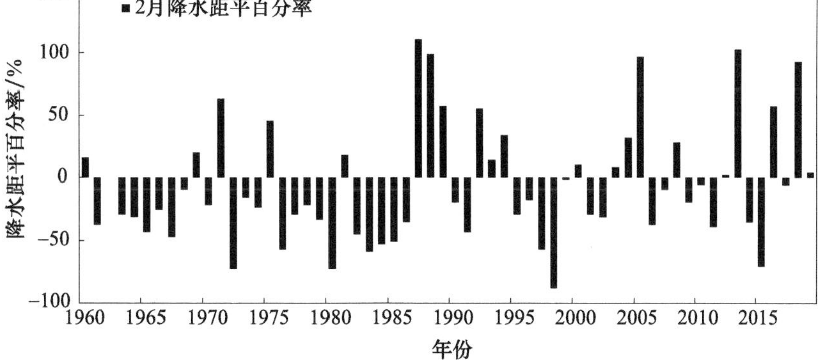

图 2.31　甘肃省 2 月降水距平百分率

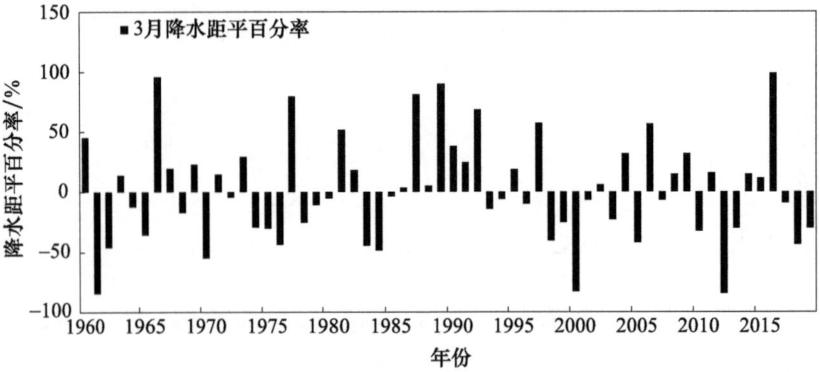

图 2.32　甘肃省 3 月降水距平百分率

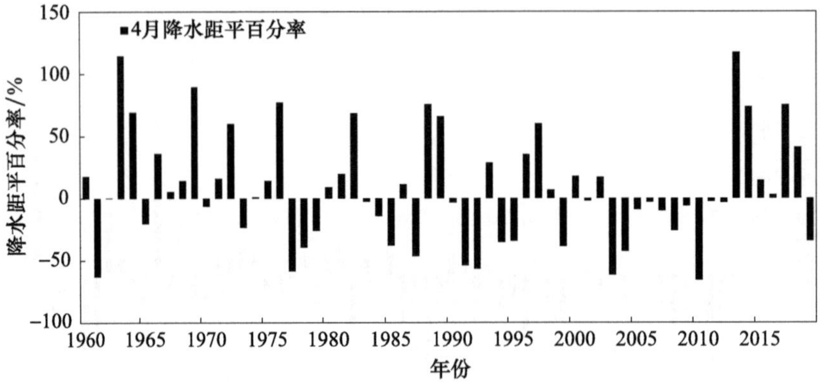

图 2.33　甘肃省 4 月降水距平百分率

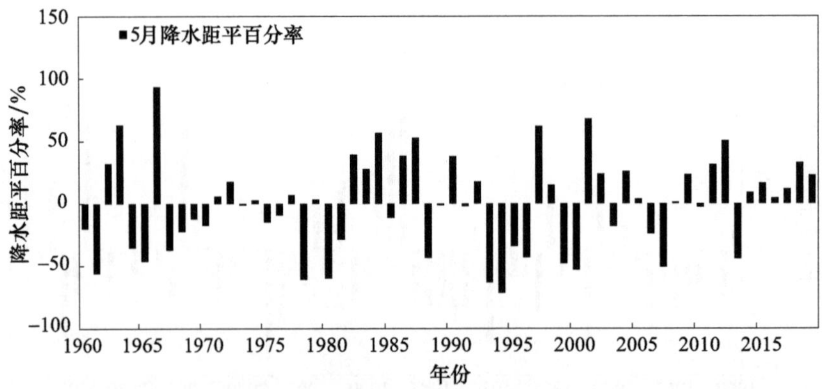

图 2.34　甘肃省 5 月降水距平百分率

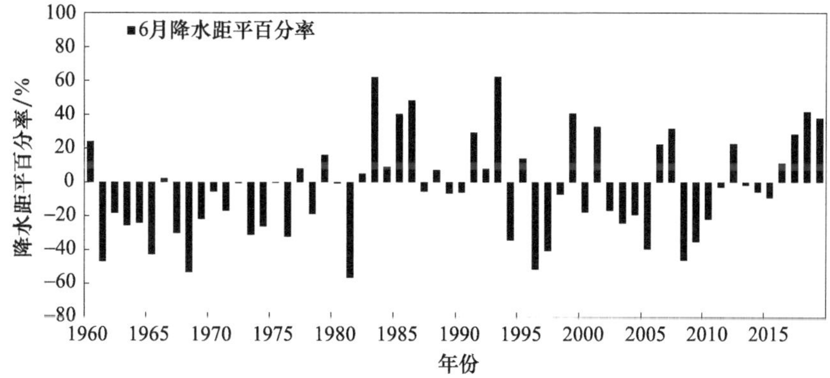

图 2.35　甘肃省 6 月降水距平百分率

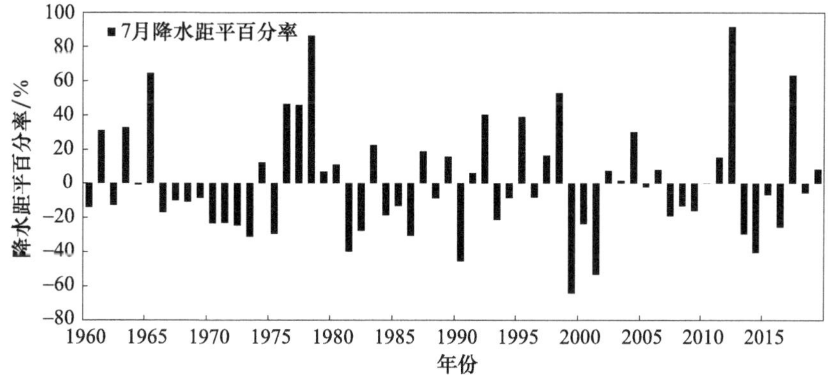

图 2.36　甘肃省 7 月降水距平百分率

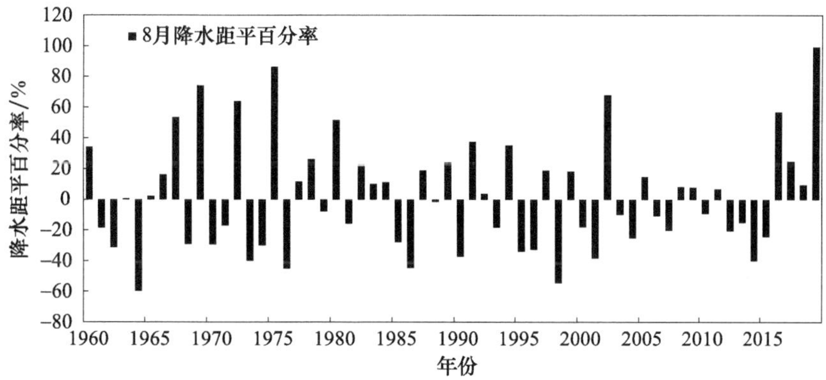

图 2.37　甘肃省 8 月降水距平百分率

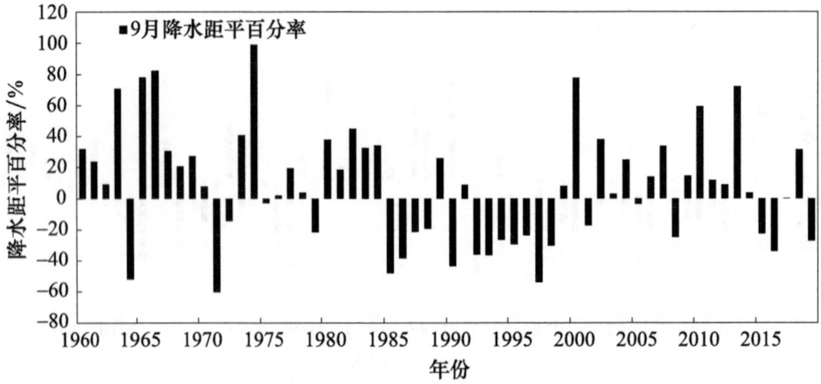

图 2.38 甘肃省 9 月降水距平百分率

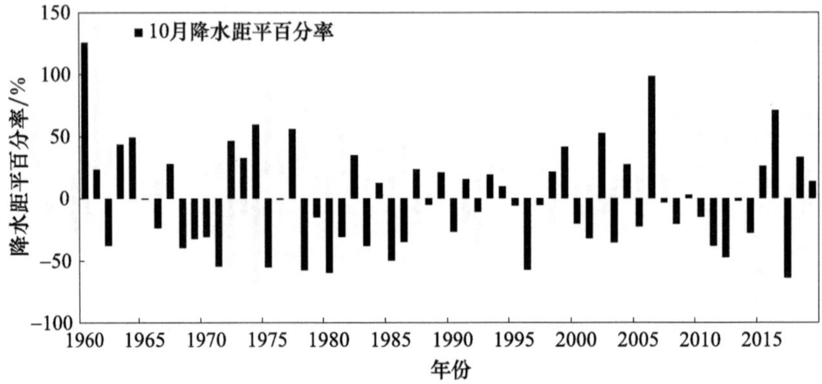

图 2.39 甘肃省 10 月降水距平百分率

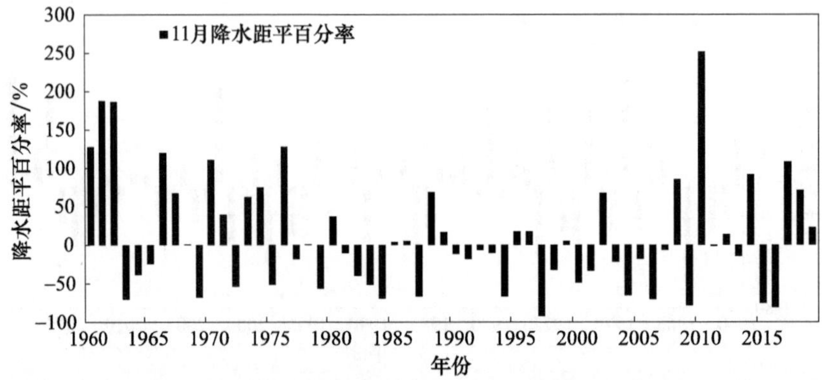

图 2.40 甘肃省 11 月降水距平百分率

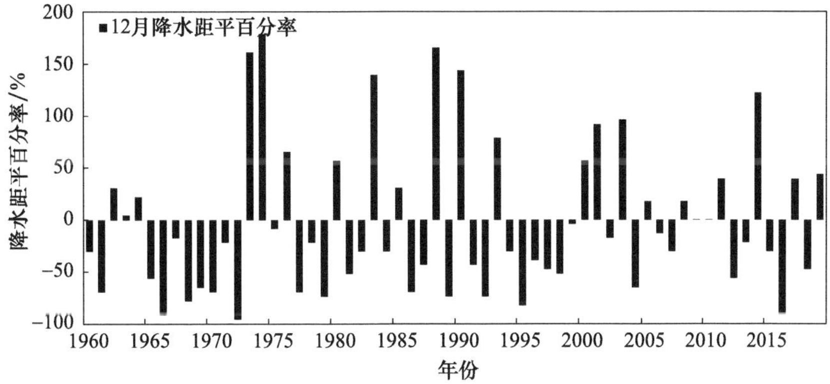

图 2.41　甘肃省 12 月降水距平百分率

2.1.3.4　甘肃省四季降水距平百分率(图 2.42—图 2.45)

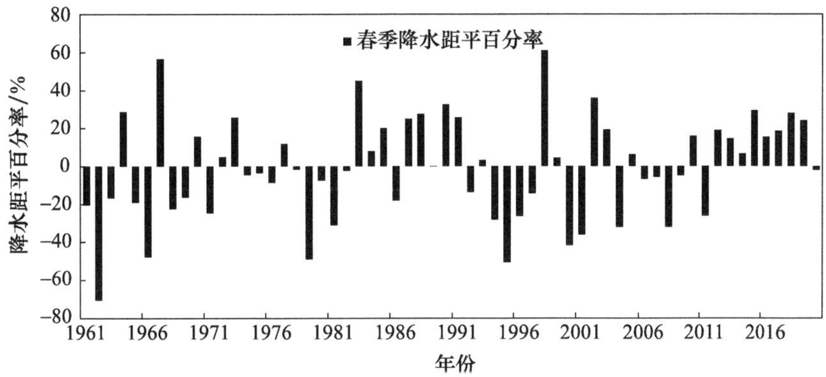

图 2.42　甘肃省春季降水距平百分率

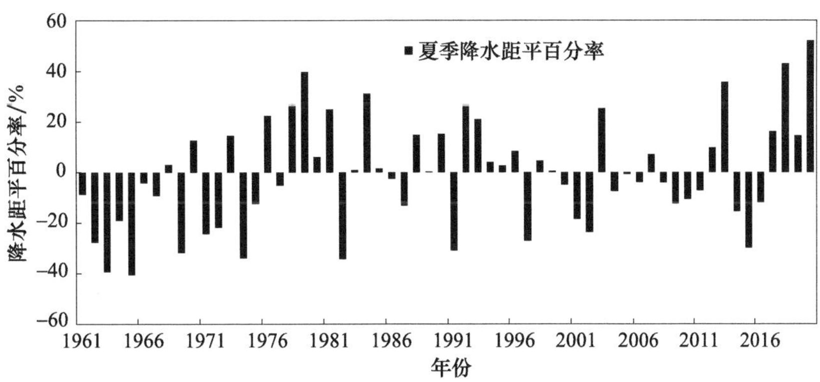

图 2.43　甘肃省夏季降水距平百分率

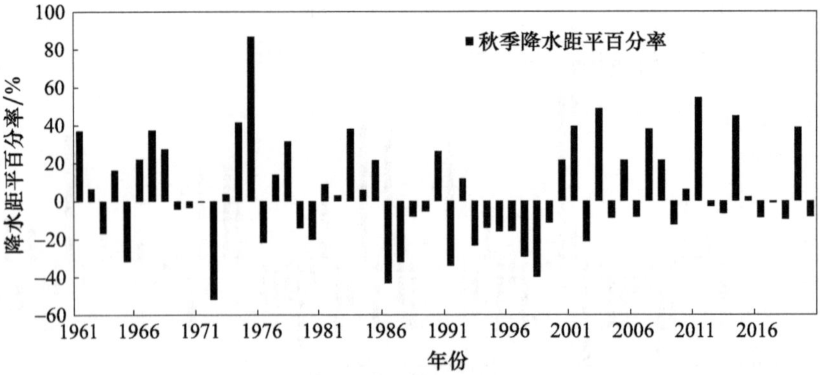

图 2.44 甘肃省秋季降水距平百分率

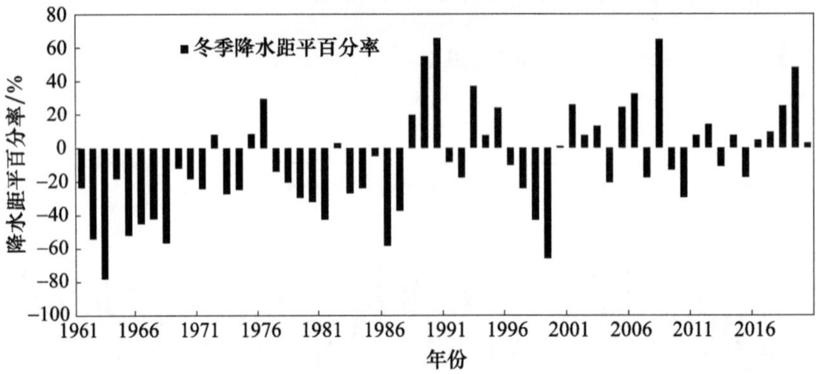

图 2.45 甘肃省冬季降水距平百分率

2.2 极端天气气候事件监测业务

2.2.1 极端天气气候事件定义

极端天气气候事件在不同气候类型下极端事件的定义具有很强的地域性和季节性差异。IPCC 第四次评估报告将极端天气气候事件定义为对一特定时间和地点，发生概率极小的事件，通常发生概率只占该类天气气候现象的 10%或者更低。

2.2.2 极端天气气候事件监测评估对象

极端天气气候事件监测业务工作主要对象包括气温、降水等不同气象要素的极端性以及高影响灾害性天气气候事件，包括日平均气温、日最高气温、日最低气温、日降水量等要素。

2.2.3 极端天气气候事件指标计算方法

极端天气气候事件监测业务使用的指标主要包括历史极值和极端事件阈值。

2.2.3.1　历史极值

取某气象观测站建站以来监测到某极端事件的极大(或极小)值称为事件的极值。

2.2.3.2　极端事件阈值

采用排位法计算,如果某一指标历史序列从小到大进行排位,定义序列第 95 百分位值为极端多事件,第 5 百分位值为极端少事件。如果某事件在气候基准期内有较多的缺测或没有出现,该站点就不参加计算。

2.2.3.3　不同气象要素极端事件计算方法

(1)参考标准

《降水量等级:GB/T 28592—2012》

《极端高温监测指标:QX/T 280—2015》

《极端低温监测指标:QX/T 302—2015》

《极端降水监测指标:QX/T 303—2015》

《地面观测规范:QX/T 50—2007》

(2)极端监测指标

①极端最高气温

采用百分位数确定极端阈值,即取气候基准期内任一高温指标每年的极值和次极值,构建一个包含 60 个样本的序列;对序列从小到大进行排序,取第 95 百分位数(即排位第 58 的数值,下同)作为极端阈值,当日最高气温高于或等于该阈值则称该站出现了极端高温。

②极端连续高温

某站日最高气温连续≥35 ℃称为连续高温,对于一次持续的过程,只记最后一天的累计天数。再取气候基准期内每年持续高温日数的极大值和次大值,形成一个共 60 个数的序列。对获得的 60 个值进行从小到大排序,取第 95 百分位数作为极端连续高温的阈值,当连续高温日数大于或等于该阈值则称该站出现了极端连续高温。

③极端最低气温

取某站气候基准期内每年日最低气温的极小值和次小值,形成一个共 60 个数的序列。对获得的 60 个值从大到小进行排序,选取第 95 百分位数作为极端低温的阈值,当日最低气温低于或等于该阈值则称该站出现了极端低温。

④极端日降水量

取某站气候基准期内每年日降水量的极大值和次大值,形成一个共 60 个数的序列。对获得的 60 个值从小到大进行排序,选取第 95 百分位数作为极端日降水的阈值,当日降水量大于或等于该阈值则称该站出现了极端日降水。

⑤极端连续降水日数

日降水量持续≥0.1 mm 称为连续降水,过程降水日数即连续降水日数。取某站气候基准期内每年连续降水日数的极大值和次大值,形成一个共 60 个数的序列。对获得的 60 个值从小到大进行排序,选取第 95 百分位数作为极端连续降水日数的阈值,当连续降水日数大于或等于该阈值则记为该站出现了极端连续降水日数。

⑥极端持续无降水日数

日降水量连续<0.1 mm 的天数即持续无降水日数。取某站气候基准期内每年持续无降

水日数的极大值和次大值，形成一个共 60 个数的序列。对获得的 60 个值从小到大进行排序，选取第 95 百分位数作为极端持续无降水日数的阈值，当持续无降水日数大于或等于该阈值则记为该站出现了极端持续无降水。

⑦极端连续降水量

连续降水日数内的累计降水量。取某站气候基准期内每年连续降水日数内的累计降水量的极大值和次大值，形成一个共 60 个数的序列。对获得的 60 个值从小到大进行排序，选取第 95 百分位数作为极端连续降水量的阈值，当连续降水量大于或等于该阈值则记为该站出现了极端连续降水量。

表 2.2 列出了常见的极端天气气候事件监测指标。

表 2.2　极端天气气候事件监测指标一览表

序号	指标名称	指标定义	单位
1	平均气温	某时段日平均气温的平均值	℃
2	平均气温距平	某时段日平均气温的平均值与气候平均值的差值	℃
3	最高气温	某时段日最高气温的极大值	℃
4	极端高温	某时段日最高气温的极大值达到或超过极端高温阈值	℃
5	高温日数	某时段日最高气温≥35 ℃的日数	d
6	高温日数距平	某时段日最高气温≥35 ℃的日数与气候平均值的差值	d
7	连续高温日数	截至某日日最高气温≥35 ℃的连续日数	d
8	极端连续高温日数	截至某日日最高气温≥35 ℃的连续日数大于极端连续高温日数的阈值	d
9	最低气温	某时段日最低气温的极小值	℃
11	极端低温	某时段日最低气温的极小值小于等于极端低温的阈值	℃
12	总降水量	某时段日降水量的累积值	mm
13	降水距平百分率	某时段总降水量减去历史同期值然后再除以历史同期值并乘 100	%
14	最大日降水量	某时段日降水量的最大值	mm
15	极端日降水量	某时段日降水量的最大值大于等于极端日降水阈值	mm
16	连续降水日数	截至某日日降水量连续≥0.1 mm 的日数	d
17	极端连续降水日数	截至某日日降水量连续≥0.1 mm 的日数大于等于极端连续降水日数阈值	d
18	降水日数	某时段日降水量≥0.1 mm(不包含 32766)的日数	d
19	降水日数距平	某时段日降水量≥0.1 mm(不包含 32766)的日数与同期气候基准期平均值的差值	d
20	暴雨日数	某时段日降水量≥50 mm 的日数	d
21	暴雨日数距平	某时段日降水量≥50 mm 的日数与同期气候基准期平均值的差值	d
22	连续无降水日数	截至某日日降水量连续<0.1 mm 的持续日数	d
23	极端连续无降水日数	截至某日日降水量连续<0.1 mm 的持续日数大于等于极端连续无降水日数阈值	d

2.3　气象灾害

2.3.1　干旱

2.3.1.1　概念

干旱主要包括：干旱气候、气象干旱（以下简称干旱）和干旱灾害等。干旱气候是一种长期稳定的气候特征，是一种水资源长期相对亏缺的自然现象。通常指淡水资源总量少，不足以满足人的生存和经济发展的气候现象。气象干旱是指在某一时段内，由于蒸发量和降水量的收支不平衡，水分支出大于水分收入而造成的水分短缺现象。根据我国《气象干旱等级：GB/T 20481—2017》[14]，干旱灾害是指某一时段内的降水量比常年平均降水量显著偏少，导致某一地区的经济活动（尤其是农业生产）和人类生活受到较大危害的现象。干旱灾害除危害农作物生长、造成作物减产外，还对城市供水、生态环境保护等造成危害，严重影响工业生产及其他社会经济活动。

基于分析甘肃干旱规律和旱灾发生情况为主要目的，考虑到降水量明显偏少是导致干旱的主要原因，在分析干旱时，采用降水距平百分率分析干旱等级（表 2.3）。

表 2.3　降水量距平百分率干旱等级划分表　（单位：%）

等级	类型	降水距平百分率		
		月尺度	季尺度	年尺度
1	无旱	$-40<P_a$	$-25<P_a$	$-15<P_a$
2	轻旱	$-60<P_a\leqslant-40$	$-50<P_a\leqslant-25$	$-30<P_a\leqslant-15$
3	中旱	$-80<P_a\leqslant-60$	$-70<P_a\leqslant-50$	$-40<P_a\leqslant-30$
4	重旱	$-95<P_a\leqslant-80$	$-80<P_a\leqslant-70$	$-45<P_a\leqslant-40$
5	特旱	$P_a\leqslant-95$	$P_a\leqslant-80$	$P_a\leqslant-45$

2.3.1.2　时空分布特征

干旱是甘肃省最主要的气象灾害，按出现时间划分有春旱、春末夏初旱、伏旱和秋旱。平均三年一小旱，十年一大旱。

（1）春旱

全省春旱发生频率为 20%～80%，河西走廊为 40%～80%，陇中北部和陇东东北部为 40%，陇中南部、陇东南部、甘南高原大部和陇南北部为 30%；甘南高原西南部和陇南南部为 20%（图 2.46）。

（2）春末夏初旱

全省春末夏初旱发生频率为 10%～70%。河西走廊频率为 40%～70%，是发生频率最高地区；陇中北部和陇东北部为 40%，是发生频率次高发区；陇中南部、陇东南部、甘南高原大部和陇南为 20%～30%；甘南高原中部频率为 10%，是发生频率最小的地区（图 2.47）。

（3）伏旱

全省伏旱发生频率为 10%～60%，河西走廊为 30%～50%，是发生频率最高地区；陇中北部、陇东和陇南大部为30%～40%，是发生频率次高区；陇中南部和甘南高原为20%～30%，是发生频率最小的地区(图2.48)。

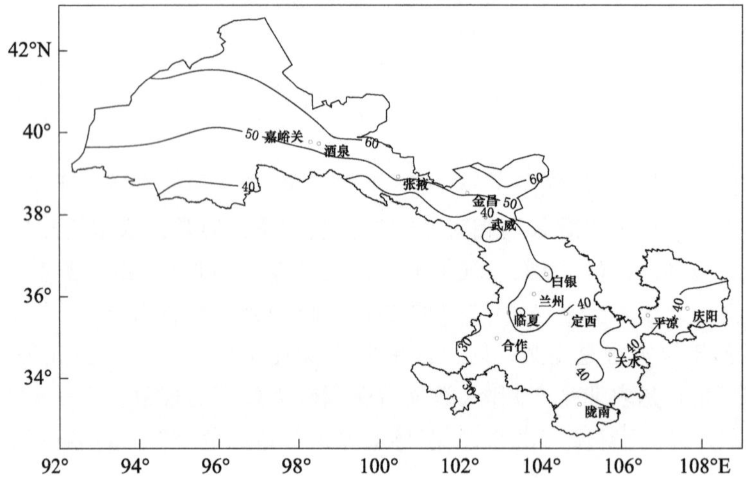

图2.46　甘肃省春旱频率空间分布(单位:%)

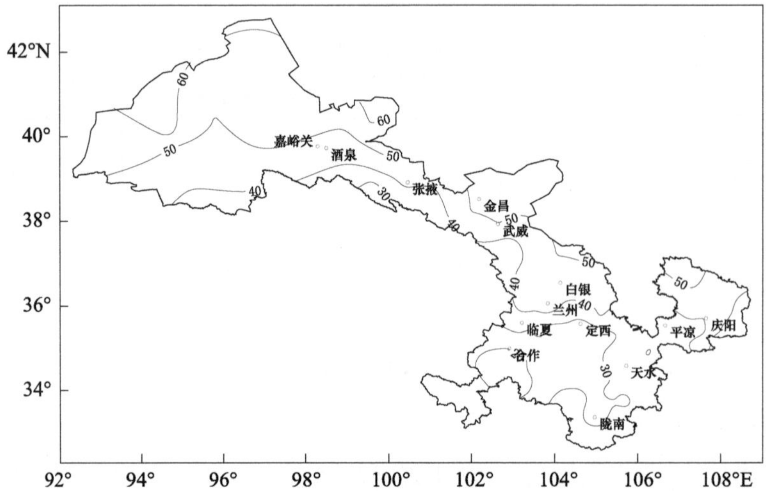

图2.47　甘肃省春末夏初旱频率空间分布(单位:%)

(4)秋旱

全省秋旱发生频率为20%～70%，河西走廊为30%～70%，是发生频率最高地区；陇中北部、陇东为30%～40%，是发生频率次高区；陇中南部、甘南高原大部和陇南北部为30%；甘南高原西南部和陇南南部为20%，是发生频率最小地区(图2.49)。

2.3.1.3　对各行业的影响

根据干旱灾害风险等级区划，酒泉、张掖，武威、兰州、临夏、定西、天水、平凉、庆阳等市(州)大部分地方及陇南市局部地方是甘肃省春末夏初旱出现的高风险区。甘南州春末夏初旱灾害风险相对较低(图2.50)。

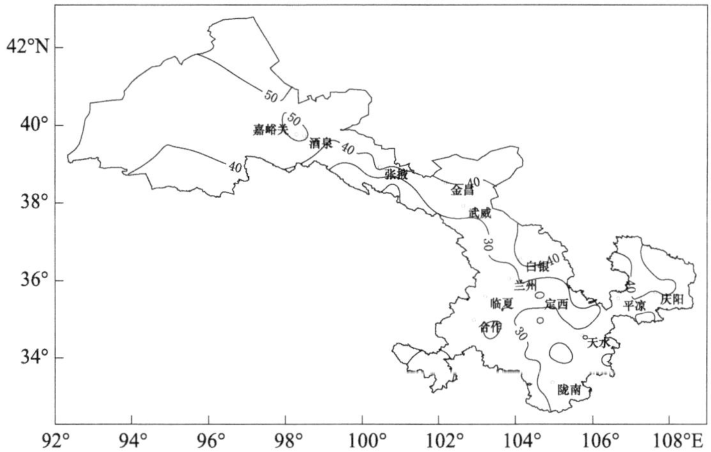

图 2.48　甘肃省伏旱频率空间分布(单位:%)

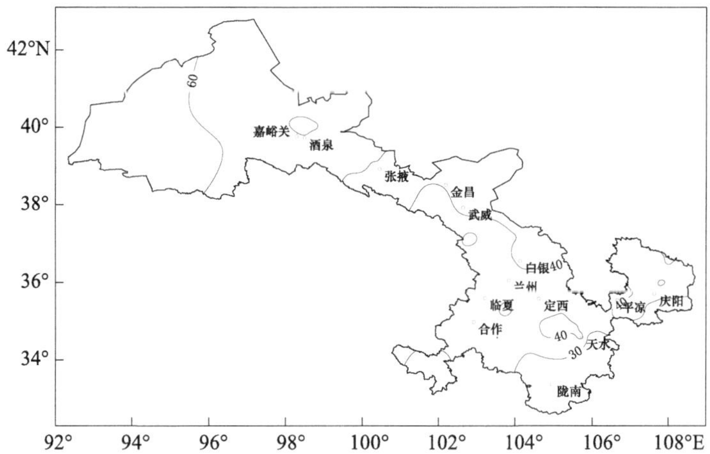

图 2.49　甘肃省秋旱频率空间分布(单位:%)

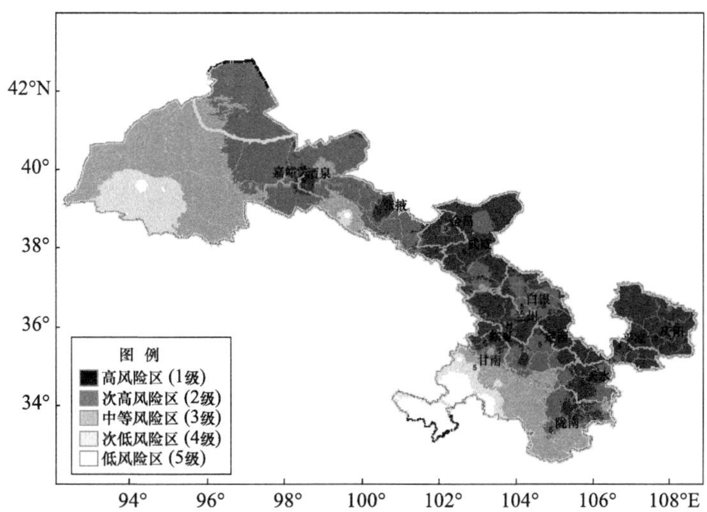

图 2.50　甘肃省春末夏初旱灾风险区划

全省以酒泉西部伏旱灾害风险相对较高。祁连山中部、甘南大部、临夏南部、定西南部、天水中部、平凉大部、庆阳南部、陇南中西部伏旱灾害风险相对较低(图 2.51)。

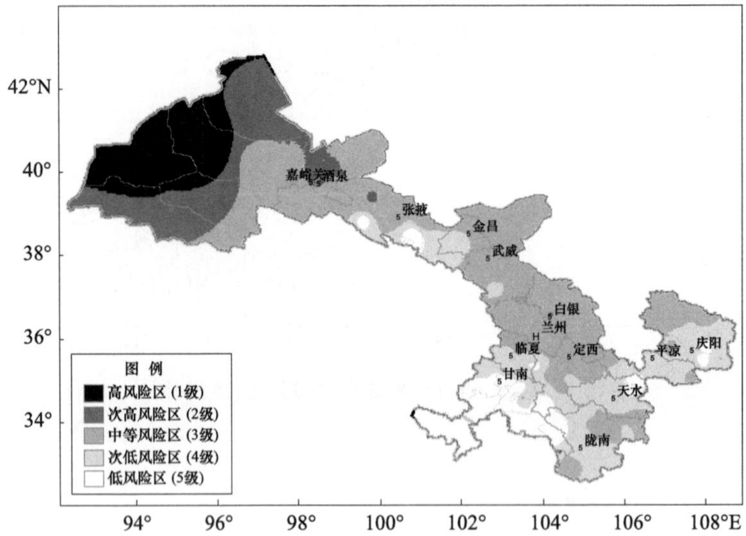

图 2.51 甘肃省伏旱灾害风险区划

进入 20 世纪 90 年代以来，干旱频繁发生，特别是 1995 年、1997 年和 2000 年最为严重，对农业生产影响极大。天水市和陇南市北部自 1994 年开始至 2000 年连续 7 年干旱，旱情之重、持续时间之长、范围之广为有记录以来之最。尤其是伏旱和秋旱发生频率明显增多，分别达到 70%和 50%，春旱和春末夏初旱比 80 年代也有明显增多。进入 21 世纪以来干旱出现频率增加，尤其春旱持续发生，春末夏初旱发生频率最高，但伏旱和秋旱发生的频率比 20 世纪 90 年代明显减少。

2.3.2 暴雨洪涝

2.3.2.1 概念

暴雨灾害是甘肃省主要气象灾害之一，根据国家标准《暴雨灾害等级：GB/T 33680—2017》[15]，暴雨灾害等级分为轻度、中度、严重和特大四个等级。

2.3.2.2 空间分布特征

甘肃省年暴雨(≥50 mm)日数与我国东部及南方地区相比明显偏少。全省暴雨主要出现在河东地区，年暴雨日数分布趋势大致自西北向东南逐渐增加(图 2.52)，山区多于平地、南部和东部山区多于中部和西部山区，迎风面多于背风面。各地暴雨总日数变化范围为 3～39 d；陇中、陇南北部和甘南高原少数地方为 3～19 d，暴雨最少；陇东为 12～27 d，是暴雨较多地方；陇南北部为 24～39 d，是全省暴雨最多地方。

日降雨量≥100 mm 的大暴雨，主要分布在临夏州、兰州市的永登、平凉市、庆阳市、天水市麦积和陇南市的部分县(区)，日降水量为 100～194 mm。

2.3.2.3 对各行业的影响

甘肃省暴雨灾害风险大致呈从东南向西北递减的形势。高风险区域分布在陇南、天水、平

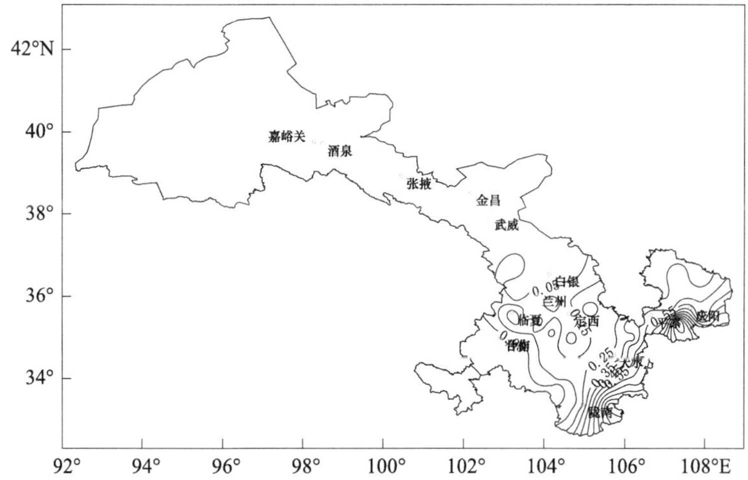

图 2.52　甘肃省暴雨(≥50 mm)日数空间分布图(单位:d)

凉、庆阳 4 市及甘南、临夏、定西交界地区,兰州、白银等中部地区为中等风险区,低风险区和次低风险区主要分布在甘肃河西走廊一带(图 2.53)。

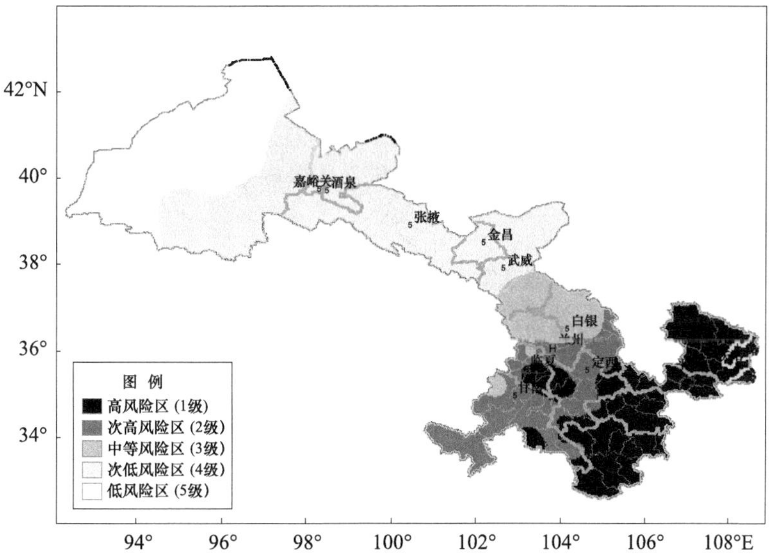

图 2.53　甘肃省暴雨灾害风险区划图

2.3.3　冰雹

2.3.3.1　概念

冰雹是甘肃夏季常见的气象灾害之一,具有明显的局地性和分散性。根据国家标准《冰雹等级:GB/T 27957—2011》[16],按照冰雹的直径进行划分,将冰雹定义为小冰雹(直径<5 mm)、中冰雹(5 mm≤直径<20 mm)、大冰雹(20 mm≤直径<50 mm)和特大冰雹(冰雹≥50 mm)。采用中国气象局《全国气候影响评价》的标准,一日内若在全省范围内同时出现冰雹的测站数≥3 站,确定为一次区域性冰雹。

2.3.3.2 时空分布特征

甘肃各地冰雹日数的分布与海拔高度、地理环境、气候等有着密切的关系。海拔高的地区多于海拔低的地区，高原、山区多于平川区，气候冷湿地区多于气候温暖、干燥地区。

甘肃省冰雹日数总体呈东北—西南走向，甘南高原和祁连山区东段是冰雹最多地区，年平均冰雹日数为 3～6 d，其中玛曲年平均冰雹日数最多；省内其余地方不足 3 d(图 2.54)。

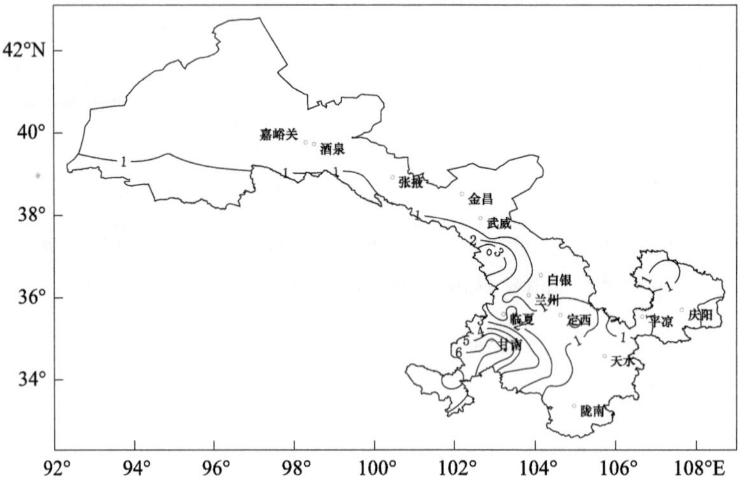

图 2.54 甘肃省年平均冰雹日数分布图(单位:d)

全省降雹时段具有明显月际变化，11 月到次年 2 月为无雹时段，3—10 月为多冰雹时段，5—9 月冰雹次数占全年 86%。其中 5 月、6 月和 7 月冰雹分别占全年 17.3%、24%和 17.2%。

2.3.3.3 对各行业的影响

甘肃省冰雹灾害风险较高区域主要分布在甘南大部、武威南部、临夏大部、定西和平凉中西部。白银北部、天水南部、陇南东部及河西走廊大部(除祁连山山区)冰雹灾害风险相对较低(图 2.55)。

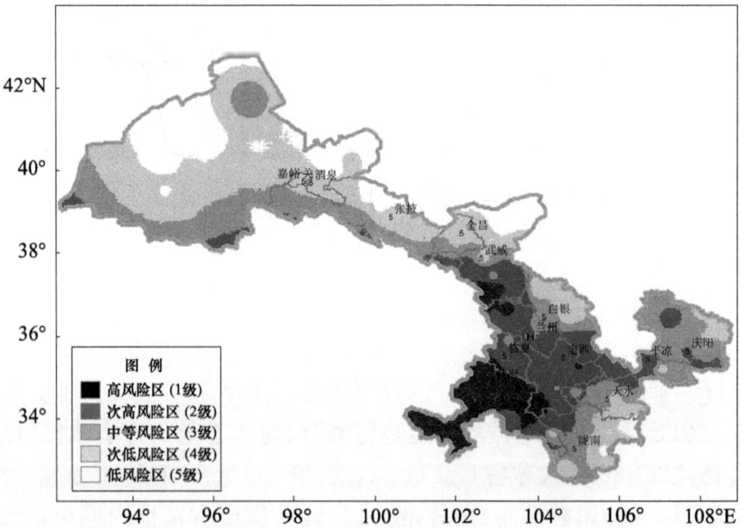

图 2.55 甘肃省冰雹灾害风险区划图

冰雹天气虽然出现范围小，时间短促，但来势猛，强度大，并常伴有狂风、骤雨，在遭受冰雹危害的同时，还要遭受严重洪涝灾害的影响。体积小的冰雹可以打伤、打落农作物的叶、花、果实；稍大一些冰雹可以打折、打断农作物的茎秆；形如核桃、鸡蛋大的可以打伤人、畜，对农作物、经济林果及输电、通信线路的毁坏力更加严重。冰雹多发期正是农作物、经济林、果的旺盛生长和成熟时期，如遇冰雹天气轻则使其生长发育受阻；重则造成机械损伤和大量落花、落果，降低产品质量和产量乃至无收。

2.3.4　连阴雨

2.3.4.1　时空分布特征

全省年平均连阴雨次数 4 次。河西走廊西部不到 1 次，河西走廊中东部、陇中北部为 1～4 次，祁连山区、陇中南部、陇东、陇南北部为 3～8 次，甘南为 8～10 次，其中碌曲是全省最多中心（图 2.56）。

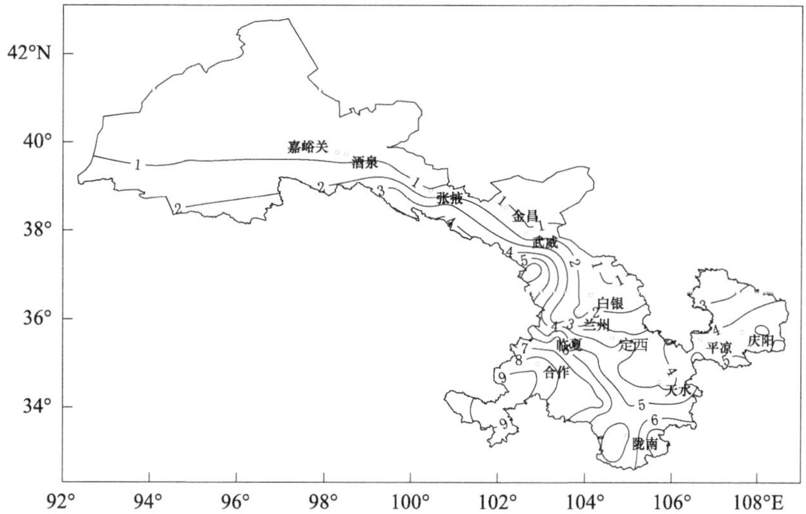

图 2.56　甘肃省年连阴雨次数空间分布图

甘肃连阴雨一般出现在 3—11 月。其中，陇南市个别地方 12 月或 1 月也会出现。河西地区连阴雨天气过程主要出现在 5—9 月，河东大部地方出现在 3—11 月。

全省连阴雨次数月际变化特征是 3 月以后迅速增加，9 月以后迅速减少，峰值主要出现在 8 月底到 9 月初，另外，在 5 月出现次峰值。

2.3.4.2　对各行业的影响

（1）春季连阴雨

春季，正值农作物生长初期，连阴雨天气将影响农作物正常生长及病害滋生蔓延。在甘南牧区，牧畜正值产羔和春乏期，连续几天降雪天气可导致气温低并形成积雪覆盖草场，使牧畜采食困难，还容易引起牧畜生病，甚至死亡。

（2）夏季连阴雨

夏季，正值小麦灌浆成熟期，尤其是 6—7 月出现连阴雨天气，影响小麦收割、晾晒，进而影响小麦产量和质量。

(3)秋季连阴雨

秋季连阴雨天气兼有利、弊两重性。秋雨多利于农田土壤蓄墒和次年春播出苗生长。但同时秋季连阴雨天气影响秋作物和经济作物成熟收获、冬贮牧草的刈割晾晒储备和越冬作物的适时播种。

2.3.5 大风

2.3.5.1 时空分布特征

甘肃省年平均大风日数为1～69 d,分布呈河西多、河东少(图 2.57)。河西大部分地方为10～45 d,仅乌鞘岭为69 d;河东大部为1～10 d,仅华家岭 44 d,河东其他地方<5 d,陇南大风日数最少。

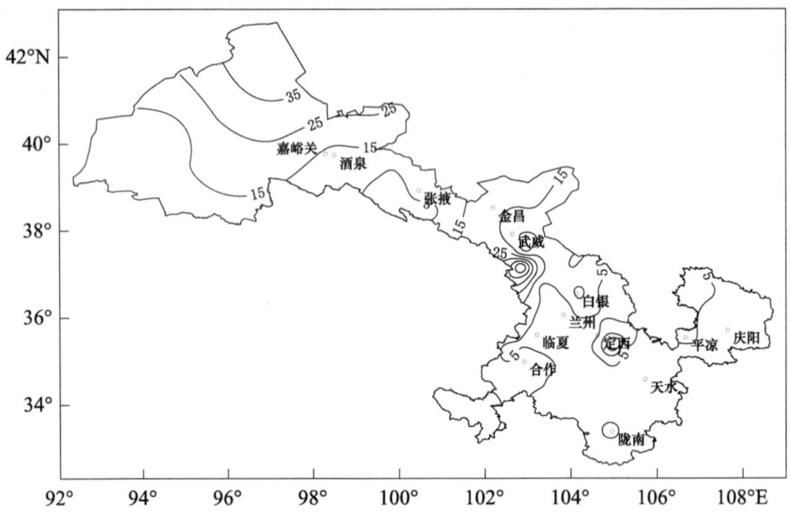

图 2.57 甘肃省年平均大风日数空间分布图(单位:d)

全省大风日数以春季最多,为 0～30 d,平均为 3 d;夏季大风日数为 0～13 d,平均 2 d;秋季、冬季大风日数为 0～14 d,平均为 1 d。

2.3.5.2 对各行业的影响

大风天气对人民生活有利有弊,风能是一种取之不尽、用之不竭的清洁能源,具有很大的开发利用潜力。风力发电是清洁能源,对环境没有污染。甘肃省风能资源总储量居全国各省第三位,仅次于内蒙古和新疆两区。风能资源非常丰富区域分布在酒泉市的安西、玉门和肃北境内;丰富区域位于酒泉市中北部和武威市北部局部地区;较丰富区域分布在酒泉市、张掖市、武威市、白银市等局部地区。春季(3—5 月)是甘肃省各地平均风速和平均风功率密度最大季节,冬季(12 月—翌年 2 月)次之。

然而强烈的大风是一种严重的灾害性天气,对人民生活和生产造成不利影响。大风过境时,可能造成电力和交通设施损失、房倒树拔和农作物倒伏,对飞机起降、炮兵射击等军事行动有较大影响。虽然大风日数 1985 年以来呈减少趋势,但大风危害却在增加。大风还容易引发沙尘天气,破坏建筑物,毁坏温室大棚和农田地膜等,影响工农业生产。尤其是春季正值经济作物出苗和果树开花期,最不耐风吹沙打。例如,1993 年 5 月 5 日下午到夜间,河西走廊、宁夏回族自治区的中卫、兴仁、平罗以及内蒙古自治区的阿拉善盟发生了历史上罕见的特大黑风暴。河西走廊数万株果木花蕊被打落，平均风蚀深度达 10 cm，使土壤肥力大为降低；数万株防护林和用材林折断或连根拔起，吹倒电线杆，造成停水停电。

2.3.6　沙尘暴

2.3.6.1　时空分布特征

甘肃省年平均沙尘暴日数为 0～18 d，空间变化由北向南逐渐减少，呈现河西多、河东少的分布特点。

河西大部分地方年沙尘暴日数为 5～10 d，其中民勤县达 18 d，是全省沙尘暴日数最多的地方。陇中北部和陇东北部的环县为 1～4 d，省内其余地方不足 1 d(图 2.58)。

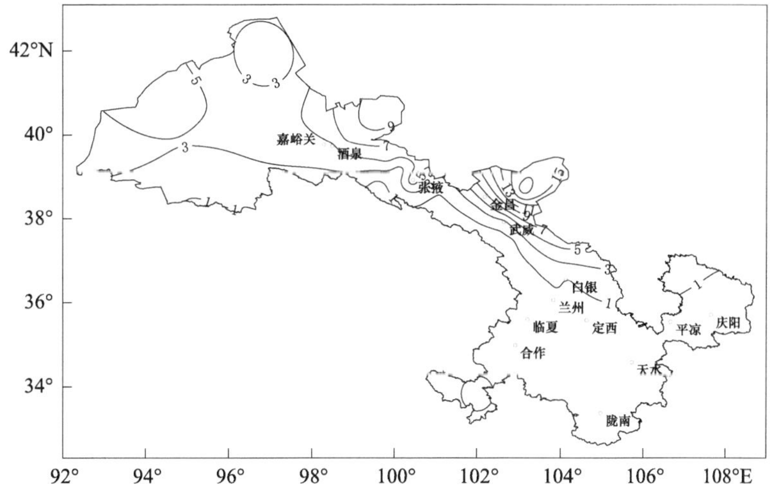

图 2.58　甘肃省年沙尘暴日数空间分布图(单位:d)

全省沙尘暴日数以春季最多，为 0～9 d，平均为 0.8 d；夏季沙尘暴日数比春季明显减少，沙尘暴日数为 0～5 d，平均为 0.3 d；秋季最少，为 0～1.5 d，平均为 0.1 d；冬季沙尘暴日数为 0～3.1 d，平均为 0.7 d。

2.3.6.2　对各行业的影响

酒泉东部、嘉峪关、张掖、武威、白银和兰州为沙尘暴灾害高风险区。庆阳、平凉、天水、临夏等市州沙尘暴灾害风险中等。低风险区和次低风险区主要分布在酒泉西部、甘南、定西南部和陇南大部(图 2.59)。

沙尘暴天气是西北地区和华北北部地区出现的强灾害性天气。作为甘肃省主要灾害性天气之一，沙尘暴可造成房屋倒塌、交通供电受阻或中断、火灾、人畜伤亡等，污染自然环境，破坏作物生长，给国民经济建设和人民生命财产安全造成严重的损失和极大的危害。如 1993 年 5 月 5 日，发生在金昌、武威、民勤、白银等地的强沙尘暴天气，受灾农田 16.95 万 hm^2，损失树木 4.28 万株，造成直接经济损失达 2.36 亿元，死亡 50 人，重伤 153 人。2000 年 4 月 12 日，永昌、金昌、威武、民勤等地、市强沙尘暴天气，仅金昌、武威两地市直接经济损失就达 1534 万元。

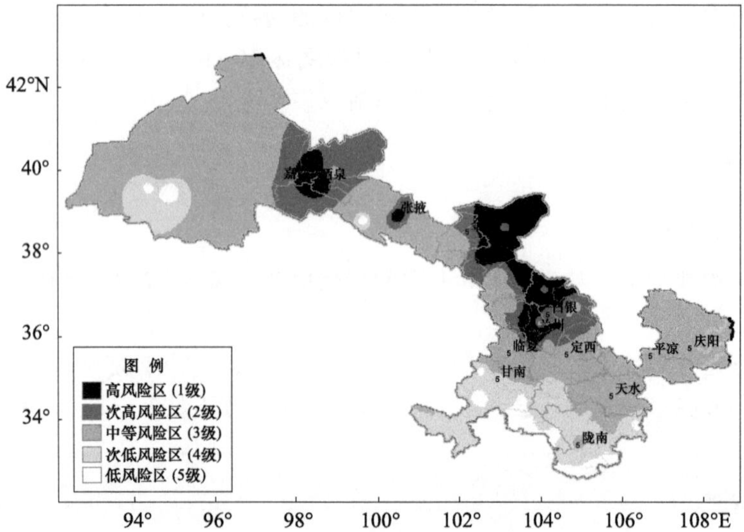

图 2.59 甘肃省沙尘暴灾害风险区划图

2.3.7 霜冻

2.3.7.1 时空分布特征

(1)霜冻初终期

全省初霜冻最早出现在 8 月下旬,最晚在 12 月中旬,两者相差 100 d 左右。从空间分布看,祁连山区和马鬃山是全省初霜冻出现最早地区,一般在 9 月中旬;河西走廊和陇中南部在 10 月上中旬;陇东在 10 月中下旬;陇南大部在 11 月上旬到 12 月中旬,是全省初霜冻出现最晚的地方(图 2.60)。

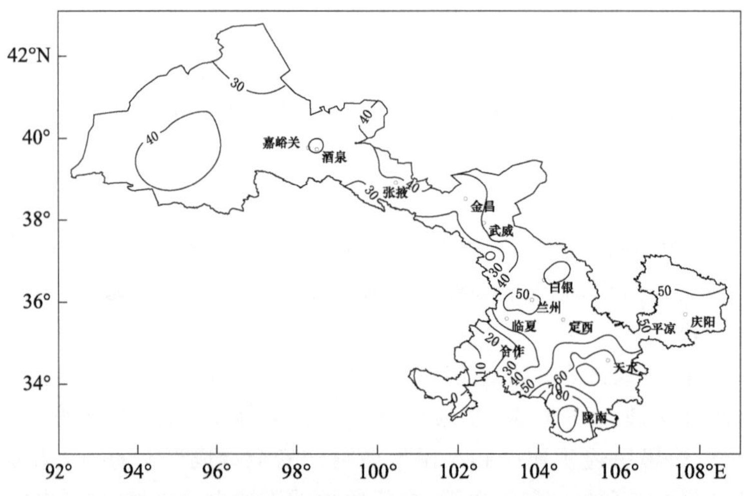

图 2.60 甘肃省各地初霜冻日期空间分布图(单位:d)

(图中等值线标注值为距 8 月 21 日天数)

全省终霜冻日期各地之间跨度较大,最早出现在 2 月中旬,最晚在 6 月中旬,两者相差 115 d 左右。从空间分布看,祁连山和马鬃山是全省终霜冻结束最迟地区,一般在 5 月下旬到

6 月上旬;河西走廊终霜冻在 4 月中下旬;陇东、陇中在 4 月中旬;陇南大部在 2 月中旬到 3 月中旬,是全省终霜冻结束最早地区(图 2.61)。

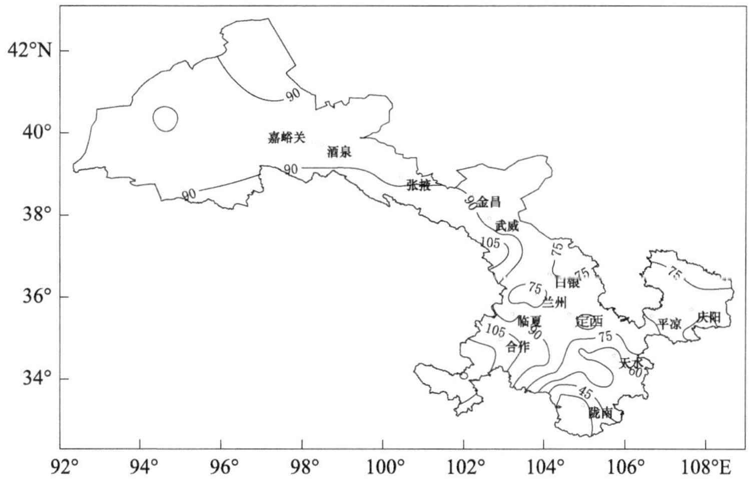

图 2.61　甘肃省各地终霜冻日期空间分布图(单位:d)

(图中等值线标注值为距 2 月 1 日天数)

2.3.7.2　对各行业的影响

甘肃省霜冻灾害高和次高风险区主要分布在河西走廊中、东部和定西、临夏、平凉西部、庆阳西部、天水北部等地;次低风险区和低风险区主要分布在河西走廊西部和陇南、甘南等地(图 2.62)。

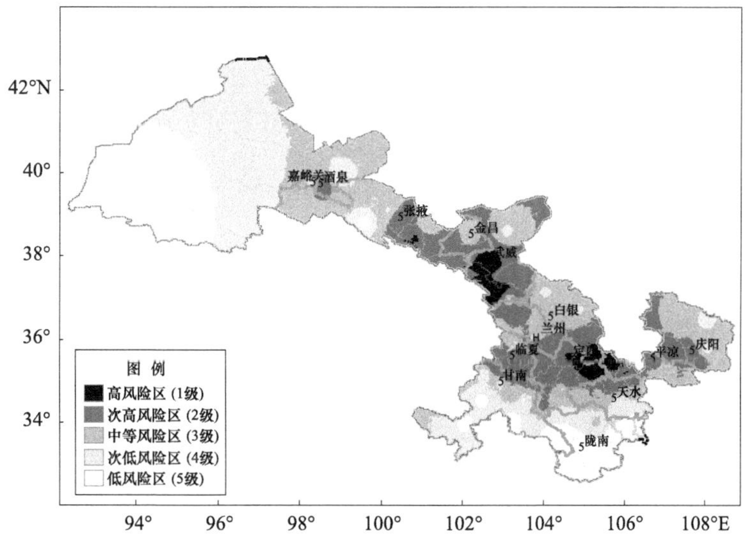

图 2.62　甘肃省霜冻灾害风险区划图

全省均存在初(终)霜冻的危害,一般终霜冻危害大于初霜冻。陇东和陇中受霜冻危害程度大于陇南山区。初霜冻出现得愈早,终霜冻结束得愈迟,对农作物及经济林果的危害就愈大愈重。

秋季正值秋作物产量形成期，此时遇上霜冻天气，籽粒灌浆不能正常完成，粒重和产量受到严重影响。一般 9 月出现的初霜冻比 10 月出现的初霜冻危害更重。

春季是果树开花或幼果期，农作物和蔬菜的幼苗期，此时遇上霜冻天气，果树、农作物和蔬菜受到严重危害，会造成大幅度减产或绝收。同样，5 月结束的终霜冻比 4 月结束的终霜冻危害更重。

2.3.8 高温

2.3.8.1 时空分布特征

日最高气温≥35 ℃的平均日数，河西走廊西部的安敦盆地为 15 d 左右，其余地方为 1～9 d；陇中中北部、陇东和陇南北部 1 d 左右；陇南南部 2～7 d(图 2.63)。

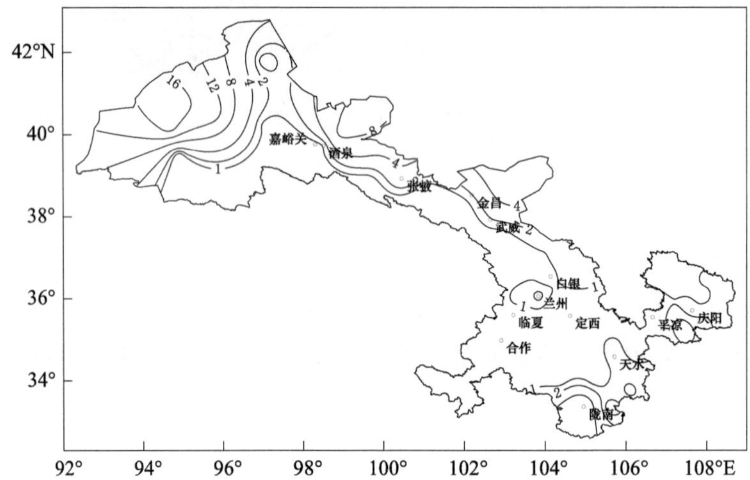

图 2.63 甘肃省日最高气温≥35 ℃日数分布图(单位：d)

2.3.8.2 对各行业的影响

高温的环境使人体感到不适，工作效率低，中暑、肠道疾病和心脑血管疾病等的发病率增多。持续的高温加剧土壤水分蒸发和作物蒸腾作用，易造成土壤失墒严重，加速旱情的发展，给农业生产造成较大影响。持续高温少雨还易引发火灾，对生态环境造成破坏。受高温影响，用于防暑降温的水电需求量猛增，造成水电供应紧张。此外，高温还对旅游、文通、建筑等行业造成不同程度的影响。但高温同时也会给一些生产、销售防暑降温用品及设备的厂家和商家带来商机。

2.4 气候与气候变化业务产品

2.4.1 业务流程和业务系统

2.4.1.1 业务流程

首先，气候影响评价业务首先是对基本气象要素状况的总体描述；其次，对高影响天气气候事件发生的强度、频率及其影响的范围、程度等做出定性或定量的评价；第三是对气候影响当地社会、经济、生态环境、人体健康，甚至行业等各方面的影响做出具体的评价或评述；最后，酌情开展对评价区域短期气候的预测和长期气候趋势的预估（图 2.64）。气候影响评价产品长期连续的制作，是气候影响各方面情况的连续档案，能让人们对当地气候及其影响社会、经济和人类活动的过程有逐步深入和较为完整的认识，从而使人们能更好地趋利避害，利用气候影响造福人类。气候影响评价的意义在于为各级政府及时掌握气候变化信息，并根据气候影响评价制定合理的经济发展规划提供有效、主动的服务，有利于政府组织防灾减灾工作，以及为环境保护提供气候信息，提高社会公众的气候意识，也有助于气象工作者提升公共气象、安全气象、资源气象的服务理念。

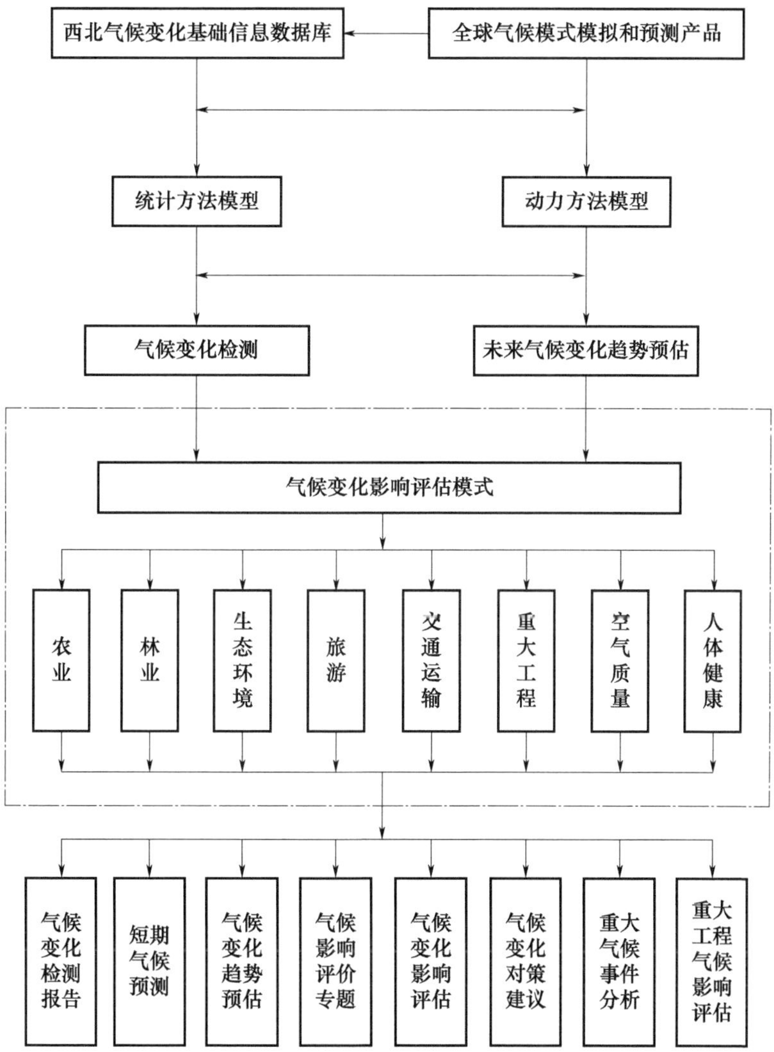

图 2.64　气候变化与影响评估业务流程图

2.4.1.2　业务系统

气候变化影响评估业务主要依靠干旱半干旱地区气候变化监测与评估系统开展，系统可实现基本气象要素、高影响天气事件、极端气候事件的实时监测和历史情况对比分析(图 2.65)。

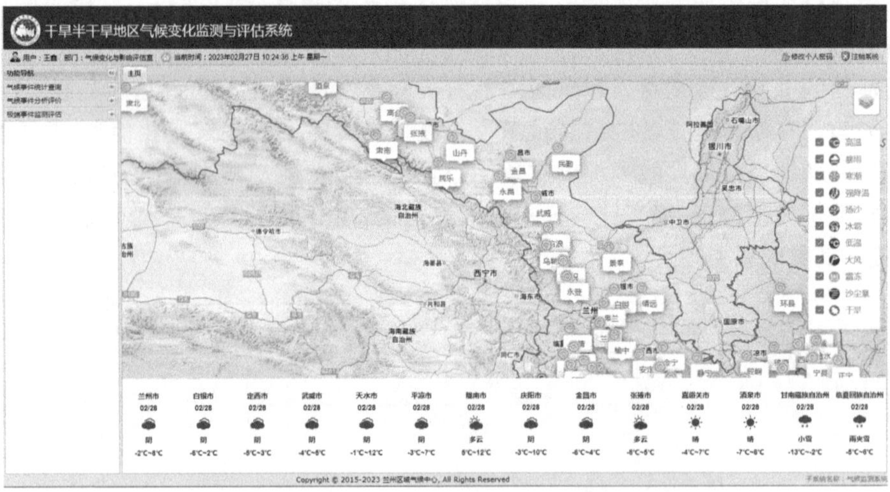

图 2.65　干旱半干旱地区气候变化监测与评估系统

2.4.2　业务产品

2.4.2.1　甘肃省年度气候变化监测公报

甘肃省年度气候变化监测公报主要包括三部分内容。第一部分为基本气象要素,主要包括气温、降水、日照时数等要素;第二部分为高影响天气气候事件,主要包括干旱、高温、冰雹、大风、沙尘、连阴雨和极端天气气候事件;第三部分为区域生态气候监测,主要包括典型区域的植被和水体、祁连山积雪、河西地区荒漠化。主要包括对各部分要素最新的时空监测信息和1961 年以来(晚于 1961 年有观测的,则为观测年份以来)的年际变化趋势。

2.4.2.2　甘肃省月(季、年)气候影响评价

甘肃省月(季、年)气候影响评价主要包括三部分内容。第一部分为基本气候概况,对全省及各县(区)主要气象要素及其与常年同期的对比情况进行描述。月、季评价主要为气温、降水,年评价还包括日照;第二部分为主要气候事件,针对当月(季、年)发生的主要气候事件,从时间、范围、强度等方面进行定性或定量的分析评价;第三部分为气候专题影响评价,对当月(季、年)气候状况对农林牧业、能源与交通、生态环境与人体健康等的影响进行定性或定量的分析评价,并结合短期气候预测结论对行业重点防范的方面提出对策建议。

2.4.2.3　西北气候公报

西北气候公报主要内容和甘肃省气候影响评估类似,不同在于评估区域为甘肃、青海、宁夏和陕西四省(区),另外,内容中不包括气候预测部分。

2.4.2.4　甘肃省气候变化分析专题报告

甘肃省气候变化分析专题报告主要是针对年内甘肃省发生的某次重大气候事件或高影响天气过程专门进行分析评估的业务产品。主要包括对前期气候概况的描述,本次事件时间、范围、强度等方面的描述和历史同类型事件的对比评估,本次事件对主要行业造成的影响的分析

评估。有时候产品也对重点时段(比如主汛期)的气候特征进行分析总结。

2.4.2.5　甘肃省年度十大天气气候事件

从事件的综合强度、极端性、对生产生活的造成影响的严重程度(利、弊影响均可)等方面筛选年内最具代表性的十个天气气候事件,通过相关媒体进行发布。

2.5　气候评价业务展望

(1)强化气候变化科技支撑能力

围绕本地核心气候变量,综合集成地面、卫星遥感等多源数据资料,建立科学标准的气候变化监测数据集。加强适用于西北地区的气候变化规律与机制研究,发展检测归因技术方法。完善监测评估指标体系、灾害客观化识别技术体系,持续提升影响评估客观化、定量化、精细化水平。加强区域极端事件的监测评估,研究从极值阈值识别逐步转向客观化模型识别技术。探索发展区域气候变化预估技术,开展相关业务服务。

强化祁连山区、三江源、黄土高原、黄河流域等重点区域和流域定量化气候变化影响与精细化评估及对策措施研究。发展针对旅游、水文、交通、农业、健康等重点行业的客观化气象灾害风险评估和气候变化影响评估技术,对区域生态环境保护、经济发展提供科技支撑。针对重点区域、重点领域做好应对区域气候变化决策气象服务。

(2)加强气象灾害风险管理能力

完善气象灾害监测识别、影响评估、风险预评估与预警、检验评估、风险区划等于一体的风险管理业务技术体系和标准规范。加强气象灾害综合风险普查成果的应用工作,开展各灾种灾害风险评估与区划,提高灾害防御能力。拓展基于影响的风险预测业务,推动趋势预测向影响预测、要素预测向风险预测转变,提高分灾种、分区域、分行业的影响预报和风险预警能力及生态脆弱区气候变化预警与应对能力。

参考文献

[1] 全国气象防灾减灾标准化技术委员会．天气预报基本术语:GB/T T35663—2017[S].北京:中国标准出版社,2017.

[2] 全国气象仪器与观测方法标准化技术委员会．地面气象观测规范 降水量:GB/T 35228—2017[S].北京:中国标准出版社,2017.

[3] 全国气象仪器与观测方法标准化技术委员会．地面气象观测规范 日照:GB/T 35232—2017[S].北京:中国标准出版社,2017.

[4] 全国气象防灾减灾标准化技术委员会．降雨过程等级:QX/T 489—2019[S].北京:气象出版社,2019.

[5] 全国气候与气候变化标准化技术委员会．极端高温监测指标:QX/T 280—2015[S].北京:气象出版社,2015.

[6] 全国气候与气候变化标准化技术委员会．气候指数 低温:QX/T 558—2020[S].北京:气象出版社,2020.

[7] 全国气象防灾减灾标准化技术委员会．冷空气等级:GB/T 20484—2017[S].北京:中国标准出版社,2017

[8] 全国气象防灾减灾标准化技术委员会．寒潮等级:GB/T 21987—2017[S].北京:中国标准出版社,2017.

[9] 全国气候与气候变化标准化技术委员会．冷空气过程监测指标:QX/T 393—2017[S].北京:气象出版社,2017.

[10] 全国气象防灾减灾标准化技术委员会. 沙尘天气等级:GB/T 20480—2017[S]. 北京:中国标准出版社,2017.

[11] 全国气候与气候变化标准化技术委员会. 初霜冻日期早晚等级:QX/T 456—2018[S]. 北京:气象出版社,2018.

[12] 全国气候与气候变化标准化技术委员会. 气候季节划分:QX/T 152—2012[S]. 北京:气象出版社,2012.

[13] 全国气象防灾减灾标准化技术委员会. 人居环境气候舒适度评价:GB/T 27963—2011[S]. 北京:中国标准出版社,2011.

[14]全国气候与气候变化标准化技术委员会. 气象干旱等级:GB/T 20481—2017[S]. 北京:中国标准出版社,2017.

[15]全国气候与气候变化标准化技术委员会. 暴雨灾害等级:GB/T 33680—2017[S]. 北京:中国标准出版社,2017.

[16]全国气象防灾减灾标准化技术委员会. 冰雹等级:GB/T 27957—2011[S]. 北京:中国标准出版社,2011.

第3章　短期气候预测业务

3.1　业务流程与产品

3.1.1　业务流程

气候预测业务技术流程相对复杂，理论上需要从五大圈层的影响考虑。日常业务中主要有以下几个环节：前期多渠道获取大气、海洋和冰雪等各种资料进行实况和气候背景分析，在此基础上利用模式预测、动力与统计相结合和物理统计等多种方法的集成结果，进行多层次预测结果分析和集成归纳，通过内部会商得到初步预测结论，之后与区域内各省(区)会商，并参考国家气候中心指导预报，形成最终意见。在规定时间节点前向管理和决策部门以及各服务单位发布预测产品。月初在得到前期实况资料和上级部门的预测质量后，检查对照预测的成败，进行全面的技术复盘，主要包括月、季节气候趋势预测及其延伸期重要天气过程预报的总结(图3.1)。中国气象局预报与网络司对技术复盘总结非常重视，每年根据我国的气候特点，专门组织召开重要时段技术复盘总结技术交流会，并为一线业务人员设立了复盘总结专项。

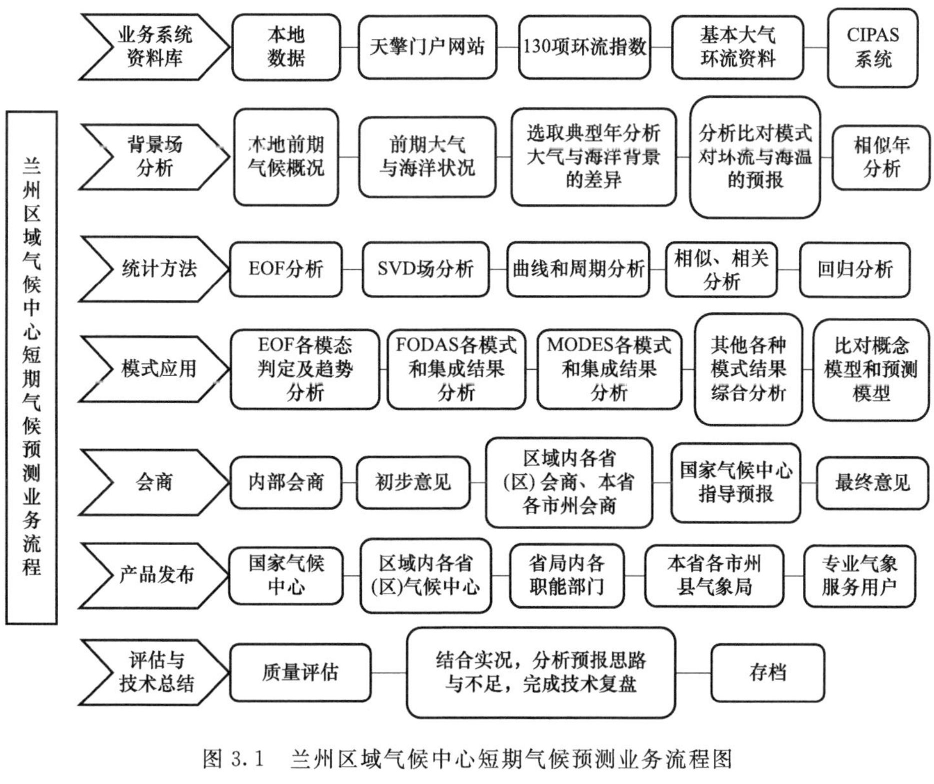

图3.1　兰州区域气候中心短期气候预测业务流程图

3.1.2 预测业务产品

月、季和年度产品内容主要分四大部分：①预测时段的气候趋势摘要；②对预测时段气候背景及前期气候概况的总结——精炼又不失重要细节；③预测时段气候趋势预测的详细描述，包括降水总量及趋势预测、平均气温及趋势预测（均附图）；④气候趋势变化影响与对策建议，包括预测时段内气温降水趋势和重要天气过程对农业、林业、水利、交通、生产生活等各方面的影响及对策建议。

产品由主班发布，副班协助。所有产品包括临时性材料均需首席签发后才能发布。

产品发布及预测报文上传时间见表3.1，产品内容主要针对甘肃省范围。

表3.1 常规预测产品表

序号	产品名称	发布时间	上报报文	产品发布范围
1	延伸期过程预测—西北四省（区）	每旬旬末	无	甘肃省气象局领导，省局科技处相关人员，兰州区域气候中心、气象服务中心相关科室及相关人员，周边省份（青海、宁夏、陕西）相关科室及相关人员
2	延伸期过程预测—甘肃省	每旬旬末	4—9月上传强降水和高温过程报文，10月至翌年3月上传强降温过程报文	甘肃省气象局领导，省局科技处相关人员，兰州区域气候中心、兰州中心气象台、气象服务中心相关科室及相关人员，甘肃省各市（州）、县气象局
3	每月气候预测	每月月末	短期气候预测报文—发布版和客观化方法预测版	同上
4	汛期气候预测	4月上旬 5月月末	短期气候预测报文—发布版和客观化方法预测版	同上
5	秋季气候预测	8月月末	短期气候预测报文—发布版和客观化方法预测版	同上
6	年度气候预测	12月上旬末	短期气候预测报文—发布版和客观化方法预测版	同上
7	春季区域性沙尘暴趋势预测	2月月末	无	同上
8	春末夏初干旱趋势预测	5月上旬末	无	同上
9	伏期干旱趋势预测	7月上旬末	无	同上
10	大气污染潜势预报	10月到翌年4月，每月月末	无	同上
11	专业服务产品	详见附表1	无	甘肃省气象局公众客户室、气象预报服务产品研发室、甘肃省气象局气象服务中心及气候中心（预测室及办公室）相关人员

3.1.2.1　月气候预测

月气候预测一般指对甘肃省未来 1 个月的气候趋势及主要天气过程预测。月产品内容主要分四大部分：①月气候趋势摘要；②概述预测月份气候背景及前一个月气候概况——精炼且不失重要细节；③月气候趋势预测的详细描述，包括降水总量及趋势预测、平均气温及趋势预测（均附图）；④气候趋势变化影响与对策建议，包括月内气温降水趋势和重要天气过程对农业、林业、水利、交通、生产生活等各方面的影响及对策建议。

3.1.2.2　季节气候预测

季节气候预测一般指对甘肃省未来一个季节气候趋势和重要天气过程的预测，分汛期预测、秋季预测和冬季预测。

春季未专门发布预测产品，其内容主要体现在年度气候预测产品中，有时也会根据前期气候特点和服务需求，制作一期决策服务材料。

汛期气候预测指对甘肃省当年 6—9 月气候趋势及重要天气过程、伏旱、秋旱、高温等具有季节特点的预测。产品内容包含四部分：①汛期气温、降水等气候趋势预测的概述；②对汛期气候背景及前期春季气候概况的总结，包括春季沙尘天气、首场透雨和气温降水特点等；③对汛期气候趋势预测的详细描述，包括夏季（6—8 月）降水总量和趋势预测、平均气温和趋势预测（均附图），夏季（6—8 月）各月降水和气温预测描述，对伏旱和初秋 9 月气候趋势、秋旱的展望；④汛期气候趋势对农业、林业、水利、交通、生产生活等各方面的影响及对策建议。

秋季气候预测指对甘肃省 9—11 月气候趋势及重要天气过程的预测。产品内容包含四部分：①秋季气温、降水等气候趋势预测概述；②对秋季气候背景及前期夏季气候概况的总结，包括强降水时段、夏季高温、伏旱、受灾情况等；③对秋季气候趋势预测的详细描述，包括秋季（9—11 月）降水总量和趋势预测、平均气温和趋势预测（均附图），秋季（9—11 月）各月降水和气温趋势预测，初霜冻、华西秋雨、阶段性低温和秋旱等预测；④秋季气候趋势对农业、林业、水利、交通、生产生活等各方面的影响及对策建议。

冬季气候预测指对甘肃省当年 12 月至翌年 2 月气候趋势及重要天气过程的预测。产品内容包含四部分：①冬季气温、降水等气候趋势预测概述；②对冬季气候背景及前期秋季气候概况的总结，包括冬季强降水或连续降水时段、强冷空气对低温的影响等；③对冬季气候趋势预测的详细描述，包括冬季（12 月至翌年 2 月）降水总量和趋势预测、平均气温和趋势预测（均附图），冬季（12 月至翌年 2 月）各月降水和气温趋势预测。④冬季主要关注季节内气温的变化及其影响；冬季气候趋势对设施农业、牧业、交通、春运及生产生活等各方面的影响及对策建议。

3.1.2.3　年度气候预测

年度气候预测一般指对甘肃省次年 1—9 月不同季节气候趋势及其各季节内特有的重要天气的预测，重点关注冬春季气候趋势，对夏秋季气候趋势进行展望。产品内容包含三部分：①对当年 1—11 月气候概况的概述总结，包括 1—11 月甘肃省气温、降水的总体情况（附图），后冬和春、夏、秋各季节气温、降水概况，各季节内的突出气候特点；②年度气候趋势预测的详细描述，包括后冬（1—2 月）、春季（3—5 月）、夏季（6—8 月）、初秋（9 月）的气温和降水趋势预测，对春旱、春末夏初干旱、春季第一次透雨、春季区域性沙尘暴、春寒或倒春寒、晚霜冻、伏旱的专题预测；③根据年度预测的特点，提供年度气候趋势的对策影响建议（农业、林业、水利、交通等方面）。

3.1.2.4 延伸期气候预测

延伸期气候预测一般指对西北地区和甘肃省未来 15～30 d 的主要天气过程与气候趋势的预测。产品内容主要包含三部分：①该预测时段气候背景简介；②对近 15 d 内气温、降水气候趋势及阶段性特点的概述；③分别对预测的主要天气过程及发生的强降水、高温及强冷空气影响范围和强度进行细致描述。每月的 10 日、20 日及月末最后一天分别发布西北地区和甘肃省共 6 期产品（期号西北区在前，甘肃省在后），还要根据中国气象局预报网络司的要求，在不同季节分别上传强降水、强降温和高温预测的报文（详见 3.1.3.1 部分）。

3.1.2.5 专题气候预测

(1)春季区域性沙尘暴趋势预测

春季区域性沙尘暴定义：在春季 3—5 月时间段内，同一天发生 3 站及其以上站数的沙尘暴过程定义为一个区域性沙尘暴日。

沙尘暴趋势预测指对当年春季（3—5 月）甘肃省区域性沙尘暴趋势的预测，主要预测区域性沙尘暴出现的频次及其出现的主要时段。产品内容包含五部分：①对区域性沙尘暴预测出现的日数及其出现的主要时段的概述；②1981 年以来甘肃省春季区域性沙尘暴历年发生频次分析（图 3.2），包括阶段性特征；③前一年春季甘肃省区域性沙尘暴概况；④根据前期气候特点、沙尘暴源区地表状况以及春季或各月降水预报，给出当年春季甘肃省区域性沙尘暴趋势预测；⑤沙尘天气对农业、交通、环境影响的对策建议。

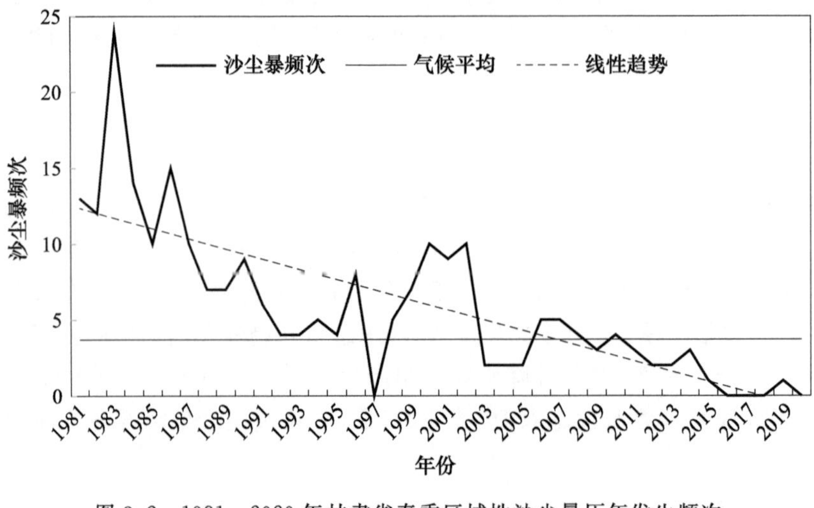

图 3.2 1981—2020 年甘肃省春季区域性沙尘暴历年发生频次

(2)春末夏初干旱趋势预测

春末夏初干旱定义：春末夏初（指 5 月中旬至 6 月中旬）是甘肃省河西和中部春小麦拔节、抽穗、开花、灌浆的时期，也是春小麦最需要水分的时期，在此期间，降水量的多少将直接影响春小麦和其他作物的产量。

春末夏初干旱趋势预测指对当年春末夏初期间降水趋势和主要降水天气过程的预测。产品内容包括三部分：①前期气候背景，主要是春季以来各地降水和气温以及第一场透雨发生早晚状况；②春末夏初期间气温、降水的总体趋势，可能出现中雨以上降水过程的时段及受影响区域。③根据预测意见提出生产建议。

春末夏初干旱等级划分标准为：将每年 5 月 11 日至 6 月 20 日的 41 d 期间，两次区域中雨（定义一天中河东≥18 站（61 站的 30%）的降水量≥10 mm）间隔日数在 16～20 d 划分为较轻等级干旱，21～25 d 为较重等级干旱，两次中雨间隔日数达 26 d 以上为重度干旱。图 3.3 为 1981—2020 年春末夏初干旱等级演变图，1994—2007 年的 14 年间，是春末夏初干旱相对频发的阶段，轻旱 6 年、较重旱 1 年、重旱 7 年；之前的 1981—1993 年和之后的 2008—2020 年基本是两极分化时期，不是较重旱和重旱就是无旱，前者较重旱和重旱 6 年，无旱 7 年；后者较重和重旱 8 年，无旱 5 年（图 3.3）。1981—2020 年的 40 年间，无旱占 3 成，重旱占 4 成，较轻和较重干旱各占 15%（表 3.2）。

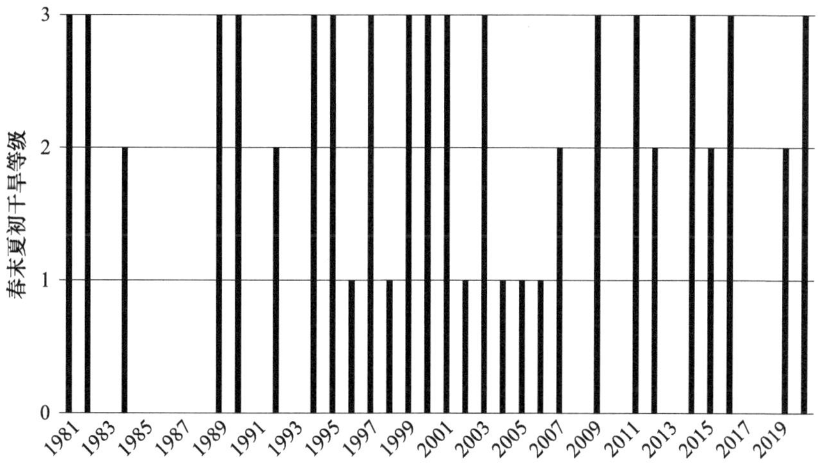

图 3.3　1981—2020 年甘肃省河东地区春末夏初干旱等级演变图

表 3.2　1981—2020 年甘肃省河东地区不同等级伏旱发生次数

	无旱	轻旱	较重旱	重旱
发生次数	12	6	6	16
百分比/%	30	15	15	40

（3）伏旱趋势预测

伏旱定义：伏期（指 7 月中旬到 8 月中旬）在甘肃省气候上是一个相对少雨时段，干旱出现频率高。同时伏期又是甘肃省大秋作物抽穗、扬花和灌浆时期，作物需水量大，如果伏期降水量偏少，将直接影响秋粮产量，造成明显减产。所以伏旱是影响甘肃省农业生产最严重的气象灾害之一。

伏旱趋势预测指对当年伏期气候趋势和主要降水天气过程的预测。产品内容包括：①前期气候监测情况，主要是当年入春以来甘肃省气温和降水量与常年同期相比以及近期测定的耕作层墒情状况；②伏期气温、降水的总体趋势，可能出现降水过程的时段及受影响的区域。

伏旱等级划分标准为：将每年 7 月 11 日至 8 月 20 日的 41 d 期间，两次区域中雨（定义 1 d 中河东≥18 站（61 站的 30%）的降水量≥10 mm）间隔日数在 16～20 d 划分为较轻等级干旱，21～25 d 为较重等级干旱，两次中雨间隔日数达 26 d 以上为重度干旱。图 3.4 显示了 1981—

2020年甘肃省河东地区历年伏旱等级的年际变化。从中看到，伏旱主要发生在20世纪80年代初期、90年代末、21世纪00年代中期及10年代中后期。值得关注的是，2010年以来，河东地区发生3次连续伏旱，重旱2次，占统计以来发生重旱次数的40%。重旱有4年(占8成)发生在21世纪以来，这是一个值得关注的现象(表3.3)。

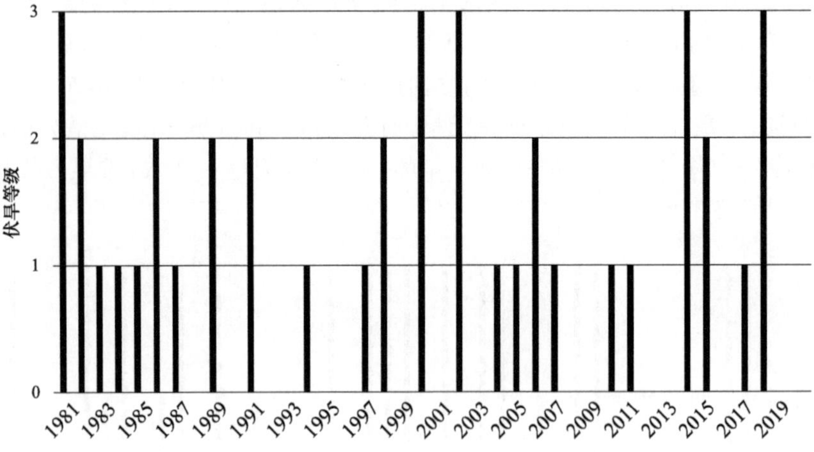

图3.4　1981—2020年甘肃省河东地区伏旱等级演变图

表3.3　1981—2020年甘肃省河东地区不同等级伏旱发生次数

	无旱	轻旱	较重旱	重旱
发生次数	16	12	7	5
百分比/%	40	30	17.5	12.5

(4)甘肃省河东地区春季第一场透雨

定义：春季3—5月期间，河东61站中出现日降水量≥10 mm降水的站数超过30%(18站)，则认为出现一次透雨，每年首场透雨出现的日期即为河东第一场透雨出现日期，若当年春季未出现透雨则第一场透雨出现日期以6月1日计。

图3.5中0代表1981—2010年第一场透雨出现的平均日期，是4月28日。可以看出1995年未出现第一场透雨。1997—2005年和2012年以来，河东第一场透雨出现日期持续偏早，特别是2017年出现在3月12日，较平均日期偏早47 d，为1981年以来最早。

从年代际变化来看，20世纪80年代第一场透雨日期出现偏早(偏早6.8 d)，70年代和90年代偏晚(分别偏晚7.1 d和6.6 d)，21世纪以来第一场透雨出现日期又开始出现偏早趋势，特别是2010年以来较平均值偏早10.1 d。

河东第一场透雨过程平均降水量定义：河东第一场透雨日有降水站的雨量之和除以有降水站的总站数。河东第一场透雨过程平均降水量自1981年以来呈现微弱的上升趋势(图3.6)，降水量多于气候均值的年份并不多，仅14年，20世纪80年代到90年代中期占6年，20世纪90年代末到新世纪初占3年，2010年以来占5年；平均偏多2成，其中1994年和2014年偏多不足5%，多于3成的年份只有1999年、2002年和2020年。另外，通过统计表明，透雨量与透雨出现时间基本无关。

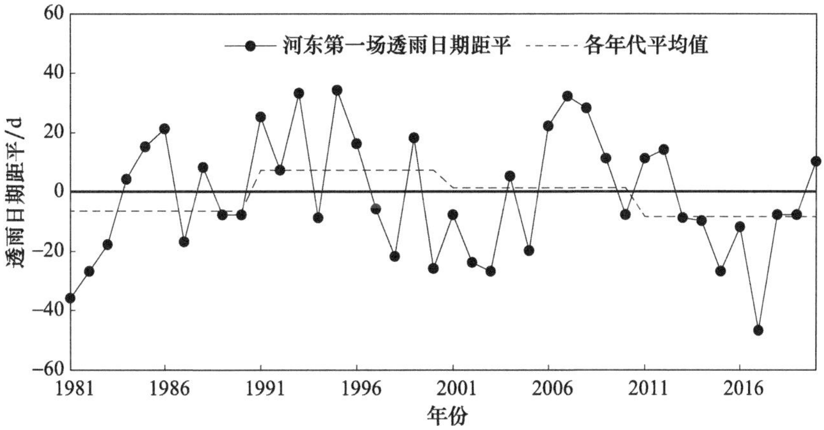

图 3.5 1981—2020 年甘肃省河东第一场透雨出现日距平年际变化(虚线为各年代均值)

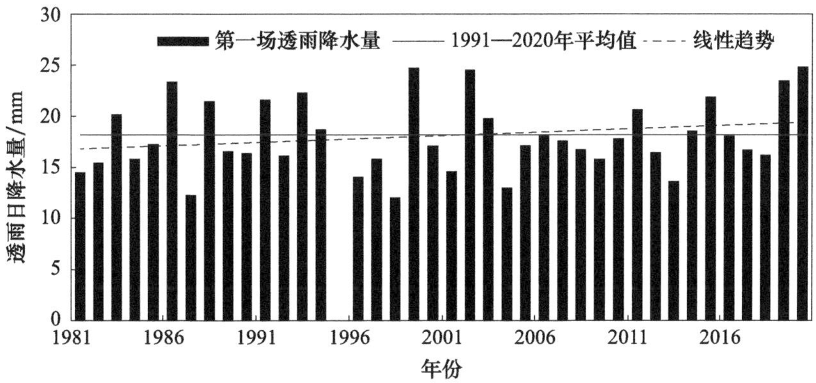

图 3.6 1981—2020 年甘肃省河东第一场透雨日降水量年际变化

3.1.2.6 专业服务

专业服务:针对用户的个性化需求,提供针对性的服务(表 3.4)。只发布产品,不上传报文。每年年初,需要与甘肃省气象服务中心进行核对,及时变更用户信息和服务内容。

表 3.4 专业服务产品表

发布日期	产品名称	服务对象
2 月 26 日	1)兰州铁路局管段 3—9 月甘宁青三省趋势预测(第 1 期) 2)兰州铁路局各管段 3 月降水趋势预测(第 2 期)	兰州铁路局
3 月 26 日	1)黄河上游及其各支流流域 4 月降水趋势预测(第 1 期) 2)黄河上游及白龙江流域、黑河流域 4 月降水趋势预测(第 1 期) 3)兰州铁路局各管段 4 月降水趋势预测(第 3 期)	兰州水文总站 甘肃省电力公司 兰州铁路局
4 月 26 日	1)黄河上游及其各支流流域 5 月降水趋势预测(第 2 期) 2)黄河上游及白龙江流域、黑河流域 5 月降水趋势预测(第 2 期) 3)兰州铁路局管段 5 月降水趋势预测(第 4 期)	兰州水文总站 甘肃省电力公司 兰州铁路局

续表

发布日期	产品名称	服务对象
5月26日	1)黄河上游及其各支流流域6—8月降水趋势预测(第3期) 2)黄河上游及其各支流流域6月降水趋势预测(第4期) 3)黄河上游及白龙江流域、黑河流域6—8月降水趋势预测(第3期) 4)黄河上游及白龙江流域、黑河流域6月降水趋势预测(第4期) 5)兰州铁路局管段6—8月降水趋势预测(第5期) 6)兰州铁路局管段6月降水趋势预测(第6期)	兰州水文总站 甘肃省电力公司 兰州铁路局
6月26日	1)黄河上游及其各支流流域7月降水趋势预测(第5期) 2)黄河上游及白龙江流域、黑河流域7月降水趋势预测(第5期) 3)兰州铁路局管段7月降水趋势预测(第7期)	兰州水文总站 甘肃省电力公司 兰州铁路局
7月26日	1)黄河上游及其各支流流域8月降水趋势预测(第6期) 2)黄河上游及白龙江流域、黑河流域8月降水趋势预测(第6期) 3)兰州铁路局管段8月降水趋势预测(第8期)	兰州水文总站 甘肃省电力公司 兰州铁路局
8月26日	1)黄河上游及其各支流流域9—10月降水趋势预测(第7期) 2)黄河上游及其各支流流域9月降水趋势预测(第8期) 3)黄河上游及白龙江流域、黑河流域9—10月降水趋势预测(第7期) 4)黄河上游及白龙江流域、黑河流域9月降水趋势预测(第8期) 5)兰州铁路局管段9—10月降水趋势预测(第9期) 6)兰州铁路局管段9月降水趋势预测(第10期)	兰州水文总站 甘肃省电力公司 兰州铁路局
9月26日	1)黄河上游及其各支流流域10月降水趋势预测(第9期) 2)黄河上游及白龙江流域、黑河流域10月降水趋势预测(第9期) 3)兰州铁路局管段10月降水趋势预测(第11期)	兰州水文总站 甘肃省电力公司 兰州铁路局

3.1.3 报文制作

甘肃省月、季节和年度预测产品共计76站需要上报预测报文(表3.5)。

表3.5 甘肃省上报预测报文76站信息

序号	区站号	站名	序号	区站号	站名	序号	区站号	站名
1	52424	瓜州	26	52982	广河	51	56071	碌曲
2	52436	玉门镇	27	52983	榆中	52	56074	玛曲
3	52446	鼎新	28	52984	临夏	53	56080	合作
4	52447	金塔	29	52985	和政	54	56081	临潭
5	52515	肃北	30	52986	临洮	55	56082	卓尼
6	52533	酒泉	31	52988	康乐	56	56084	迭部
7	52546	高台	32	52993	会宁	57	56091	漳县
8	52557	临泽	33	52995	安定	58	56092	陇西
9	52643	肃南	34	52998	渭源	59	56093	岷县
10	52652	张掖	35	53821	环县	60	56094	舟曲

续表

序号	区站号	站名	序号	区站号	站名	序号	区站号	站名
11	52656	民乐	36	53829	庆城	61	56095	宕昌
12	52661	山丹	37	53906	静宁	62	56096	武都
13	52674	永昌	38	53908	通渭	63	56192	文县
14	52679	武威	39	53915	崆峒	64	57001	甘谷
15	52681	民勤	40	53917	庄浪	65	57002	秦安
16	52784	古浪	41	53923	西峰	66	57004	武山
17	52797	景泰	42	53924	灵台	67	57006	天水
18	52884	皋兰	43	53925	镇原	68	57007	礼县
19	52885	永登	44	53926	泾川	69	57008	西和
20	52889	兰州	45	53927	华亭	70	57011	清水
21	52895	靖远	46	53928	崇信	71	57012	张家川
22	52896	白银	47	53930	华池	72	57014	麦积
23	52978	夏河	48	53934	合水	73	57102	成县
24	52980	永靖	49	53935	正宁	74	57105	康县
25	52981	东乡	50	53937	宁县	75	57110	徽县
						76	57111	两当

3.1.3.1　预测报文制作与上传

月预测报文分为客观预测报文及发布预报产品报文。

客观预测产品(MODES、FODAS)报文:

上传时间:每月 21 日 20 时至 24 日 20 时之间

文件名格式:Z_SEVP_C_BCLZ_20160823090000_P_CLFC－MCTF－FODAS. TXT

Z_SEVP_C_BCLZ_20160823080000_P_CLFC－MCTF－MODES. TXT

预测产品报文:

上传时间:每月最后一日 16 时前

文件名格式:Z_SEVP_C_BCLZ_20190331170000_P_CLFC－MCTF. TXT

具体示例:

```
MCTF BCLZ 202204
52424   01.7   －055
52436   01.7   －055
52446   01.7   0050
52546   01.7   0025
52643   01.5   0025
…………
```

数据各列分别为:站号(共 76 站,见表 3.5,下同)、气温距平、降水距平百分率。气温距平、降水距平百分率分别占 4 个字节,不足的位数用 0 补充。客观预测及预测产品的报文的第一行标签及内容样式一致。

3.1.3.2 季节及年度预测产品报文制作与上传

报文名称格式:Z_SEVP_C_BCLZ_20190228160000_P_CLFC－SCTF.TXT

具体示例:

SCTF BCLZ 202204

52424　00.6　－050

52436　00.6　－050

52446　00.6　0035

52546　00.6　0015

52643　00.4　0015

…………

数据各列分别为:站号(共76站)、气温距平、降水距平百分率。气温距平、降水距平百分率分别占4个字节,不足的位数用0补充。客观预测及发布预测的报文的第一行标签及内容样式一致。

3.1.3.3 月内强降温、强降水过程报文

国家气候中心、各省(区、市)气象局于每年4—9月每旬最后一日16时前向国家气象信息中心传输其正式发布的月内强降水和高温过程预测产品相对应的预测数据。

国家气候中心、各省(区、市)气象局于每年10月至翌年3月期间每旬最后一日16时前向国家气象信息中心传输其正式发布的月内强降温过程预测产品相对应的预测数据。

4月和10月各省(区、市)气象局可根据当地气候特征,选择性上报月内强降温和高温过程预测产品数据或月内强降水过程预测数据。

针对西北区域的气候特点,4—9月上传强降水和高温过程报文、10月至翌年3月上传强降温过程报文,上传时间为每旬最后一日16时前。

文件名格式:

强降温:Z_SEVP_C_BCLZ_20210220160000_P_CLFC－ATCTF.TXT

强降水:Z_SEVP_C_BCLZ_20210820160000_P_CLFC－TCTF.TXT

名称中间的数字“20210820160000”代表报文上传时间,“2021”为2021年,“08”为8月份,“20”为20日,“160000”代表上传时间为当天16时整。以下介绍的报文名称中的数字代表的意义同上。

报文具体示例:

52424　20210820　10　2　20210821　20210821　10　20210822　20210824　10

52436　20210820　10　2　20210821　20210821　10　20210822　20210824　10

52446　20210820　10　2　20210821　20210821　10　20210822　20210824　10

52533　20210820　10　2　20210821　20210821　10　20210822　20210824　10

52546　20210820　10　2　20210821　20210821　10　20210822　20210824　10

52889　20210820　10　2　20210823　20210825　10　20210829　20210831　10

57014　20210820　10　3　20210823　20210824　10　20210901　20210903　10
20210912 20210914 10

…………

数据各列从前往后分别为：站号（共 76 站）、预报日期（即上传日期）、强降温或强降水过程强度（强降温为 040，强降水为 10）、过程次数、第一次过程起始日期、第一次过程结束日期、第一次过程强度，第二次过程起始日期、第二次过程结束日期、第二次过程强度……以此类推。

注意：文件名最后后缀必须为大写的 TXT，数据最后必须回车到下一空行。

3.1.3.4　大气污染潜势预报

大气污染潜势预报是指对导致未来不同程度污染的气象条件进行预报，也称污染气象条件预报，是从气象学角度出发，对未来大气污染物的稀释、扩散、聚积和清除能力的预报。制作大气污染潜势预报的方法是以天气形势及其气象要素指标为依据，对未来大气环境质量状况进行定性或半定量的分析。产品内容包括：①对未来 30 d 可能发生冷空气活动的时段及其影响区域的描述；②对未来 30 d 主要的大气易污染时段及其影响区域的描述。本产品在每年 10 月 30 日到翌年 4 月 30 日冬春季节发布，每月一期，预报区域为甘肃省。

3.1.3.5　上传地址

国家级气象业务内网数据上传与下载：

http://10.1.65.248/#/login

用户名：gansu

密码：Gansu@2021

业务工作中所有要求上传的报文，均要上传到这一网站中的不同模块。

3.1.4　产品分发

3.1.4.1　常规业务产品

常规业务指延伸期、月、季、年度预测、大气污染潜势预报及专题预测。所有产品均通过气象政务管理信息系统邮箱发送至西北四省（区）相关业务、管理和服务部门。

收件人：甘肃省气象局局领导、甘肃省科技与预报处、兰州区域气候中心、兰州中心气象台、甘肃省气象服务中心相关科室及相关人员，甘肃省各市、州、县气象局；周边省份（青海、宁夏、陕西）相关科室及相关人员。

3.1.4.2　专业服务产品

收件人：甘肃省气象局气象预报服务产品研发室；抄送：甘肃省气象局气象服务中心及气候中心（预测室及办公室）相关人员。

3.2　基本预测思路及方法

短期气候预测是一个技术很复杂的工作，也是典型的研究型业务。影响气候的因素得从五大圈层说起，对某地而言，除相对固定的岩石圈和生物圈外，大气圈、水圈和冰雪圈都有着不同时间尺度的影响。气候是五大圈层共同作用的综合性结果，但在不同年份或季节，哪个圈层在起主导作用？其作用是什么？它们彼此的协同作用是什么？维持多长时间？等等诸多问题，目前其影响机理尚不清晰明确，还处在探索阶段。正因为这些不确定性，使得短期气候预测难度大、准确率不够稳定。尽管如此，短期气候预测业务经过几十年的预报实践，仍然积累了一定的思路和方法，去为未来的气候趋势把脉。基本思路如下：

(1)在做预报前,需要有针对性地阅读相关文献和著作,提取一些研究成果作为对机理的认识或预报依据。

(2)根据预报时段的需要,准备好对应预报时段甘肃省七片区(河西西部、河西中东部、陇中北部、陇中南部、甘南高原、陇南和陇东)、西北区域各省(区)或黄河流域甘肃段,各月、季气温和降水历史资料,包括不同季节关注的气候事件历史背景资料,如春季首场透雨、春末夏初干旱、伏旱、高温、华西秋雨开始结束时间及强度、早晚霜冻、春寒或倒春寒等。

(3)了解前期月或季节或阶段性甘肃省、西北区和全国气温降水实况和对应不同阶段的环流形势,提炼和总结整体和阶段性气候特征,总结环流、影响因子的特点。了解北大西洋三极子、太平洋和印度洋偶极子等海温分布特点及其未来趋势的演变,总结在不同海温背景下,月和季节重要影响系统的可能状态以及对预报区域气温降水的可能影响。如冬季风、东亚大槽和西伯利亚高压强弱;东亚夏季风强弱,反映副热带高压(以下简称副高)强度与面积、西伸脊点、北界的指数;南亚高压的演变特点;中高纬度乌拉尔山(以下简称乌山)、巴尔喀什湖、鄂霍次克海阻高;南支槽强弱等。对于延伸期预报,还需要了解这些系统对气温和降水的阶段性影响。

(4)计算分析月或季节气温和降水经验正交函数分析方法(empirical orthogonal function, EOF),了解预报区域各模态分布状况,分析各模态的方差贡献及时间系数演变特点。一般选 4～5 年各模态的典型年份,即时间系数绝对值最大的年份,然后回归合成各模态对应的 500 hPa 环流场,结合模式对环流形势的预报,比较分析回归场和预报场形势的相似性,判断是否有相似的模态,最后确定可能的模态。

(5)对气温和降水序列做小波分析计算,了解目前各种周期的背景。另外,在可能转折的情况下,还需分析其突变状况,判断其转折性。

(6)挑选一些气候背景相似或前期气候特点相似或典型年份进行细致分析,总结异同点和可能的预报依据。

(7)做好模式的检验评估工作是模式应用的基础,重要的前提是要了解和掌握各种模式的本地化应用效果。分析各种模式最新的预报以及不同时段的预测效果(包括气温降水的具体预报和 500 hPa 形势场),确定对模式预报结论的应用。

(8)在本地化独特的方法和细致分析的基础上,客观地应用国家气候中心指导预报,充分分析讨论两者的异同点,大胆订正指导预报。

(9)根据以上多种思路和方法,最终确定气候趋势预报结论。按照预测产品的基本内容和格式,将预报结论形成业务产品或决策服务材料。同时还需充分了解业务评分规定,做单站预报时,在趋势确定的前提下,权衡量级区间,使得评分最优化。

(10)预报技术复盘是预报业务的重要一环,善于总结利于提高对本地气候机理的认识。

预测业务中会遇到对大量数据的各种统计,请参考文献[21-22]中不同统计方法的原理和具体计算步骤,在此不一一列出。

3.3 月和季节 EOF 特征向量分布特征

利用甘肃省 80 个气象站 1981—2020 年月和季节气温及降水资料,对 1—12 月和四季的气温及降水进行了 EOF 分析,并给出不同月份和季节前 3 个特征向量的方差贡献(表 3.6)。

对月降水而言,前 3 个特征向量的方差贡献之和的均值为 63%,各月大多接近或大于 60%,仅 4 月最小为 52.5%。第一特征向量的平均方差贡献为 41.6%,其中 1—3 月、5 月和 9—11 月均大于 40%,最大是 5 月为 48.7%;4 月、6—8 月和 12 月均小于 40%,最小是 8 月为 37.3%。季节降水的前 3 个特征向量的方差贡献之和为 60%～68%,最大是秋季(68.2%),最小是冬季(59.8%)。

对月气温而言,前 3 个特征向量的方差贡献之和的均值为 91.1%,均在 86%以上。第一特征向量的平均方差贡献为 80%,其中 1—4 月和 10—11 月均大于 80%,最大是 3 月为 90.4%;5—9 月和 12 月为 70%～76%,最小是 9 月为 69.5%。季节气温的前 3 个特征向量的方差贡献之和均大于 88%,最大是春季(94.7%),最小是夏季(88.2%)。2—4 月第一特征向量的方差贡献气温比降水高出 1～2 倍,其他月份均高出 1.7 倍以上;前 3 个特征向量的方差贡献之和气温比降水高出 20%～42%,表明气温前 3 个特征向量基本涵盖了其 9 成的分布特征,而降水的不均匀性决定了其分布特征要复杂得多。但也在表 3.6 中看到,气温第一特征向量较大的月份(季节),其对应的多数月份(季节)降水第一特征向量也相对较大。

表 3.6　甘肃省 1—12 月及四季气温及降水 EOF 前 3 个特征向量方差贡献　(单位:%)

月份	降水特征向量				气温特征向量			
	第一	第二	第三	合计	第一	第二	第三	合计
1 月	47.5	13.7	7.1	68.3	80.5	7.7	3.1	91.3
2 月	42.2	12.8	7.4	62.4	88.5	4.8	1.9	95.2
3 月	41.5	15.2	7.2	63.9	90.4	3.2	2.8	96.4
4 月	35.6	10.6	6.3	52.5	87.5	5.2	2.5	95.2
5 月	48.7	10.4	7.0	66.1	75.2	9.5	5.6	90.3
6 月	38.9	13.3	8.0	60.2	70.8	9.2	6.9	86.9
7 月	38.6	11.7	9.6	59.9	73.7	10.1	4.5	88.3
8 月	37.3	14.4	7.7	59.4	70.6	10.8	5.0	86.4
9 月	43.2	17.0	7.9	68.1	69.5	10.4	8.4	88.3
10 月	43.8	12.2	9.3	65.3	84.9	4.2	2.6	91.7
11 月	45.7	11.6	10.0	67.3	81.5	7.4	2.5	91.4
12 月	39.3	13.0	9.7	62.0	76.0	10.6	3.3	89.9
月平均	41.6	13.1	8.4	63.0	80.0	7.3	3.8	91.1
春季	45.7	10.8	7.4	63.9	87.1	4.9	2.7	94.7
夏季	38.1	12.8	9.6	60.5	77.2	7.6	3.4	88.2
秋季	43.3	15.5	9.4	68.2	84.5	3.5	2.7	90.7
冬季	35.4	14.4	10.0	59.8	82.6	7.4	2.4	92.4
季节平均	40.6	13.4	9.1	63.1	82.9	5.9	2.8	91.5

下面以降水第一特征向量与均值大体相当的 3 月(图 3.7)为例,来展现其气温和降水前 3 个特征向量分布状况,其他月份和季节基本类似。从分布形态看,月和季节气温及降水的第一

特征向量是全省一致型，但第一特征向量的平均方差贡献气温高于降水近 1 倍。第二特征向量大体呈东西反相型，平均方差贡献降水高于气温。气温 0 线以临夏州南部——定西市北部为界。降水 0 线略偏北，基本以兰州市北部为界，呈东西反相型；第三特征向量的平均方差贡献也是降水高于气温。气温 0 线基本以 104°E 为界，定西市以东以南地区与其他地区反相。降水 0 线较复杂，以河西地区偏北地方——白银市北部——兰州市——陇东地区——陇南地区东南部为界，与其他地区分布型反相。其余各月和季节 0 线分布略有差异。

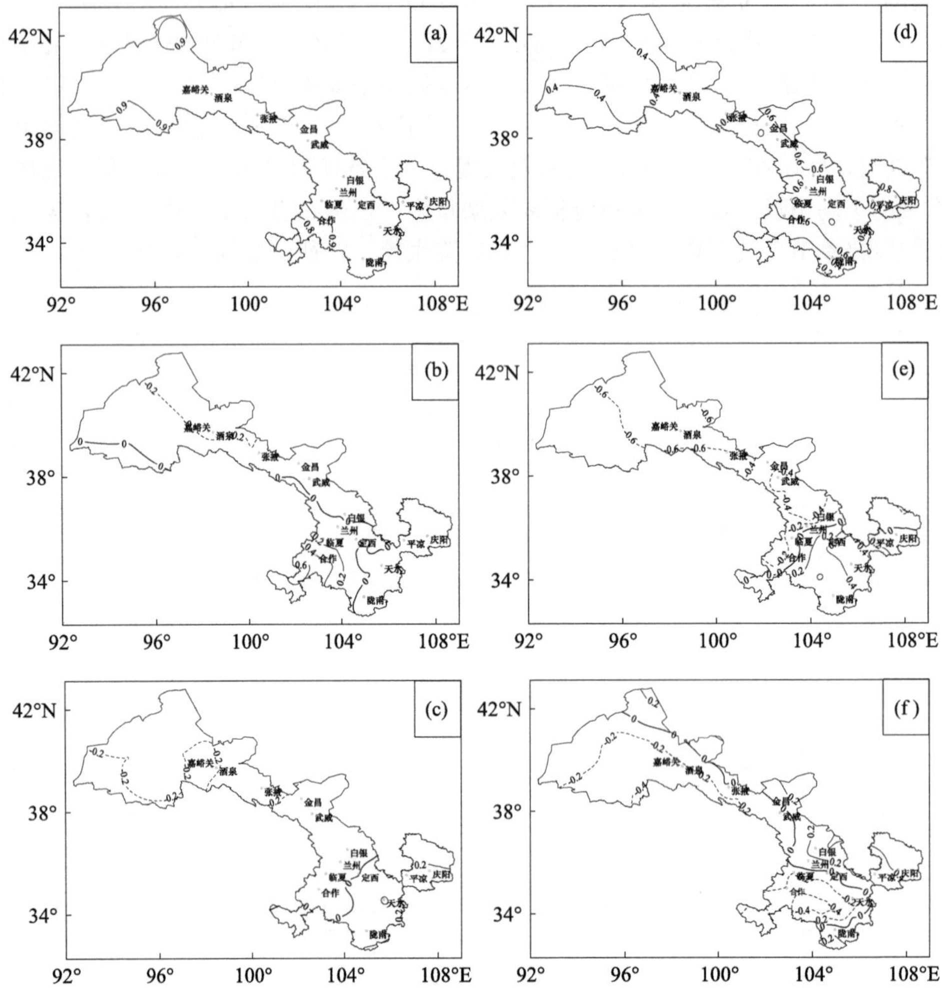

图 3.7　3 月气温(a—c)和降水(d—f)第一—三特征向量模态分布

3.4　典型年对应月环流和海洋特征

本节典型年份选取的依据是兰州区域气候中心月评价资料的统计方法，即全省 80 站平均降水量的距平百分率。因河东地区的降水量级远大于河西地区，所以全省降水量的多少基本反映的是河东地区降水状况。选取的典型场尽量是全省大部一致性较好的个例。详见表 3.7 和表 3.8。

表 3.7a　春季及 3—5 月各月气温典型年份

3 月					
气温偏高年	2018	2013	2008	2016	2015
气温偏低年	1988	2011	1985	1983	1989
4 月					
气温偏高年	1998	2004	2009	2016	2011
气温偏低年	1983	1996	1990	1982	1986
5 月					
气温偏高年	2007	2000	2008	1997	2018
气温偏低年	1993	1991	1987	2002	1990
春季					
气温偏高年	2000	2004	2008	2013	2015
气温偏低年	1970	1976	1983	1988	1989

表 3.7b　夏季及 6—8 月各月气温典型年份

6 月					
气温偏高年	2005	2009	2002	2006	2011
气温偏低年	1983	1987	1985	1984	1992
7 月					
气温偏高年	2017	2000	2010	2016	2001
气温偏低年	1984	1983	1992	1993	1985
8 月					
气温偏高年	2016	2018	2006	2013	1994
气温偏低年	1993	1984	1983	1989	1992
夏季					
气温偏高年	2002	2005	2006	2010	2016
气温偏低年	1976	1979	1983	1984	1992

表 3.7c　秋季及 9—11 月各月气温典型年份

9 月					
气温偏高年	1998	1999	2005	2010	2016
气温偏低年	1992	1993	1994	1997	2011
10 月					
气温偏高年	2008	2009	2013	2014	2015
气温偏低年	1981	1984	1992	1993	1994
11 月					
气温偏高年	1998	2006	2007	2011	2015
气温偏低年	1981	1985	1986	2000	2009

续表

秋季					
气温偏高年	1998	1999	2006	2015	2016
气温偏低年	1970	1976	1981	1985	1986

表 3.7d　冬季及 12—翌年 2 月各月气温典型年份

12 月					
气温偏高年	1989	1998	2000	2004	2007
气温偏低年	1981	1982	1984	2002	2005
1 月					
气温偏高年	1987	2002	2010	2014	2015
气温偏低年	1983	1984	1993	2008	2011
2 月					
气温偏高年	2002	2003	2007	2009	2013
气温偏低年	1988	1989	1996	2000	2008
冬季					
气温偏高年	1978	1986	1998	2000	2004
气温偏低年	1973	1975	1976	1982	1983

表 3.8a　春季及 3—5 月各月降水典型年份

3 月					
降水偏多年	1990	1993	1998	2007	1988
降水偏少年	2013	2001	1985	1984	2011
4 月					
降水偏多年	2014	1989	2007	2018	2015
降水偏少年	2011	2004	1993	1992	2005
5 月					
降水偏多年	2002	1988	1998	1985	2005
降水偏少年	1996	1981	1994	2008	1989
春季					
降水偏多年	1983	1987	1990	1998	2002
降水偏少年	1979	1995	2000	2001	2004

表 3.8b　夏季及 6—8 月各月降水典型年份

6 月					
降水偏多年	1987	1994	1984	2000	2002
降水偏少年	1997	2009	1982	2006	1995
7 月					
降水偏多年	2013	2018	1993	1996	1999
降水偏少年	2000	2002	1991	1982	2015

续表

8 月					
降水偏多年	2003	1981	2018	1983	2017
降水偏少年	1999	1987	2015	2002	1996
夏季					
降水偏多年	1979	1984	1992	2003	2013
降水偏少年	1974	1982	1991	1997	2002

表 3.8c　秋季及 9—11 月各月降水典型年份

9 月					
降水偏多年	2001	2007	2008	2010	2011
降水偏少年	1996	1997	1998	1999	2016
10 月					
降水偏多年	1990	2000	2003	2007	2010
降水偏少年	1997	2002	2004	2012	2013
11 月					
降水偏多年	1981	2003	2009	2011	2015
降水偏少年	1985	1995	1998	2010	2016
秋季					
降水偏多年	1975	1978	1983	2001	2011
降水偏少年	1972	1991	1997	1998	2002

表 3.8d　冬季及 12—翌年 2 月各月降水典型年份

12 月					
降水偏多年	1989	1991	2002	2004	2015
降水偏少年	1990	1993	1996	1999	2005
1 月					
降水偏多年	1989	1991	1993	2008	2012
降水偏少年	1986	1987	1992	2009	2010
2 月					
降水偏多年	1993	1995	2006	2014	2017
降水偏少年	1984	1985	1986	1999	2012
冬季					
降水偏多年	1975	1989	1991	1994	2002
降水偏少年	1973	1978	1980	1985	1996

以下仅选取年内降水最多、气温最高的 7 月来分析其 500 hPa 形势场特征，以 2002 年（少雨，图 3.8）和 2018 年（多雨，图 3.9）降水、2010 年（高温，图 3.10）和 1993 年（低温，图 3.11）气温为例，同时给出对应时段的海温距平场分布图，以了解环流的配置。

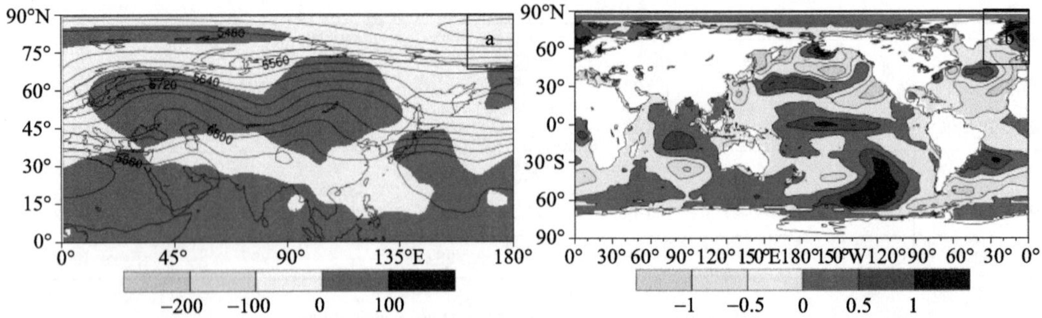

图 3.8　典型少雨年(2002 年 7 月)500 hPa 高度场(a)和对应的海温距平场(b)(单位:gpm,℃)

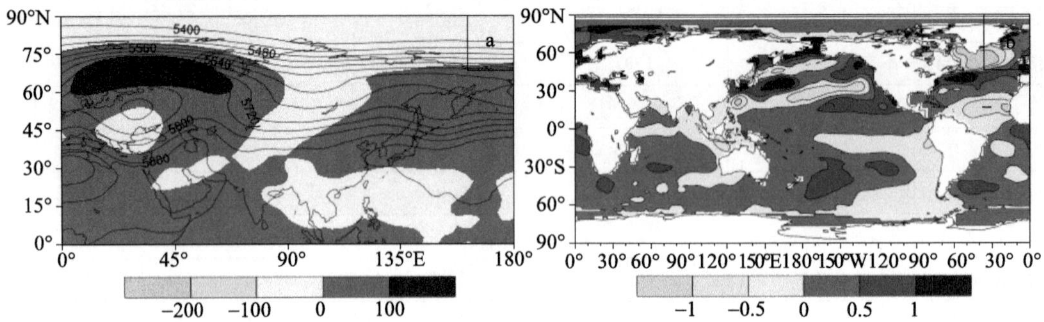

图 3.9　典型多雨年(2018 年 7 月)500 hPa 高度场(a)和对应海温距平场(b)(单位:gpm,℃)

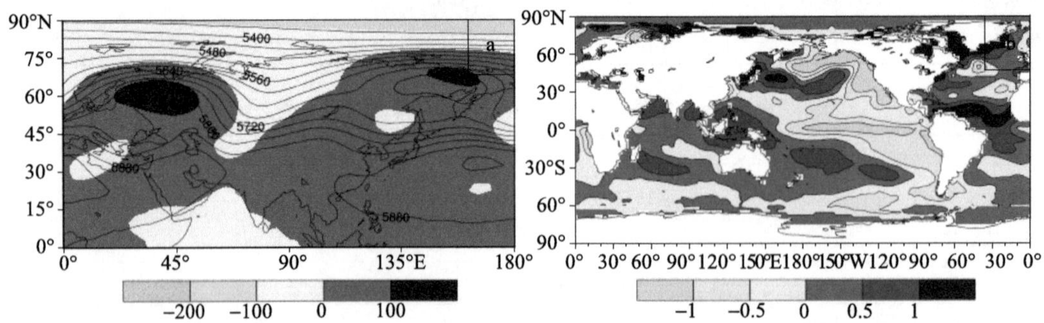

图 3.10　典型气温偏高年(2010 年 7 月)500 hPa 高度场(a)和海温距平场(b)(单位:gpm,℃)

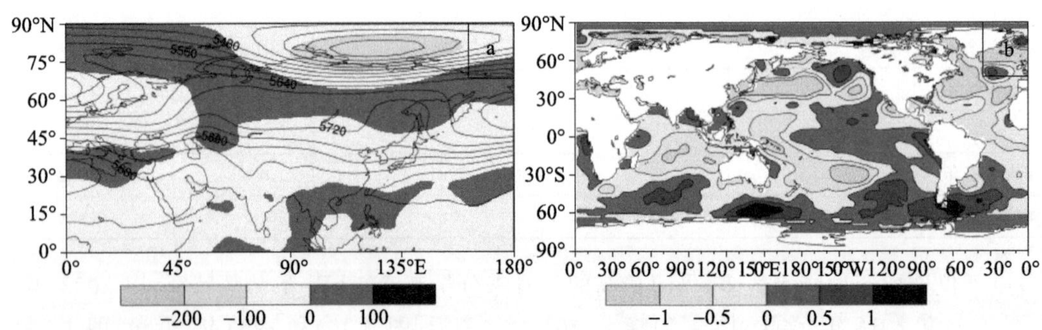

图 3.11　典型气温偏低年(1993 年 7 月)500 hPa 高度场(a)和海温距平场(b)(单位:gpm,℃)

7 月降水偏少年 500 hPa 高度场(图 3.8a),脊在乌拉尔山西侧,且配合有正距平中心,贝湖地区有较宽的脊,强度偏强,甘肃省处在高压脊控制下,以下沉气流为主,不利于降水。西太平洋副高较常年同期面积偏小、西伸脊点明显偏东。或者乌拉尔山为槽区,配合有负距平中心,甘肃处在高压脊前、低槽之后,印缅槽接近常年或偏弱,水汽输送不足,造成甘肃省 7 月降水偏少。7 月降水偏少年海温场,赤道中东太平洋海温正距平,黑潮区为暖海温,北印度洋海温以正距平为主,北大西洋三极子为正位相(图 3.8b)。

7 月降水偏多年 500 hPa 高度场(图 3.9a),极涡较强,欧亚中高纬环流为“两脊一槽”型,乌拉尔山和东亚为脊区,且为正距平,槽区位于中西伯利亚至我国新疆或其以东地区,甘肃省处在槽前弱西南气流中,大部为负距平区,冷空气频繁南下。孟加拉湾负距平,西南方向水汽充足,副高略偏强,脊线偏北,随着副高北抬,暖湿气流与南下冷空气在甘肃省附近交汇,致使 7 月降水偏多。7 月降水偏多年海温场,赤道中东太平洋海温负距平,黑潮区海温异常偏高,北印度洋海温负距平,北大西洋三极子正位相(图 3.9b)。

7 月气温偏高年 500 hPa 高度场(图 3.10a),欧亚中高纬度环流形势为两脊一槽“+-+”型,高压脊一个位于欧洲,另一个位于东亚,槽区基本位于乌拉尔山附近,我国大部正距平控制,特别是西北地区处在高压脊控制下,容易产生高温天气。7 月气温偏高年海温场,赤道中东太平洋海温偏冷或者是在由暖水向冷水转变的状态下,菲律宾附近为暖海温,北太平洋在黑潮区海温明显偏高,印度洋海温也以偏暖为主,北大西洋三极子为负位相(图 3.10b)。

7 月气温偏低年 500 hPa 高度场(图 3.11a),比较明显的环流特征是乌拉尔山附近为弱脊,高度场为正距平,甘肃省大部为负距平控制,并且不断受到小槽东移的影响,西北气流带来的北方冷空气活动频繁,容易导致甘肃省出现明显低温时段。7 月气温偏低年海温场上赤道中太平洋为冷海温,赤道东太平洋为暖海温,菲律宾东北方向有一“东北—西南”方向的海温正距平区,北大西洋三极子正位相,赤道北印度洋为冷海温(图 3.11b)。

把上面的图 3.8 和图 3.10 组合,是高温少雨形势,共性是在中高纬度欧亚范围成“+-+-”波列分布,欧洲和贝加尔湖南北各约 10 个纬度的区域为脊和正距平控制,沿乌拉尔山是个槽区;高温年西太平洋副热带高压面积更大,我国大部和西太平洋地区大范围为正距平,少雨年副热带系统相对高温年份略偏弱。而把图 3.9 和图 3.11组合在一起,则是低温多雨形势,但两者形势相似度并不高。多雨年,乌拉尔山脊强,有明显冷空气影响,欧亚大部为“+-+”分布,正距平范围广,我国西北地区大部为负距平控制,东亚呈东高西低型,西太平洋副高略偏弱。而低温年份,东亚由北到南成“-+-+”分布,极涡强,乌拉尔山和鄂霍次克海均由脊控制,两高间为宽广的负距平控制,这种类似双阻的形势,利于冷空气影响我国且由于阻塞形势的存在,冷空气维持时间较长,易造成气温偏低。但分析高温和少雨或低温和多雨的海温背景,他们并没有较好的一致性,即赤道太平洋海温无论高低,可造成多种气温和降水的配置。

一般而言,不论哪个季节,乌拉尔山正距平时,利于冷空气影响西北地区或西北路径的冷空气影响我国,另外一种形势是在我国或东亚是东高西低形势,这两种形势均有利于甘肃省低温或多雨;与该形势相反,欧亚呈“-+-”形势,新疆是宽广的脊,则利于气温偏高降水偏少。

从上述的分析中发现,从北大西洋、太平洋和印度洋三大海温场的分布特征看,7 月降水特多和特少年以及气温异常高低年份,其对应的海温场配置多样,并没有明显的一致性,这表明三大洋海温作为外强迫信号,其对甘肃省 7 月气候的影响机制复杂,其他月份和季节也有相似的结论,而具有天气学意义的高空环流形势的影响更直接。但每个月(季节)环流形势亦很复杂,即使是典型年形势,也会由于影响系统的强弱、维持时间的长短和位置的差异等致使结果不同,经常发生月(季节)的高空环流形势并不能很好地解释该时段气候特点的现象,要根据实况结合天气过程具体分析。以 2017 年甘肃省夏季(6—8 月)降水为例说明。2017 年甘肃省夏季(6—8 月)降水除酒泉西部、临夏州南部和甘南州大部降水略偏少外,其余大部偏多(图 3.12a)。其中 6 月降水分布不均,河西西部、武威市西北部和甘南临夏两州偏少,其余大部偏多(图 3.12b);7 月河西大部偏多,其余大部偏少(图 3.12c);8 月的分布基本与 7 月相反(图 3.12d)。

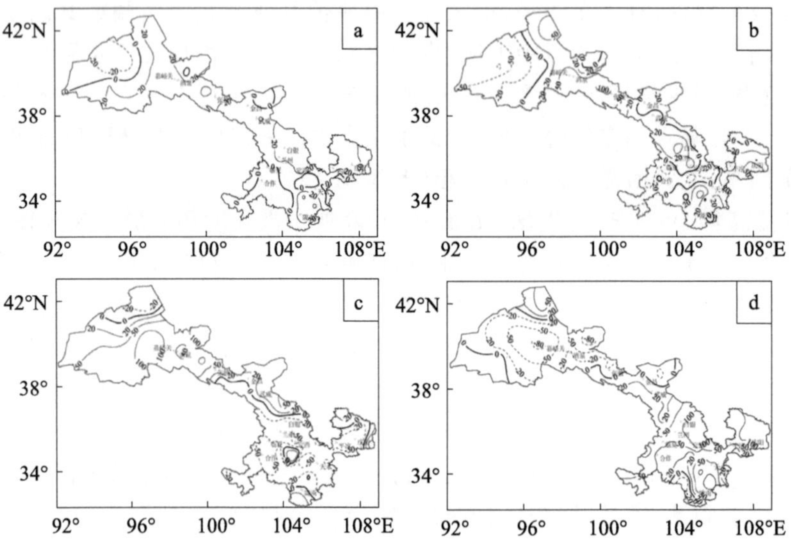

图 3.12 2017 年夏季(a)和 6—8 月(b—d)甘肃省降水距平百分率分布图(单位:%)

从 2017 年夏季降水量在季节内分布分析,6 月、7 月和 8 月降水量分别占夏季总量的 25.8%、24.7%和 49.5%,表明季节内的月分布差异大,其中最长和最强的多雨时段在 8 月 18—29 日共 12 d,其降水量占 8 月降水量的 63.0%、占夏季降水量的 31.2%,且均超过了 6 月和 7 月的分月降水量。在夏季亚欧范围 500 hPa 高度图上(图 3.13a)看到,甘肃上空是脊控制,而该形势不能解释夏季降水偏多,这也体现出环流特征的复杂性。只有 18—29 日亚欧范围 500 hPa 形势(图 3.13b)的配置才能解释该时段的多雨。在夏季的 92 d 中,最长和最强的多雨时段所占天数比例少,其形势与月或季节气候特征不匹配,即气候特征典型而环流形势不典型,这种现象在日常业务中常见,需要缩小时间尺度进行细致分析,才能真正把握影响机制。但总的来说,各季节典型年份的环流形势仍有诸多相似之处。

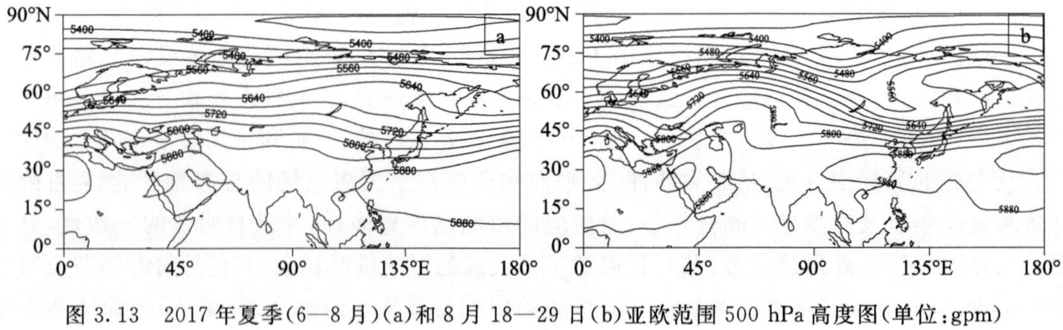

图 3.13 2017 年夏季(6—8 月)(a)和 8 月 18—29 日(b)亚欧范围 500 hPa 高度图(单位:gpm)

3.5　各季节气温和降水概念模型和预测模型

3.5.1　春季

长期以来，我们不断在业务工作中通过科研项目和业务系统的改进升级，把业务和技术成果展现和应用在业务系统中。如连阴雨、春季第一场透雨、低温时段、高温时段、季节气温和降水、干旱、ENSO 和海温对降水的影响等，详见图 3.14—图 3.40。但在实际工作中，还需要预报员通过查阅最新文献，一方面了解预测方法的技术前沿，另一方面，了解影响系统可能的年代际变化等，以甄别各类预报因子的可信度。

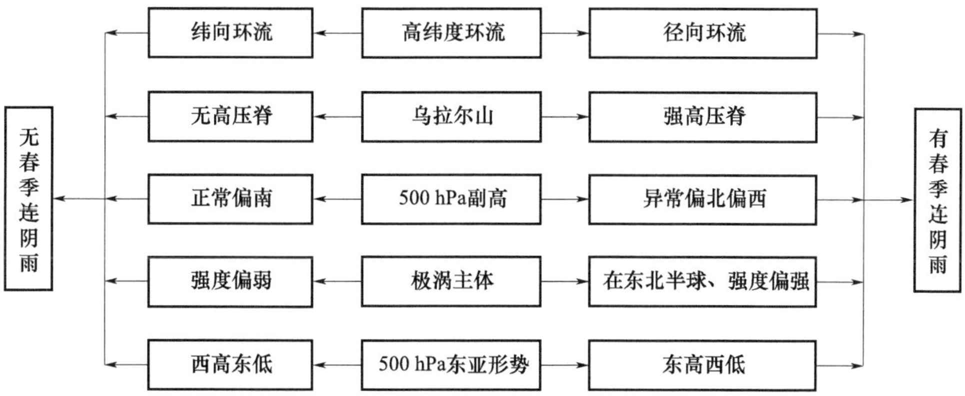

图 3.14　西北地区东部春季连阴雨概念模型

图 3.15　甘肃河东第一场透雨概念模型 1

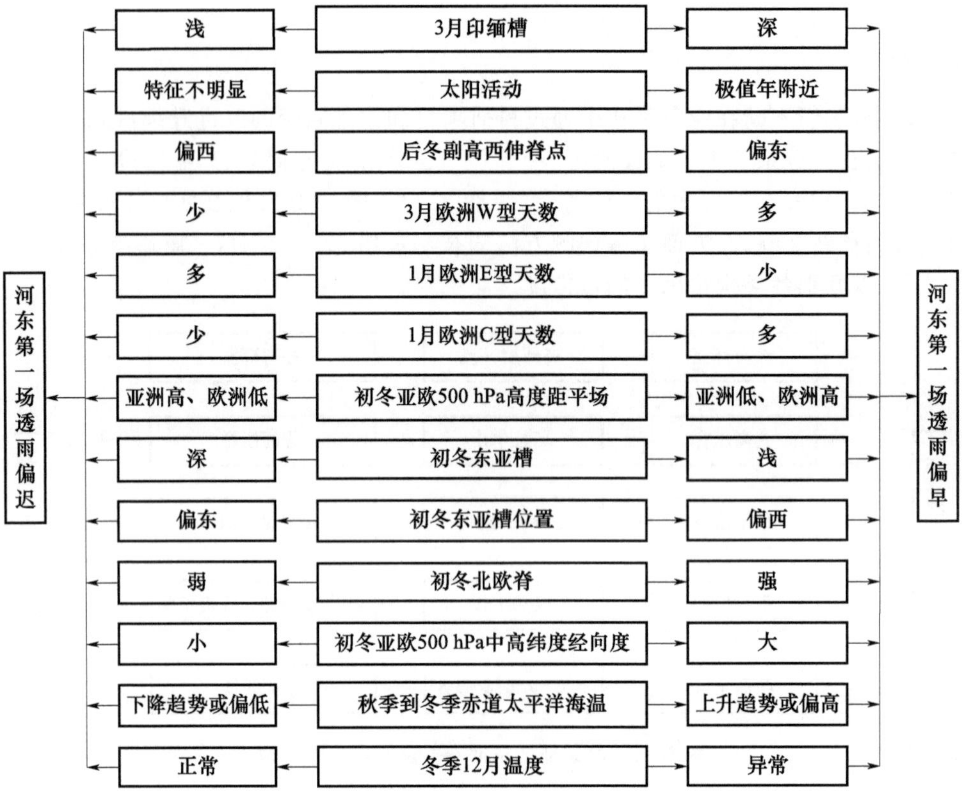

图 3.16　甘肃河东第一场透雨预测模型 2

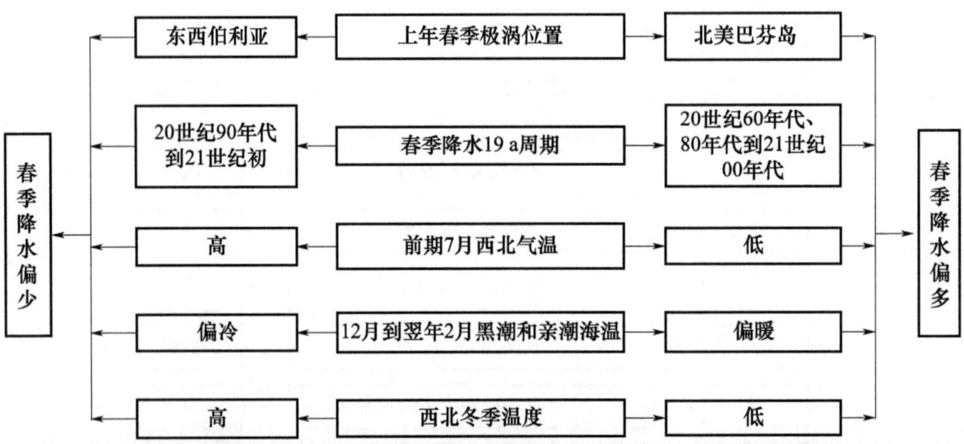

图 3.17　西北地区春季降水预测模型

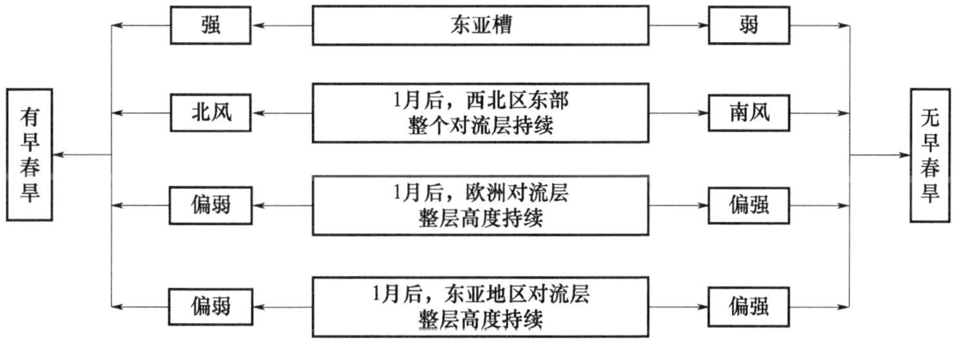

图 3.18　西北地区东部旱春旱概念模型 1

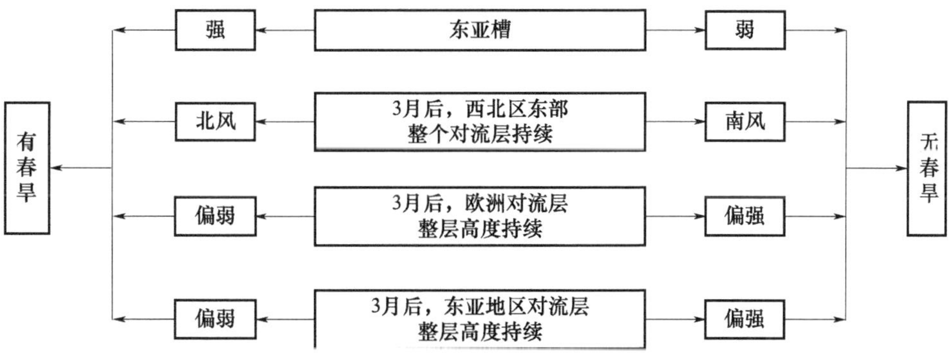

图 3.19　西北地区东部春旱概念模型 2

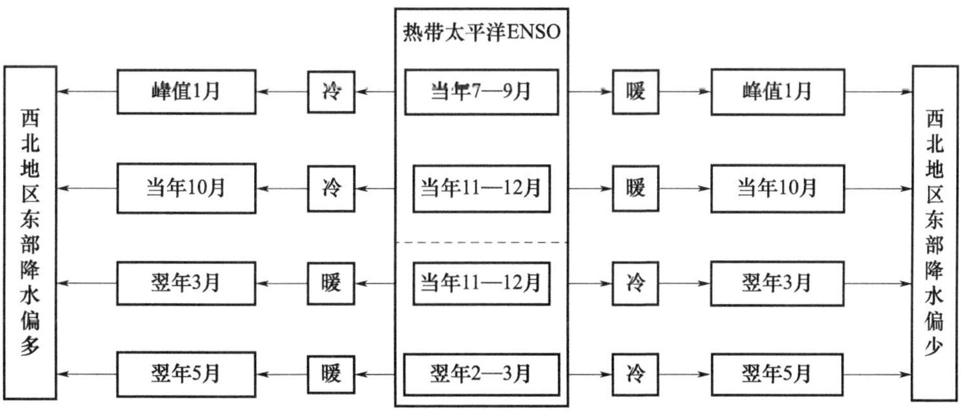

图 3.20　太平洋 ENSO 影响西北地区东部春季月降水概念模型

图 3.21　印度洋海盆模影响西北地区东部春季月降水概念模型

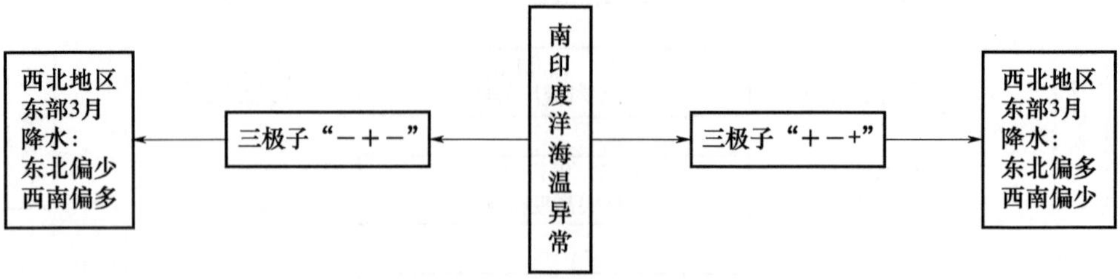

图 3.22　南印度洋海温异常影响西北地区东部 3 月降水概念模型

3.5.2　夏季

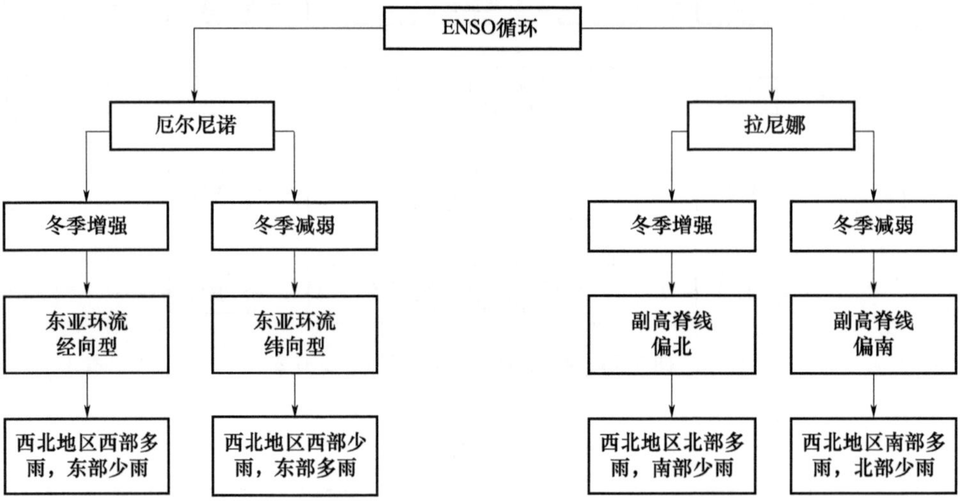

图 3.23　ENSO 循环对西北地区夏季降水影响概念模型

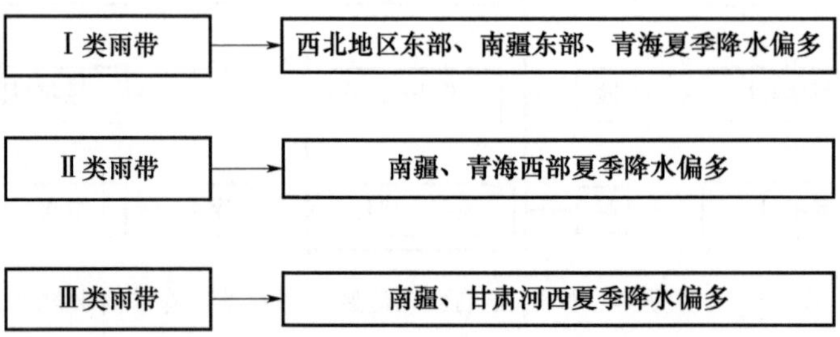

图 3.24　西北地区夏季降水与中国三条雨带的关系

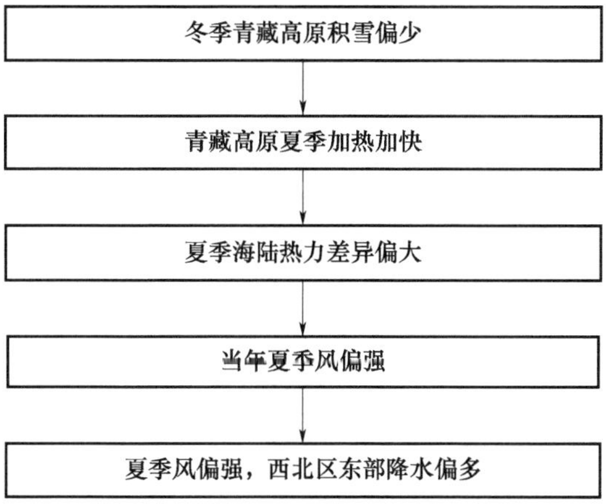

图 3.25　青藏高原积雪与夏季风关联对西北地区夏季降水影响

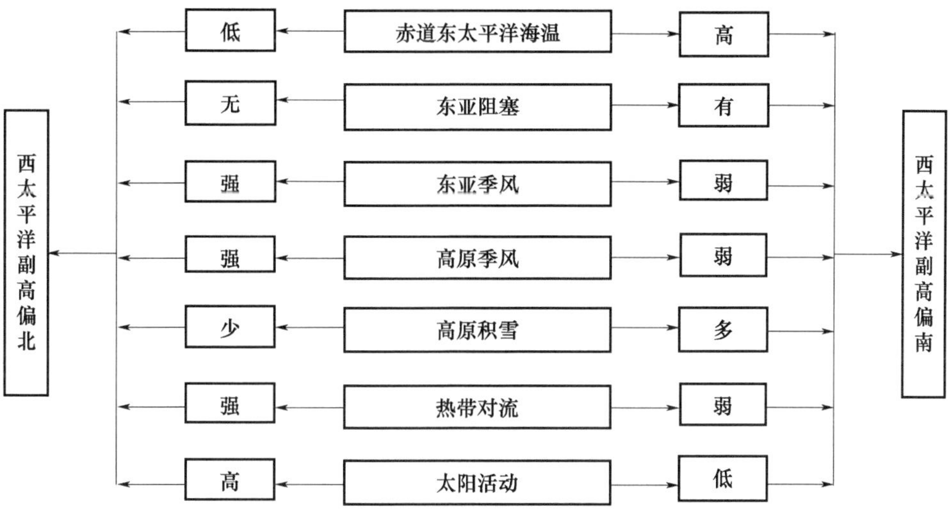

图 3.26　夏季西太平洋副高南北位置预测模型

图 3.27　东亚夏季风预测模型及其对西北地区夏季降水影响

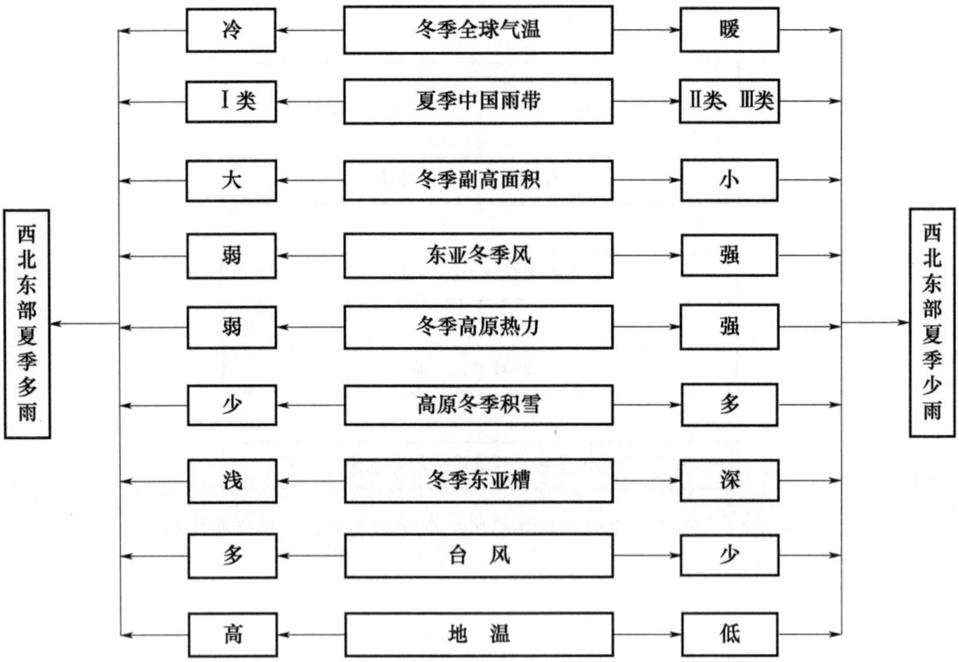

图 3.28 西北地区东部夏季降水预测模型

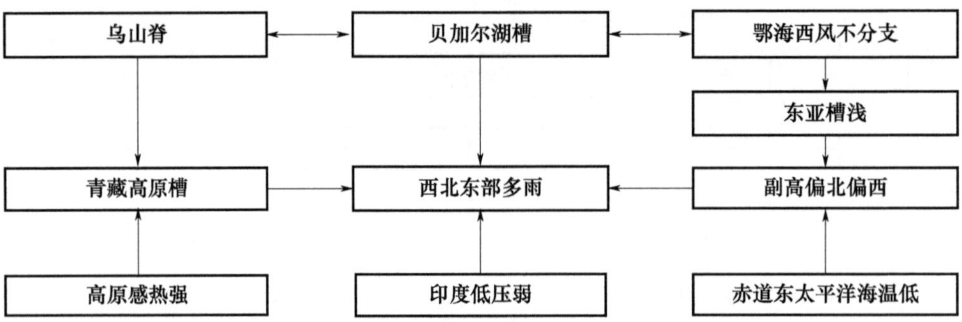

图 3.29 西北地区东部夏季多雨概念模型

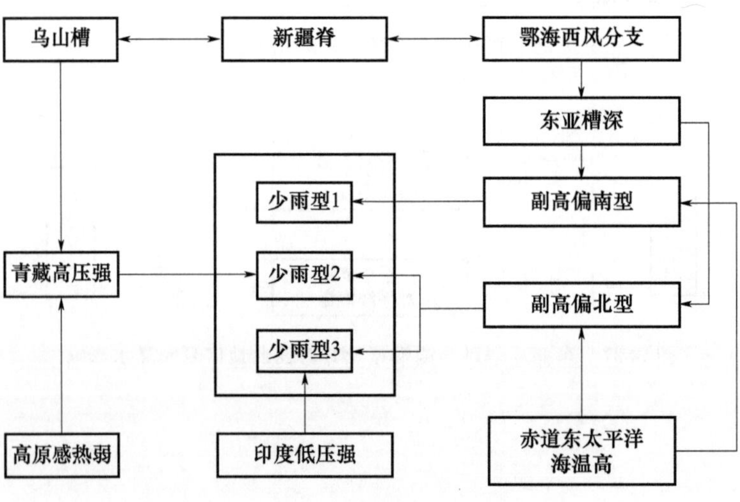

图 3.30 西北地区东部夏季少雨概念模型

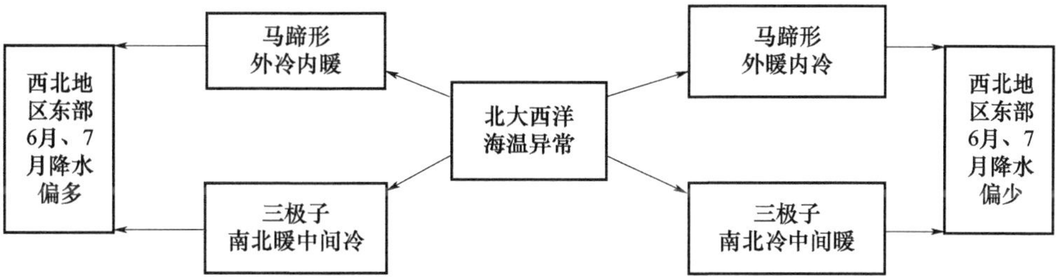

图 3.31　北大西洋海温异常影响西北地区东部夏季降水概念模型

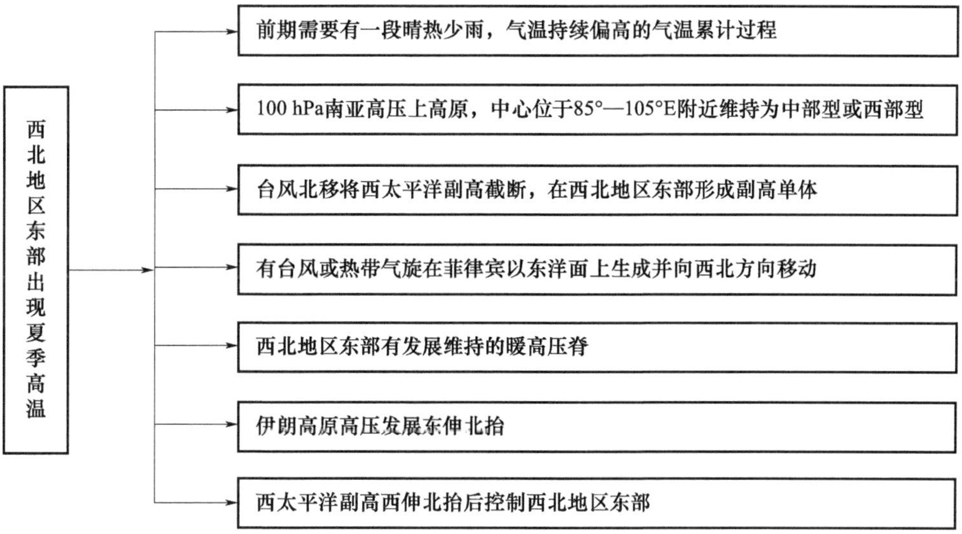

图 3.32　西北地区东部夏季高温概念模型

3.5.3　秋季

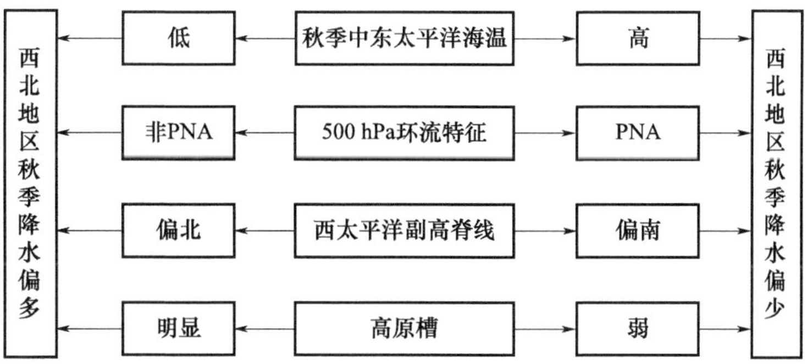

图 3.33　西北地区秋季降水概念模型

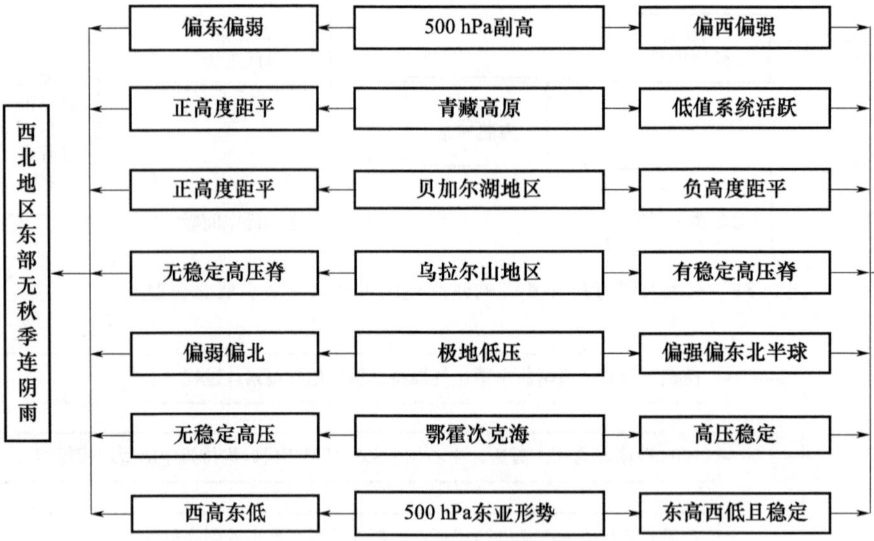

图 3.34　西北地区东部秋季连阴雨概念模型

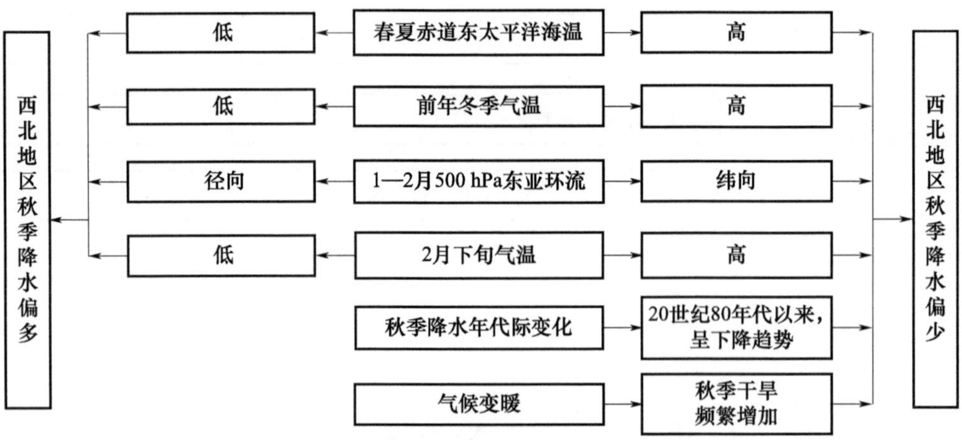

图 3.35　西北地区秋季降水预测模型

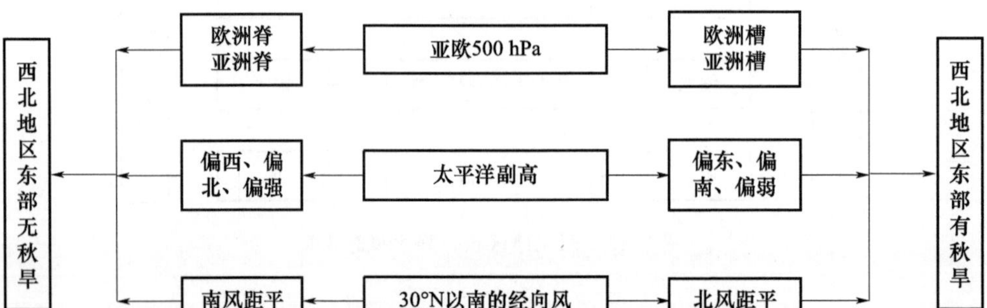

图 3.36　西北地区东部秋季干旱概念模型

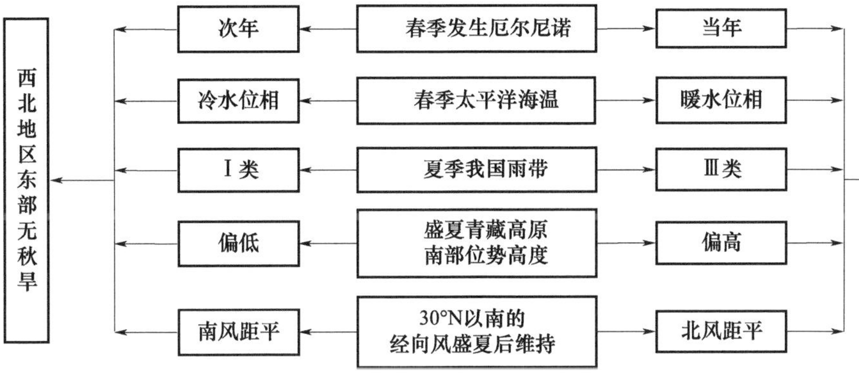

图 3.37　西北地区东部秋季干旱预测模型

3.5.4　冬季

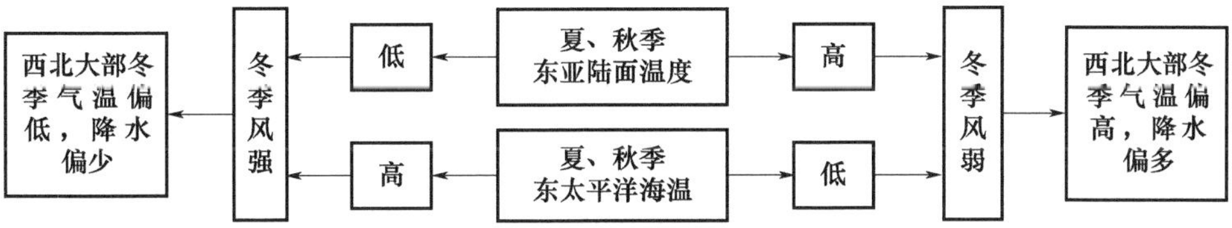

图 3.38　东亚冬季风预测模型

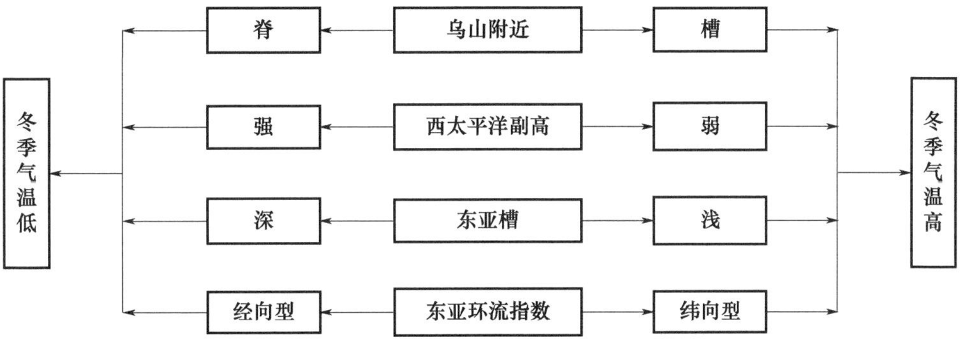

图 3.39　西北地区冬季气温概念模型

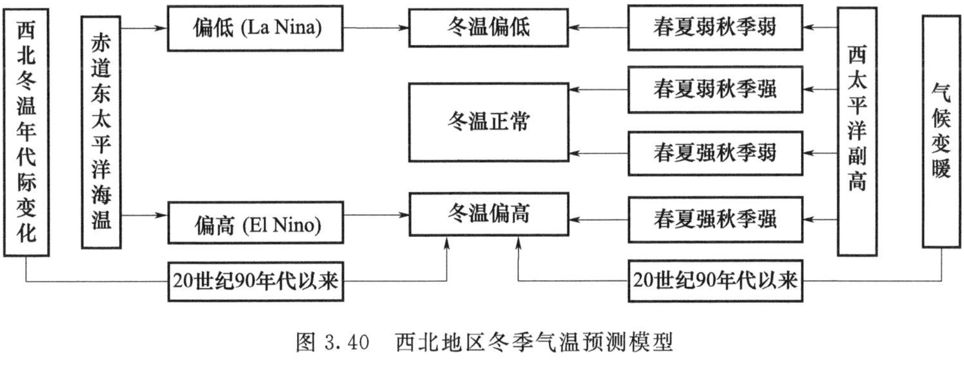

图 3.40　西北地区冬季气温预测模型

3.6 准 150 d 韵律方法

准 150 d 韵律方法早在 2002 年已投入业务应用，20 年来，在预测业务和监测服务中发挥了重要作用。为了探索该方法的理论依据，2017 年在中国气象局关键技术项目的支持下，兰州区域气候中心与陕西省、青海省、宁夏自治区气候中心同仁合作，完成了不同季节、不同气候事件典型场的挑选与分型，为该方法在延伸期业务中的应用打下了较好的理论基础。

3.6.1 资料与方法

3.6.1.1 资料

应用 NCEP 再分析 1981—2020 年 500 hPa 逐候平均高度资料(2.5°N×2.5°E)，计算出各候 500 hPa 距平场。

500 hPa 资料分析范围：

乌拉尔山：40°—70°N、40°—70°E；贝加尔湖：50°—60°N、80°—120°；鄂霍次克海：50°—60°N、120°—150°E；中国：15°—55°N、75°—135°E；中国新疆：35°—50°N、70°—100°E；青藏高原：25°—40°N、75°—105°E；中国西北：30°—55°N、75°—110°E；中国甘肃 32.5°—42.5°N、92.5°—110°E 共 8 个关键区[1]。

3.6.1.2 方法

(1)周期分析(略)

(2)相似系数

为定量地表示两幅图的相似程度，采用相似系数。它由下式计算

$$\cos\theta_{12}=\frac{\sum_{i=1}^{m}x_iy_i}{\sqrt{\sum_{i=1}^{m}x_i^2}\sqrt{\sum_{i=1}^{m}y_i^2}} \tag{3.1}$$

式中，m 为两个进行相似比较场的站点数或网格点数；$\cos\theta_{12}$ 为两幅图相似程度的定量指标，称为相似系数。相似系数等于 1.00 为完全相同，相似系数为 −1.00 为完全相反，为 0.0 时表示完全不相似。正值越大越相似，负值越大越相反。

3.6.2 周期结果分析

1 年有 72 候，按月和年顺序分别以一个年代际为基准，形成 720 候资料序列做周期分析，把能够通过信度检验的候数列在表 3.9—表 3.11 中。可以看到表中周期有明显年代际变化，每个年代际各关键区的 500 hPa 候高度距平确有 36 候、30 候(150 d)、32 候左右的周期活动，并可通过不同的信度检验，且 21 世纪以来通过检验的信度有所减弱。选预报时段前 150 d 研究区域 500 hPa 候形势场作相似分析，按相关系数通过 0.10 信度检验的标准(0.2306)来识别相似性。

评估办法：①当前 29 候或前 30 候或前 31 候相似系数≥0.2306 且有对应气候事件时，或相似系数<0.2306 且无对应气候事件时，我们称之为正确；②当相似系数≥0.2306 但无对应

气候事件时，我们称之为空报；③当相似系数＜0.2306 但对应有气候事件时，我们称之为漏报。计算结果按照该评估办法进行检验评估，预测概率由高到低排序，选取其中名列前茅的前 10 名，并进行形势场的归类，一般归为 3—4 类，把这些场统称为典型场。

表 3.9　1981—1990 年 500 hPa 高度各关键区周期　　（单位：候）

区域	信度值		
	0.10	0.05	0.01
乌拉尔山	43	46	36,57,63
贝加尔湖			37,53,58,63,72
鄂霍次克海	8		18,24,36,63
中国		53	58,63,72
中国新疆			53,58,36,72,84
青藏高原		36,53	58,63,72,84
中国西北			53,58,63,72,84
中国甘肃	18,24		36,63,72

表 3.10　1991—2000 年 500 hPa 高度各关键区周期　　（单位：候）

区域	信度值		
	0.10	0.05	0.01
乌拉尔山	25,35		27,30
贝加尔湖		22,27	29,32,38
鄂霍次克海	24	27,34	21,30
中国		36	21,26,31
中国新疆	24	21,27,34	30
青藏高原		21	30,34
中国西北		25	
中国甘肃	30,33		20,27

表 3.11　2001—2010 年 500 hPa 高度各关键区周期　　（单位：候）

区域	信度值		
	0.10	0.05	0.01
乌拉尔山	33		
贝加尔湖	29	36,37	
鄂霍次克海		36,37	
中国	29		
中国新疆	32,33		35,36
青藏高原	32		
中国西北	29,32		
中国甘肃	32,35,36		

3.6.3 500 hPa 典型场及其分类

按照上述技术路线，将甘肃省不同季节重要气候事件做了系统的分析和研究，以下是成果展示。

3.6.3.1 甘肃省春季区域性沙尘暴

春季区域性沙尘暴日定义：春季 3—5 月内，在全省范围某日≥3 站达到沙尘暴标准，称为区域性沙尘暴日。

1981—2020 年甘肃共发生区域性沙尘暴 232 d，20 世纪 80 年代甘肃区域性沙尘暴日数最多，有 121 d，90 年代呈断崖式减少，为 53 d；21 世纪以来，持续减少，00 年代 46 d，10 年代仅 12 d。1983 年发生沙尘暴最多，共发生 24 d；1997 年、2016 年、2017 年、2018 年、2020 年共 5 年未发生区域性沙尘暴。

预测春季区域性沙尘暴的环流形势大致分为 4 种类型。

①新疆脊型。甘肃大部处在新疆脊前西北气流控制之下，青海湖以北到 60°N 左右，等高线密集，同时气温梯度也较大，表明气温和气压梯度均较大，有利动力下传，形成地面大风——这是沙尘暴发生的基本条件(图 3.41a)。

②北脊南槽型。极涡在新地岛或西西伯利亚，北疆和河西到 60°N 左右等高线密集，相应的纬度气温梯度也较大，但冷空气势力总体偏北，这种形势下沙尘暴影响范围相对较小，同时伴有降水(图 3.41b)。

③乌山脊型。乌山脊或乌山阻高形势是冷空气影响西北地区的典型环流，这种形势下，甘肃处在脊前西北或偏北气流里，气温和气压梯度都较大，这是大风的动力条件，易形成大风降温寒潮天气形势(图 3.41c)。

④与北脊南槽型相似，但整个东北半球经向度大。北疆亦为脊控制，由于环流经向度大，甘肃处在脊前偏北气流里，这种形势往往地面风速更大，沙尘暴发生的范围大(图 3.41d)。

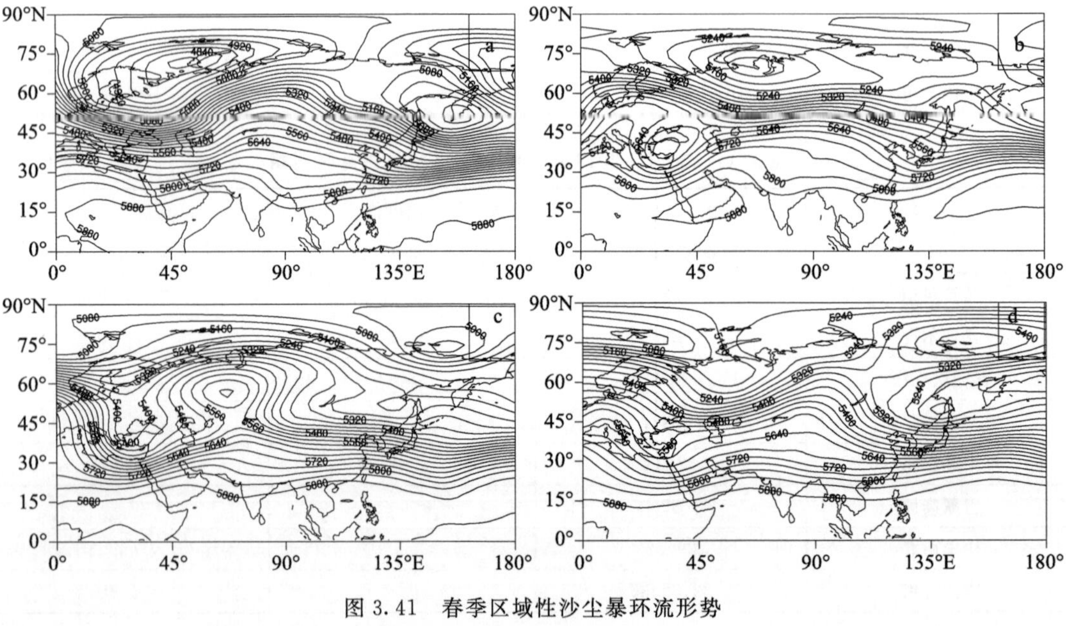

图 3.41 春季区域性沙尘暴环流形势

需要说明的是，在 500 hPa 高度，不论是气温场还是气压场，只要有一个要素场的梯度大，就有地面风速大的动力机制。但一般情况是两者有较好的配合，如果两个要素有较强的梯度叠加，表明冷空气势力强盛，动量下传后形成地面大风，会产生强沙尘暴。

3.6.3.2 甘肃省区域性中雨

区域性中雨日定义：在全省范围内，某日≥30％及以上站的日降水量达到中雨(≥10 mm)标准，称为区域性中雨日。

1980—2020 年甘肃共发生区域性中雨 477 d，21 世纪 10 年代甘肃区域性中雨发生的日数最多，有 138 d，其中 2017—2020 年的 4 年中发生了 66 d，是 40 年中最多的时段；20 世纪 80 年代次之，为 121 d，1981—1985 年也是区域性中雨相对多的时段，发生了 72 d；21 世纪 00 年代次少，为 118d；20 世纪 90 年代最少，为 100 d，最少的时段是 1994—1997 年，仅 30 d。其中最多的年份是 2003 年，共发生 21 d，最少是 1997 年，仅发生 5 d。发生最早的是 2017 年 3 月 13 日，最迟的是 1995 年和 2008 年，均是 10 月 23 日。从月份分布看，3—10 月各月分别有 2 d、18 d、63 d、75 d、98 d、102 d、90 d和 29 d，盛夏 7—8 月最多，共有 200 d，占总数的 42％；影响范围最大的是 1985 年 8 月 30 日，同时有 63 站出现中雨及以上降水。

甘肃省区域性中雨的 4 种环流特征：

① 新疆上空为低槽控制区，高原上有浅槽，甘肃河东处于槽前西南气流中，冷暖空气在此地交汇(东高西低型)；或者高原上有深槽(90°E 附近或以东)东移，河东地区处于强西南气流中(图 3.42a)。

②青海湖附近为一小高压，110°E 为高压脊，甘肃河东地区处在两高之间的深槽控制之下(图 3.42b)。

③30°—35°N 附近、100°E 附近或以东有较深的低槽控制，甘肃河东地区处于低槽控制区或槽前西南气流中(图 3.42c)。

④平直多波动型：巴尔喀什湖到贝加尔湖之间、34°N 以北的区域维持纬向环流或西西北气流，其中多中短波系统东移，可造成甘肃河东地区中雨(图 3.42d)。

3.6.3.3 甘肃省区域性大雨

区域性大雨日定义：在全省范围内，某日≥30％站的日降水量达到大雨(≥25 mm)标准，称为区域性大雨日。

1980—2020 年甘肃共发生区域性大雨 39 d，21 世纪 10 年代甘肃区域性大雨发生的日数最多，为 13 d，其他年代为 8～9 d。最多的是 2018 年和 2020 年，各发生 4 次，未出现的年份有 17 年，比较均匀地分布在各个年代。最早发生区域性大雨的是 2020 年 5 月 8 日，最迟是 1992 年 9 月 24 日；影响范围最大的是 1981 年 7 月 14 日，同时有 48 站出现大雨及以上降水。

3.6.3.4 甘肃省区域性暴雨

区域性暴雨日定义：在甘肃范围内，某日有 5 站或以上站的日降水量达到暴雨(≥50.0 mm)标准(发生站点相对集中，在相邻市州或一个气候区域内)，称为区域性暴雨日。

1981—2020 年，甘肃共出现区域性暴雨 62 d，21 世纪 10 年代出现最多，达 21 d，其余年代为 13～14 d。出现最多的年份是 2018 年，有 5 d。40 年中，出现 1 次区域性暴雨日的有 14 年，出现 2 d 的有 10 年，出现 3 d 的有 5 年，出现 4 d 的有 2 年，未出现过的年份有 8 年。最早发生区域性暴雨的是 1990 年 5 月 16 日，最迟是 1990 年 9 月 23 日；影响范围最大的是 2005

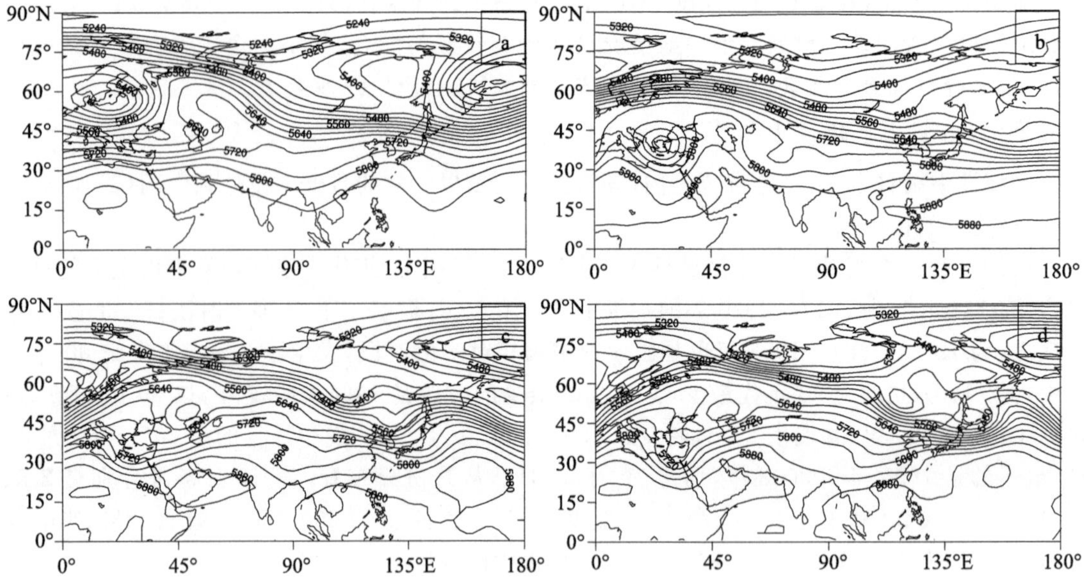

图 3.42 甘肃省区域性中雨 500 hPa 环流形势

年 7 月 2 日，同时有 16 站出现暴雨。暴雨基本分布在 5—9 月，各月分别有 1 d、6 d、26 d、27 d、2 d，主要集中在盛夏 7—8 月，占比 83.9%。区域性大雨和暴雨形势与图 3.42 有相似之处，再未给出。

3.6.3.5 甘肃省多雨时段

多雨时段定义：甘肃省连续 2 候及以上时间，有≥30%及以上站候降水距平百分率≥30%，定义为一个多雨时段。

1981—2020 年，甘肃省共发生 236 次多雨时段，20 世纪 80 年代和 21 世纪 10 年代分别为 67 次和 65 次，20 世纪 90 年代最少，为 47 次。出现多雨时段最多的是 1990 年和 2003 年，均为 10 次；最少是 1993 年和 1996 年，均为 2 次(表 3.12)。多雨时段持续时间差别较大，最长的从 2007 年 9 月第 6 候持续到 2008 年 3 月第 6 候，持续了 37 候，达半年的时间；而持续 2 候的多雨时段占比较高，达 36.9%。从季节分布来看，夏季多雨时段最多，有 70 次，冬季最少 47 次。从多雨时段持续的候数看，春季和夏季最长都是 6 候(2002 年，1992 年和 2020 年)，秋季 7 候(2015 年)，冬季 5 候(1987 年)。

表 3.12 甘肃省各年代多雨时段发生频次

年代际	春季	夏季	秋季	冬季	年代合计
20 世纪 80 年代	17	20	19	11	67
20 世纪 90 年代	12	16	8	11	47
21 世纪 00 年代	16	14	14	13	57
21 世纪 10 年代	16	20	17	12	65
合计	61	70	58	47	236

典型场及其环流特征(图 3.43a)：乌山脊发展，脊前在西伯利亚至贝加尔湖区域有较强的低涡活动，新疆上空有低槽不断东移南下，有时高原上有西南气流(可达 36°N 以北)配合，可

造成甘肃省出现多雨时段(图 3.43b)。

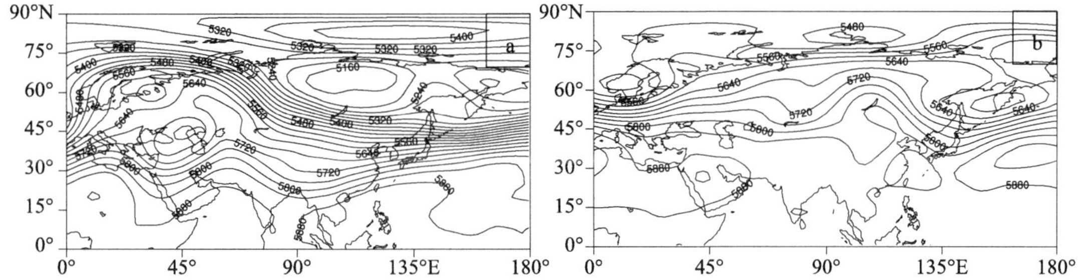

图 3.43　甘肃省多雨时段 500 hPa 环流形势

3.6.3.6　甘肃省少雨时段

少雨时段定义:甘肃省连续 3 候及以上时间,有≥30%及以上站的候降水距平百分率≤－40%,为一个少雨时段。

1981—2020 年甘肃省共发生少雨时段 309 次,各年代际发生频次差异不大(表 3.13)。有 7 年少雨时段为 10 次,最少的 1984 年也有 4 次。春夏秋冬四季最长的少雨候数分别为 15 候、17 候、16 候和 18 候,2003 年整个冬季都处在少雨时段。

表 3.13　甘肃省各年代少雨时段发生频次

年代际	春季	夏季	秋季	冬季	年代合计
20 世纪 80 年代	23	18	19	21	81
20 世纪 90 年代	21	16	21	17	75
21 世纪 00 年代	20	23	16	18	77
21 世纪 10 年代	20	19	21	16	76
合计	84	76	77	72	309

典型场及其环流特征:河东地区处于西北气流中,南支维持纬向环流,无水汽条件,造成甘肃省大部干旱少雨(图 3.44a,b)。

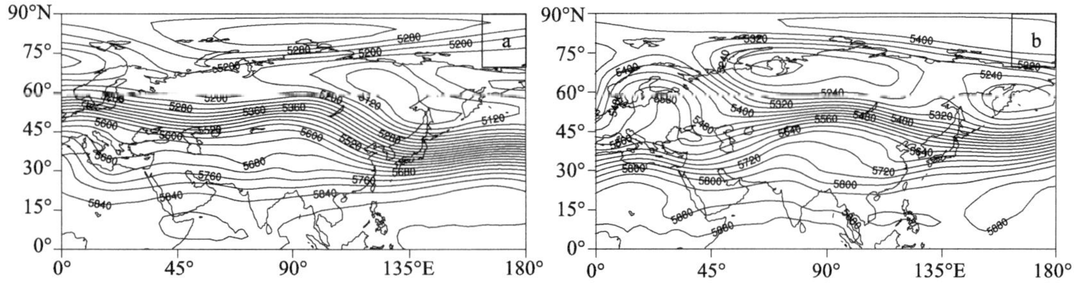

图 3.44　甘肃省少雨时段 500 hPa 环流形势

3.6.3.7　强冷空气

强冷空气定义:某地的日最低气温 24 h 内降温幅度≥6 ℃,或 48 h 内降温幅度≥8 ℃,或 72 h 内降温幅度≥10 ℃,而且使该地日最低气温≤8 ℃的冷空气活动。将同时有 30%以上站点达到强冷空气标准,定义为一次区域性强冷空气过程。

1981—2020 年,区域性强冷空气共发生 232 次。冬季仍然是多发期,有 90 次,秋季次之,77 次,春季相对最少 65 次。20 世纪 80 年代最少,45 次,21 世纪 00 年代最多,有 67 次,20 世纪 90 年代和 21 世纪 10 年代均为 60 次(表 3.14)。

表 3.14 甘肃省各年代各季节区域性强冷空气发生频次

年代际	冬季	春季	秋季	年代合计
20 世纪 80 年代	18	11	16	45
20 世纪 90 年代	25	15	20	60
21 世纪 00 年代	24	22	21	67
21 世纪 10 年代	23	17	20	60
总合计	90	65	77	232

(1)春季强冷空气

图 3.45 中,4 个典型场对甘肃省强冷空气都有较清楚的天气学意义[2]。第 1 典型场(图 3.45a),乌拉尔山至贝加尔湖呈东东北—西南向的高压脊,脊前我国东北上空为切断低压,横槽由低压中心可西伸到蒙古国西部,蒙古国到日本海为广阔的低值区和高气压梯度区,槽前不断有冷空气分裂,这种形势的强冷空气主要影响甘肃河东地区。第 2 典型场(图 3.45b),欧洲(50°E)有阻高,中心约在 55°N,其脊与极涡在新地岛形成密集的等高线区域,其南部东西各有一切断低压;极涡位于 80°N、110°E,中心强度小于 5000 gpm,低压槽从极涡中心经贝加尔湖向西南伸到巴尔喀什湖附近,巴尔喀什湖至咸海为切断低压。一方面,欧洲脊前密集的西北气流带来了极地的强冷空气,另一方面,巴尔喀什湖的切断低压亦可分裂冷空气东移。这种形势的强冷空气可影响到全省范围。第 3 典型场(图 3.45c),40°N 以北的欧亚中高纬度地区,呈两槽一脊型,脊线在 95°N,槽区分别在西欧和日本海;鄂霍次克海有切断低压,低压槽西伸经我国东北到蒙古国西部,有槽后偏北气流从西到东影响的过程,带来西伯利亚的强冷空气,槽前也不断有冷空气东移,这种形势的强冷空气主要影响到全省范围。第 4 典型场(图 3.45d),极涡位于新地岛,低压底部等高线密集,气压梯度大,随着极涡东南方向移动,强冷空气东移南压,这种形势的强冷空气亦主要影响全省范围。

影响甘肃省的寒潮天气过程类型主要有 3 种:乌拉尔山高压脊发展—亚洲西部横槽南压转向、欧洲高压脊—西方长波槽东移、里海中亚长脊—脊前不稳定小槽东移发展。除第 3 典型场对不上外,其他 3 个基本相似。表明挑出的典型场具有一定的代表意义。

(2)秋季强冷空气

第 1 典型场(图 3.46a):这是冷空气影响我国的一种较典型的形势,欧亚范围呈西低东高,乌拉尔山是高压脊,脊前西北气流造成极地冷空气南下从西北地区开始影响我国北方地区;另外,在西北地区有一个中心气温低于−10 ℃的冷中心,表明冷空气在此有堆积。

第 2 典型场(图 3.46b):这个形势场比较特殊,脊线的位置在 90°E,在 60°N 有阻塞高压,高压南侧约 40°N 有一个切断低压,在 90°E 的配置是北高南低。在约 45°N 从鄂霍次克海的 135°E 到巴尔喀什湖 80°E,贯穿了一个跨度 55 个经度的横槽,所以在我国西部地区可看到有冷空气的堆积,有一个中心气温低于 0 ℃的冷中心,该冷中心周边气温多高于 10 ℃。

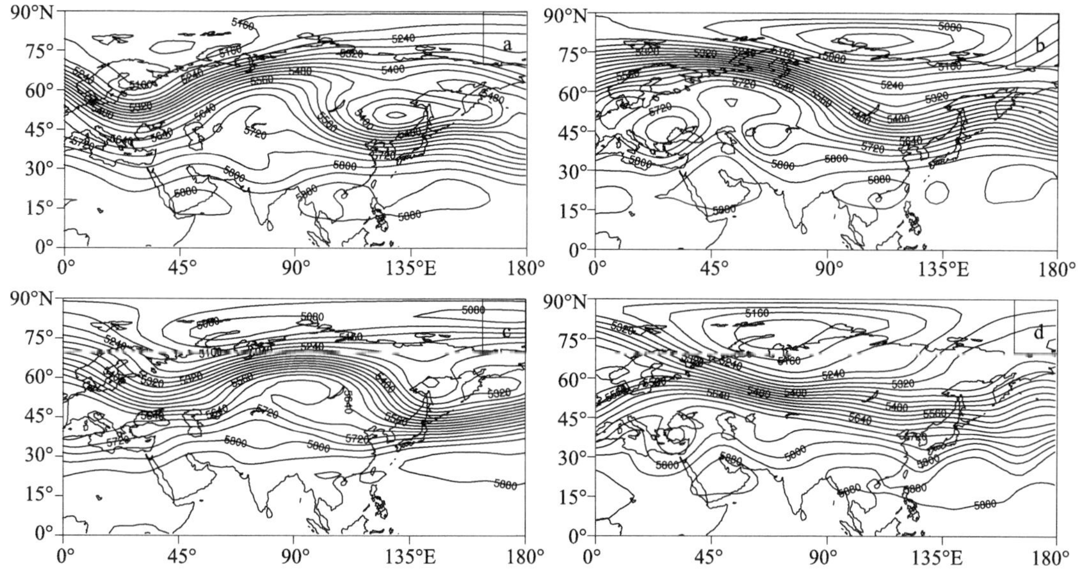

图 3.45　春季影响甘肃省强冷空气的 500 hPa 高度场与高度距平场叠加典型场

第 3 典型场(图 3.46c):第 3 典型场与第 1 典型场有相似之处。乌拉尔山是高压脊,北方冷空气对甘肃省而言弱于第 1 典型场,有阻塞高压位于贝加尔湖的北侧,高压前的冷空气势力主要影响远东地区,不过仍然在西北地区有一个中心气温约为－10 ℃的冷中心。

第 4 典型场(图 3.46d):整个欧亚范围形势是欧洲高、亚洲范围低,脊线位置约 50°E,冷低压中心在西伯利亚地区,整个东亚受这个大尺度低压系统控制,冷空气的影响不亚于第 1 典型场。在西北地区,有一个中心气温低于－10 ℃的大范围的冷中心控制,这个冷空气的影响范围在 30°N 以南。

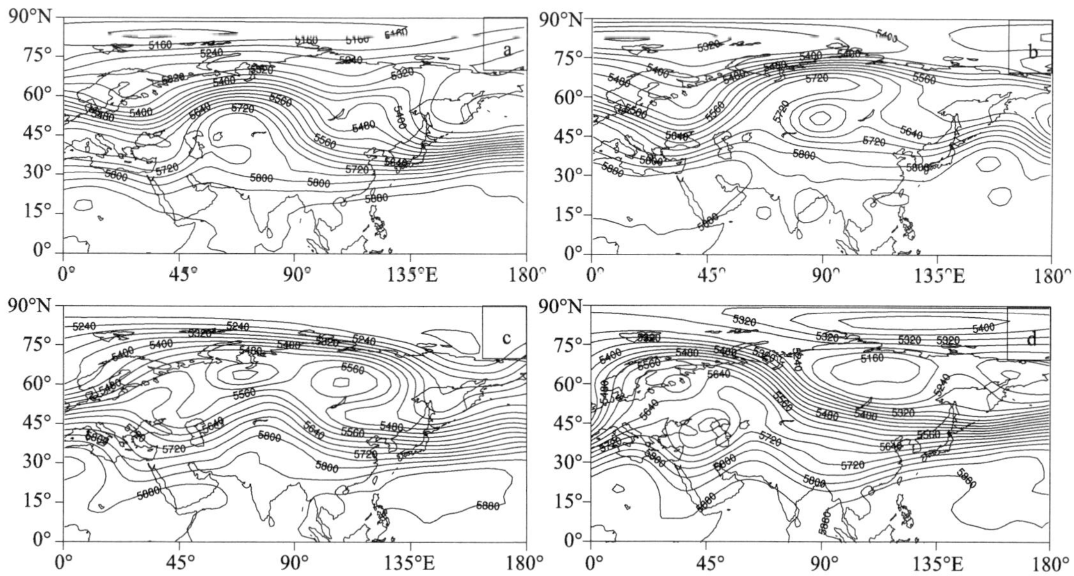

图 3.46　秋季影响甘肃省强冷空气的 500 hPa 高度场与高度距平场叠加典型场

3.6.3.8 区域性寒潮

定义:某地的日最低气温 24 h 内降温幅度≥8 ℃,或 48 h 内降温幅度≥10 ℃,或 72 h 内降温幅度≥12 ℃,而且使该地日最低气温≤4 ℃的冷空气活动。将同时有 30%以上站点达到寒潮标准,定义为一次区域性寒潮过程。

1981—2020 年,区域性寒潮共发生 42 次。春季是多发期,有 17 次,秋季次之,14 次,冬季相对最少 11 次。20 世纪 80 年代最少,7 次,21 世纪 00 年代最多,有 18 次,20 世纪 90 年代和 21 世纪 10 年代分布差异不大(表 3.15)。

表 3.15 甘肃省各年代各季节区域性寒潮发生频次

年代际	冬季	春季	秋季	年代合计
20 世纪 80 年代	1	2	4	7
20 世纪 90 年代	2	5	1	8
21 世纪 00 年代	5	8	5	18
21 世纪 10 年代	3	2	4	9
合计	11	17	14	42

3.6.3.9 区域性强寒潮和超强寒潮

区域性强寒潮定义:某地的日最低气温 24 h 内降温幅度≥10 ℃,或 48 h 内降温幅度≥12 ℃,或 72 h 内降温幅度≥14 ℃,而且使该地日最低气温≤2 ℃的冷空气活动。将同时有 30%以上站点达到强寒潮标准,定义为一次区域性强寒潮过程。

区域性超强寒潮定义:某地的日最低气温 24 h 内降温幅度≥12 ℃,或 48 h 内降温幅度≥14 ℃,或 72 h 内降温幅度≥16 ℃,而且使该地日最低气温≤0 ℃的冷空气活动。将同时有 30%以上站点达到超强寒潮标准,定义为一次区域性超强寒潮过程。

区域性强寒潮共发生 7 次,主要分布在 20 世纪 90 年代之后的冬春季节,有 6 次,秋季仅 1 次(表 3.16)。近 40 年,甘肃省未发生过区域性超强寒潮。

表 3.16 甘肃省各季节强寒潮发生年份

冬季	春季	秋季
1991	1999	1987
1998	2006	
2008	2018	

寒潮典型场及其环流特征:乌拉尔山附近为脊控制,脊前西北气流高度梯度大且在 60°N 以南,极涡偏在东北半球。第 1 典型场(图 3.47a):在贝加尔湖有阻塞高压,巴尔喀什湖是低槽区。冷空气沿着脊前西北气流南下,影响到西北地区,同时西北地区还受贝加尔湖阻塞高压前以及南侧横槽冷空气的共同影响,两面夹击,在甘肃省上空有−10 ℃以下的冷中心控制。

第 2 典型场(图 3.47b):乌拉尔山有阻塞高压,但经向度不大,西伯利亚有冷涡,其槽的底部在巴尔喀什湖,我国东北到韩国是一个脊,引导气流势力略偏北,影响甘肃省的冷空气强度和范围有限。

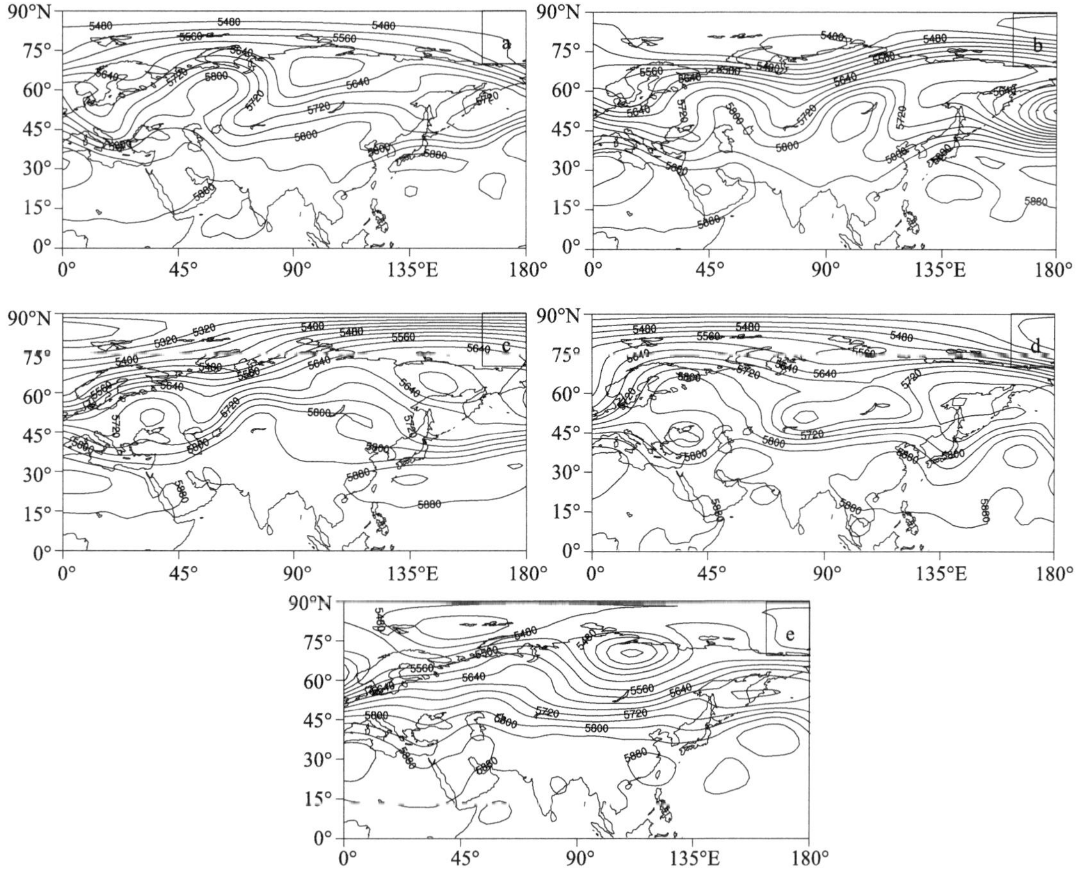

图 3.47　冬季影响甘肃省寒潮的 500 hPa 高度场与高度距平场叠加典型场

第 3 典型场(图 3.47c):欧亚范围形势较乱,多短波活动,从巴尔喀什湖到东亚是西高东低形势,巴尔喀什湖是弱高压脊,我国北方受槽控制,西北地区有一个中心气温低于 0 ℃的冷中心。如果没有等温线,我们仅从形势场上较难判断这种形势会有强冷空气影响。

第 4 典型场(图 3.47d):在欧亚范围 45°N 以北的形势是"＋－＋",在巴尔喀什湖到贝加尔湖之间,是一个尺度较大的低值系统控制,欧洲受脊控制,冷空气主要在巴尔喀什湖堆积且影响我国西北地区。而西北地区在 45°N 以南,是处在两高之间的相对低值区中。

第 5 典型场(图 3.47e):在欧亚范围 40°N 以北的形势是"＋－＋",极涡在新地岛东侧,其影响的低值区一直延伸到青海高原,是典型的两脊一槽型。

3.6.3.10　气温偏高时段

气温偏高时段定义:甘肃省连续 2 候及以上时间,≥30%及以上站的候气温距平≥1.0 ℃为一个气温偏高时段。

1981—2020 年甘肃省共出现过 246 次气温偏高的时段,21 世纪 00 年代出现频次最多,为 77 次,20 世纪 80 年代出现频次最少,仅为 36 次。出现频次最多的是 2002 年、2006 年、2010 年和 2017 年,各为 10 次,1984 年未出现过气温偏高的时段。持续时间最长的有 14 候,自 2019 年 12 月第 2 候到 2020 年 2 月第 3 候,气温持续偏高 1 ℃以上(表 3.17)。

表 3.17 甘肃省各年代气温偏高时段发生频次

年代际	春季	夏季	秋季	冬季	年代合计
20 世纪 80 年代	7	4	11	14	36
20 世纪 90 年代	16	14	11	18	59
21 世纪 00 年代	21	19	18	19	77
21 世纪 10 年代	22	17	18	17	74
合计	66	54	58	68	246

3.6.3.11 相对低温时段

相对低温时段定义：甘肃省连续 2 候及以上时间，≥30%及以上站的候气温距平≤−1.0 ℃为一个相对低温时段。

1981—2020 年甘肃省共出现过 279 次低温时段，20 世纪 80 年代出现频次最高，为 92 次，21 世纪 10 年代出现频次最少，仅为 51 次，年代际特点与气温偏高的时段恰恰相反。出现频次最多的是 1981 年，为 11 次，频次最少的是 3 次，出现在 1998、2006 和 2016 年。持续时间最长的有 16 候，自 1982 年 11 月第 2 候到 1983 年 1 月第 5 候，气温持续偏低 1 ℃以上（表 3.18）。

表 3.18 甘肃省各年代气温偏低时段发生频次

年代际	春季	夏季	秋季	冬季	年代合计
20 世纪 80 年代	28	24	21	19	92
20 世纪 90 年代	19	16	16	20	71
21 世纪 00 年代	17	16	17	15	65
21 世纪 10 年代	10	15	12	14	51
合计	74	71	66	68	279

典型场及其环流特征基本归纳为一类形势，即亚欧 500 hPa 形势呈“＋－＋”分布，乌拉尔山地区和鄂霍次克海附近有高压或阻塞，高纬度冷空气易受西北气流的引导南下，影响我国大部，尤其是北方地区，这种形势相对稳定，可维持一段时间，甘肃省在脊前西北干冷气流的控制之下，较易出现低温时段。相对低温时段与各季节强冷空气活动密切关联，其形势也有一定的相似性，具体可见 3.6.3.7 和 3.6.3.8 部分的分析。

3.6.3.12 夏季区域性高温

夏季区域性高温日定义：甘肃省(80 站)某日≥10%站点(8 站，影响面相对集中，是相邻市州或一个气候区域)的日最高气温≥35 ℃为一个区域性高温日。

1980—2020 年甘肃省区域性高温日数呈明显年代际增多趋势，共计发生 212 d。21 世纪 10 年代发生的频次最多，为 92 d；21 世纪 00 年代次之，为 65 d；20 世纪 90 年代次少，为 46 d；20 世纪 80 年代最少，仅 9 d。2016 年发生最多，有 23 d，未出现高温日数的年份有 9 年。最早出现在 2018 年 5 月 13 日，最晚出现在 1997 年 9 月 6 日。月分布是 5 月 2 d，6 月 33 d，7 月 130 d，8 月 45 d，9 月 2 d。夏季 6—8 月平均区域性高温站数 12～15 站。

高温形势大体分为三类：

①新疆暖高压控制(图 3.48a)，这种形势高温区略偏西偏北，以河西或中部偏北等地高温为主；

②西太副高西伸北抬控制，一般这种形势高温区偏东，以河东高温为主，范围大、强度强、持续时间长(图 3.48b)；

③这种形势多是伊朗高压东伸北抬的结果，也是第一种类型的加强版(图 3.48c)。

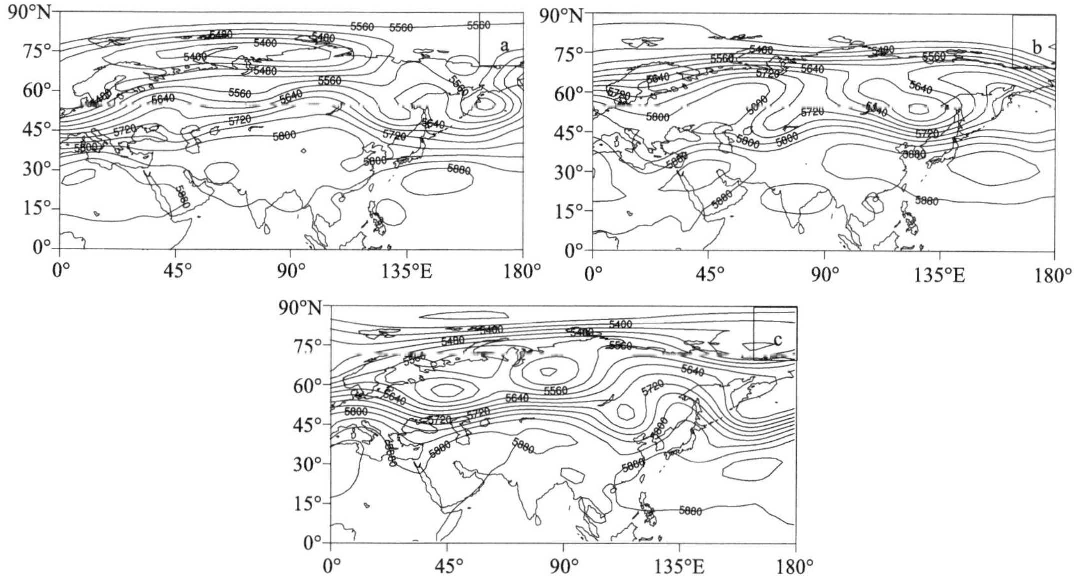

图 3.48　西北地区东部夏季高温 500 hPa 环流形势

3.7　常用业务应用数据和业务系统介绍

3.7.1　站点观测资料

兰州区域气候中心综合业务系统，包括甘肃省 80 个国家气象观测站的日、旬、月、季、年的气温、降水、日照、湿度、水汽压、蒸发、风等基本气象要素，以及干旱、大风、干热风、沙尘暴、冰雹、霜冻、连阴雨等灾害性气象要素资料。此外，也包含陕西省、青海省、宁夏回族自治区气象台站的基本气象要素观测资料。系统接入中国气象局“气象大数据云平台——天擎”，相关资料均从“天擎”获取。

3.7.2　再分析资料

3.7.2.1　CAR 再分析资料

2013 年 11 月，中国气象局启动了我国全球大气再分析计划，总体目标是建成我国第一代全球大气再分析业务系统，并建成 40 年(1979—2018 年)全球大气再分析数据集，质量超过国际第二代、在中国区域接近或达到国际第三代大气再分析水平。依托 2015 年启动的国家气象科技创新重大核心攻关任务“气象资料质量控制及多源数据融合与再分析”和 2014 年立项的公益性行业(气象)科研专项“全球大气再分析技术研究与数据集研制”,由国家气象信息中心牵头,多部门、多单位参与协同创新。我国大气再分析工作瞄准国际上前沿的同化方案,有层次地开展了多组全球大气再分析试验,解决了中国实时气象业务资料和长序列历史资料中的诸多隐蔽性问题,提升了中国基础气象资料质量及同化效果,探明了我国大气再分析发展技术路径,成功研制出 1979—2018 年全球大气再分析产品(简称 CMA-RA,时间分辨率6 h,空间分辨率 34 km,垂直层次 64 层,模式层顶 0.27 hPa)。

为了获取更高质量的陆面要素信息,许多国际主流的全球大气再分析产品都基于离线的陆面模式模拟研制一套单独的陆面再分析数据集。同样,中国气象局也建立了与 CMA-RA 全球大气再分析配套的全球陆面再分析系统和 40 年全球陆面再分析数据集(简称 CMA-RA/Land;1979—2018 年,时间分辨率 3 h,空间分辨率约 34 km,垂直层次 4 层)。通过利用同化和融合算法改进近地面气温、湿度、风、降水等大气驱动数据质量,并优化地表植被/土壤参数,CMA-RA/Land 能够为 CMA-RA 中的陆面要素提供非常有益的补充。

(1)数据说明

中国第一代全球大气再分析 40 年产品(CMA-RA),包括逐月、逐日以及逐 6 h 产品,时间范围从 1979 年 1 月至今,空间范围为全球尺度,空间分辨率有 34 km、0.25°、0.5°、1°、2.5°等,产品变量包括大气、地面、海洋 3 大类,共计 204 个变量。

(2)数据下载

进入国家气象业务内网,在“观测业务”下拉菜单中选择“格点产品”,点击“全球大气再分析”,即可进入下载主界面,内容包括产品介绍、数据下载、检验评估、产品展示、在线应用等(图 3.49)。数据下载栏提供了全球大气再分析、全球陆面再分析、全球气候态产品等 3 大类,点击任意数据集,可通过 FTP、接口服务及 TDS 服务下载。

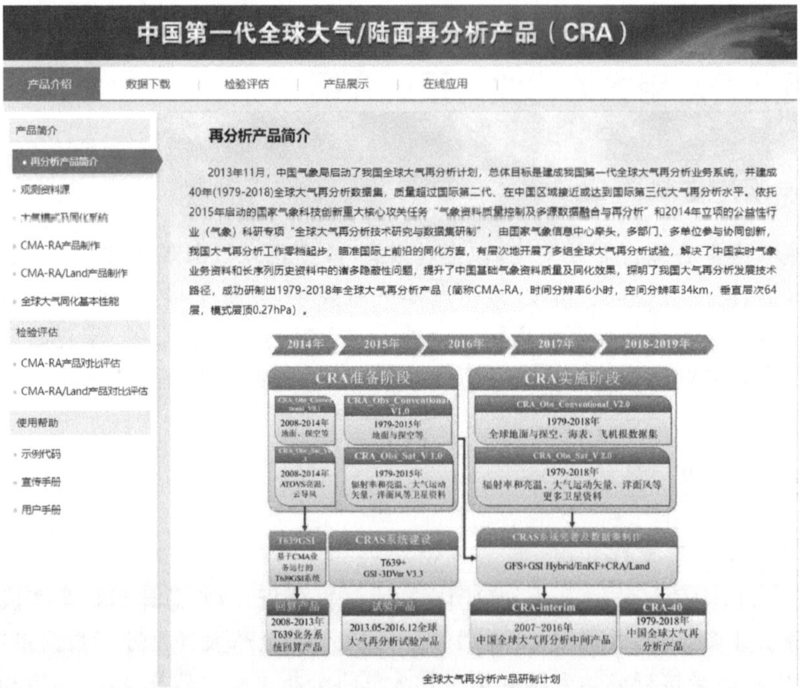

图 3.49　中国第一代全球大气/陆面再分析产品下载主界面

3.7.2.2　NCEP 再分析资料

NCEP/NCAR 再分析数据集由美国气象环境预报中心(NCEP)和美国国家大气研究中心(NCAR)联合制作。采用了当今最先进的全球资料同化系统和完善的数据库，对各种资料来源(地面、船舶、无线电探空、测风气球、飞机、卫星等)的观测资料进行质量控制和同化处理，获得了一套完整的再分析资料集，它不仅包含的要素多，范围广，而且延伸的时段长，是一个综合的观测资料集。现将资料的基本情况做简单的说明。

NCEP 再分析资料有 NCEP1 和 NCEP2 两个版本，其中 NCEP2 是 NCEP1 再分析资料计划的延续，其目的在于订正 NCEP1 中已知的人为误差，同时作为验证第二次大气模式比较计划(AMIP)的基本资料。NCEP2 采用了改进的预报模式和最新的同化系统，对诊断输出进行了订正。从时间分辨率上而言，NCEP/NCAR 再分析资料有逐 6 h、逐日以及逐月资料，NCEP1 起止时间为 1948 年至今，NCEP2 起止时间为 1979 年至今，空间分辨率均为 2.5°×2.5°，空间范围为 90°N—90°S，0°—360°E。资料的下载与使用较方便，且免费使用于非商业用途，具体下载地址详见(ftp://ftp.cdc.noaa.gov/pub/Datasets/)。下面以 NCEP1 为例，给出详细介绍。

(1)等压面资料

资料格距：2.5°×2.5°的经纬网格。

网格点数：144×73 个格点。

资料范围：90°N—90°S，0°—357.5°E 全球范围。

等压面层：共 17 层(hPa)，1000，925，850，700，600，500，400，300，250，200，150，100，70，50，30，20，10。

资料文件：文件名由变量名的缩写和年份组成，如：air.1983.nc，表示 1983 年各等压面气温。

资料内容：各资料的说明见表 3.19。

资料存放方式：以逐日资料为例。每一个要素一年为一个数据文件；在文件中，先存放第 1 天第 1 层(1000)的值、……、第 17 层(10)的值；第 2 天第 1—17 层的值、……、该年最后一天第 1—17 层的值。

表 3.19　等压面资料说明表

类型	文件名	单位	层次
气温	air.YYYY.nc	K	17
位势高度	hgt.YYYY.nc	gpm	17
上升速度	omega.YYYY.nc	Pa/s	17
相对湿度	rhum.YYYY.nc	%	17
比湿	shum.YYYY.nc	kg/kg	17
风速(u 分量)	uwnd.YYYY.nc	m/s	17
风速(v 分量)	vwnd.YYYY.nc	m/s	17

注：本章表中 YYYY 表示年份。

(2)地面资料

资料格距：2.5°×2.5°的经纬网格。

网格点数：144×73 个格点。

资料范围：90°N—90°S，0°—357.5°E 全球范围。

资料层：地面或近地层(0.995δ 层)。

资料文件：文件名由变量名的缩写、层和年份组成，如：air. sig995. 1983，表示 1983 年地面气温。

资料内容：各资料的说明见表 3.20。

资料存放方式：每一个要素一年为一个数据文件；在文件中，先存放第 1 天的值、第 2 天的值至该年最后一天的值。

表 3.20 地面资料说明表

类型	文件名	单位
地面气温	air. sig995. YYYY. nc	K
地面抬升指数	lftx. sfc. YYYY. nc	K
最佳抬升指数	lftx4. sfc. YYYY. nc	K
垂直速度	omega. sig995. YYYY. nc	Pa/s
位温	pottmp. sig995. YYYY. nc	K
地面气压	pres. sfc. YYYY. nc	hPa
相对湿度	rhum. sig995. YYYY. nc	%
海平面气压	slp. YYYY. nc	hPa
大气可降水量	pr_wtr. eatm. YYYY. nc	kg/m^2
风速(u 分量)	uwnd. sig995. YYYY. nc	m/s
风速(v 分量)	vwnd. sig995. YYYY. nc	m/s

(3)通量资料

资料网格：T62 高斯格点，192×94 个格点

资料范围：88.542°N—88.542°S，0°—258.125°E

资料文件：文件名由变量名的缩写和年份组成，如：pres. hcb. 1983，表示 1983 年高云底的气压。

资料内容：各资料的说明见表 3.21。

资料存放方式：每一个要素一年为一个数据文件；在文件中，先存放第 1 天的值、第 2 天的值……直到该年最后一天的值。

表 3.21 通量资料说明表

文件名	类型	单位
净空向上长波通量	csulf. ntat. YYYY. nc	W/m^2
净空向上短波通量	csusf. ntat. YYYY. nc	W/m^2
向下短波辐射通量	dswrf. ntat. YYYY. nc	W/m^2
高云底气压	pres. hcb. YYYY. nc	hPa
高云顶气压	pres. hct. YYYY. nc	hPa
低云底气压	pres. lcb. YYYY. nc	hPa

续表

文件名	类型	单位
低云顶气压	pres. lct. YYYY. nc	hPa
中云底气压	pres. mcb. YYYY. nc	hPa
中云顶气压	pres. mct. YYYY. nc	hPa
总云量	tcdc. eatm. YYYY. nc	%
向上长波辐射通量	ulwrf. ntat. YYYY. nc	W/m^2

3.7.2.3　ECMWF再分析资料

欧洲中期数值预报中心(ECMWF)提供了多种全球再分析资料，有以下多种：CERA-20C(Jan 1901—Dec 2010)、ERA-20C(Jan 1900—Dec 2010)、ERA-Interim(Jan 1979—present)、ERA-Interim/LAND(Jan 1979—Dec 2010)、ERA-20CM(Jan 1900—Dec 2010)Final、ERA-40(Sep 1957—Aug 2002)、ERA-15(Jan 1979—Dec 1993)、CERA-SAT(Jan 2008—Dec 2016)、ERA5(Available only via the Climate Data Store)，其中现阶段气候业务最常用的是ERA-Interim再分析资料。下面也着重介绍该资料的信息以及下载方法。

(1)ERA-Interim再分析资料简介

ERA-Interim是ECMWF发布的第三代再分析资料，也是最新的全球大气再分析资料。该项目于2006年提出，目的是改进第二代产品ERA-40的一些关键问题，优化了观测系统中偏差和变化的处理，同时改进了多种模型，改进了湿度分析，运用卫星数据的变偏校正，实现了再分析资料质量的提升。ERA-Interim大气模式中的云和对流参数化方案对冰粒子的沉降、云顶夹卷、云底的计算、陆面夜间对流的触发等物理过程进行了改进。

(2)ERA-Interim资料下载

步骤一：进入网址http://apps. ecmwf. int/datasets/。

步骤二：注册。点击右上角的login，再选择click here to register，填写个人资料，注册过程比较简单，注册后可直接登陆。

步骤三：资料类型选择。选择ERA-Interim(Jan 1979—present)，当然如果有其他需要也可查看其他数据种类。如ERA-40(Sep 1957—Aug 2002)，这个优势之处是数据种类从1957年开始，但只截止到2002年。而且数据变量没前者多，精度也没前者高，所以建议用前者。进入ERA-Interim(Jan 1979—present)的界面。

3.7.2.4　JRA再分析资料

自2009年12月起，日本气象局使用了一个更为复杂的数据同化(DA)系统和新编制的观测数据，集中开展了第二次再分析项目(称为日本55年再分析资料，简称JRA-55)。分析期为1958年以后的55年，即从1958年开始全球范围内进行常规无线电探空观测。JRA-55解决了JRA-25的许多缺陷，因为项目所用的DA系统是对JRA-25的各种改进。因此，JRA-55产生了一个高质量的同化气候数据集，时间尺度覆盖了过去半个世纪，是一套质量高、时间长的数据集。详细的下载地址为：

https://jra. kishou. go. jp/JRA-55/index_en. html#reanalysis(2019-04-23)

3.7.2.5　其他再分析资料

除上述再分析资料外，常用的再分析资料还有英国气象局哈德莱中心观测数据集，包括全球地表气温、海平面气压、海表气温、海冰密集度及海洋盐度资料，详细信息见：

https://www.metoffice.gov.uk/hadobs/(2019-04-23)

另外，美国国家冰雪数据中心免费提供1979年有卫星观测以来极区海冰资料，详细信息见：

https://nsidc.org/data(2019-04-23)

3.7.3 模式资料

现有气候预测业务中，常用的模式有我国国家气候中心BCC、美国NCEP、日本TCC及欧洲中心ECMWF，分别提供不同时空分辨率预测数据。详细信息见表3.22。

表3.22 常用模式数据信息表

机构	模式	时间分辨率	更新频次	预报时长	回报时段
BCC	DERF2	日	每日	52 d	1983—2014
	CSM1.1	月	每月	13个月	1991—2013
NCEP	CFSv2	6 h	每日4个时次	未来45 d至9个月不等	无
	CFSv2	月	每日4个时次	未来9个月	1982—2010
JMA	TCC	日	每周周四	未来31 d	1981—2017
	TCC3个月	月	每月16日	未来3个月	1979—2014
	TCC冷暖季	月	9—10月预报冬季，2—4月预报夏季	整个季平均	
ECMWF	EC4周	周	周二、周五	未来4周	无
	EC季节	月	每月18日	未来3个月	无

从国家气候中心Derf2.0在甘肃的应用来看，其对气温预测较准确，降水河东优于河西。2015—2017年Derf2.0气温月预测准确率为75%，降水为62%。对过程预测而言，区域报对27.3%，部分区域报对35.4%，空报10.3%，漏报27.0%，总体准确率62.7%、空漏报率37.3%。

3.7.4 指数资料

气候系统监测指数集共包含130项气候系统指数，其中重新整编计算的指数114项(大气环流指数88项，海温指数26项)，收集下载的指数16项。时间分辨率为月平均，起止时间为1951年1月至今。详细信息参看国家气象业务内网：

http://10.1.64.154/idata/web/climateBuzi/index? menuId=404(2019-04-24)

3.7.5 常用业务应用系统介绍

3.7.5.1 甘肃区域多时间尺度预测系统V3.0

3.7.5.1.1 系统概述

兰州区域气候中心多时间尺度短期气候预测系统在2017年已完成一期的建设，对基础数据库搭起了系统的基本框架，各种预测方法已有了基本的设计。2018年依托山洪地质灾害气候预测业务能力建设项目，在一期的工作基础上，全面按照系统框架完善系统，使得系统完全达到设计要求。2019 年、2020 年继续依托山洪项目，不断改进完善、增加新模块，实现智能化、网格化预测。系统将气候背景分析、统计诊断、短期气候预测、智能预测、网格预测、检验评估、产品制作及发布作为主要研发内容。推动气候新技术的业务转化及应用推广，促进科研成果的业务应用。通过科研项目的实施，旨在提高科技创新能力，提高科研成果的转化效率，为建设现代气候业务体系，为西北四省(区)气候业务发展提供坚实的科技支撑。

3.7.5.1.2　功能模块

(1)气候背景

该模块可实现任意区域、任意时段气候平均、标准差、极小值、极大值数据监测和图形绘制，任意区域、任意时段年代际背景气候平均距平、正距平频次、负距平频次数据监测和图形绘制，任意站点、任意时段历年空间分布和时间序列的平均值、距平、距平百分率的数据监测以及重要过程环流指数、环流场、海温指数、海温场的气候诊断监测和图形绘制，任意区域、任意时段气候降水量、平均气温、最高气温、最低气温的数据监测(图 3.50)。

图 3.50　气候背景模块示意图

(2)统计分析

该模块包括常用统计方法，如合成分析、相关分析、相似分析、周期分析、经验正交分解(empirical orthogonal function，EOF)、奇异值分解(singular value decomposition，SVD)。能实现站点单一时间序列和格点站点不同要素历年合成分析、相关分析；实现大气环流单一时间序列不同环流型历年相似分析和空间场时间序列不同监测要素历年相似分析；周期分析将功率谱、交叉谱、小波、滤波等常见气候周期统计分析整合开发至系统中；实现站点资料和格点资料的 EOF 分解，并绘制空间模态及时间系数图；实现场与场之间的 SVD 分解，并绘制左、右场模态图和对应的时间系数图(图 3.51)。

(3)模式解释

该模块对 Derf2.0 模式和美国的 CFSv2 及日本的 TCC 等主流气候模式进行站点形式的插值应用或 MOS 解释应用，最终在站点层面对模式进行自动化色斑图绘制及过程和趋势预测，包括逐日预测轮播图、逐日预测邮票图、过程预测、趋势预测，都是通过对站点不同要素值的选择，来绘制出需要的结果(图 3.52)。

图 3.51　统计分析模块示意图

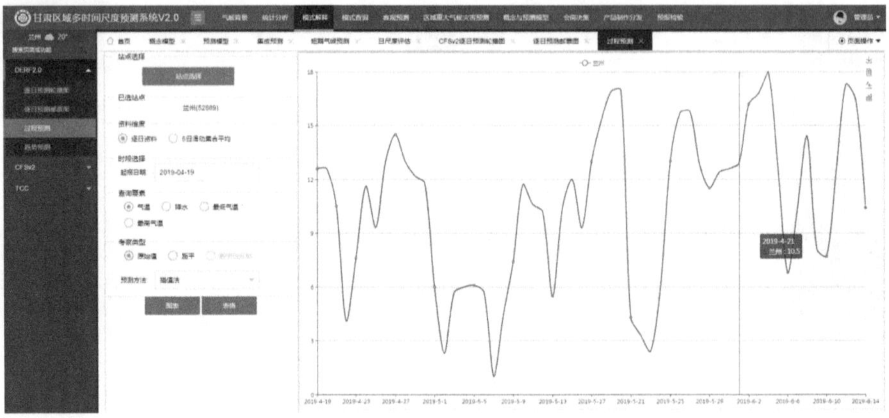

图 3.52　模式释用模块示意图

(4)模式查询

该模块对 Derf2.0 模式和美国的 CFSv2 及日本的 TCC、EC 等主流气候模式进行网格层面的不同时间尺度、等压面、要素类别及投影模式下的色斑图绘制及展现，包括气温、降水率、位势高度、对流降水率、地表气压、海平面气压、最高气温、最低气温、风场、湿度、流函数等常见要素的预报结果以及误差订正(图 3.53)

(5)客观预测

均生函数模型是由时间序列按不同的时间间隔计算均值，生成一组同期函数，然后用原时间序列与这组函数建立回归预测方程。该模块主要是利用均生函数方法对未来月平均气温、累计降水量、气温距平及降水距平百分率进行预测，包括单一站点预测及区域预测(图 3.54)。

(6)区域重大气候灾害预测

针对西北地区多种不同气候灾害的再分析资料的典型场进行总结归纳，用这些典型场和对应的模式预测场之间进行相似性分析，去预报这些典型的气候灾害。主要包括春季区域性沙尘暴、河东春季区域性中雨、河东多雨时段、河西多雨时段、河东少雨时段、河西少雨时段、冷空气、夏季区域性大雨、高温、春季区域性低温时段、秋季连阴雨等的预测。例如查询在

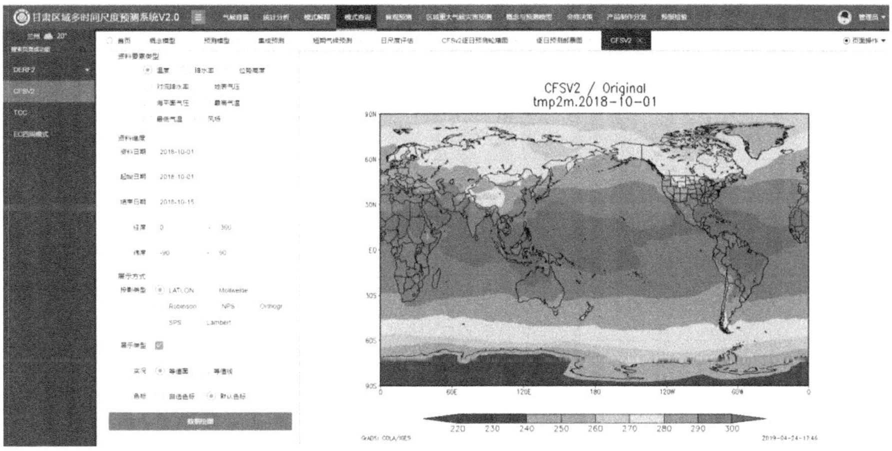

图 3.53　模式查询模块示意图

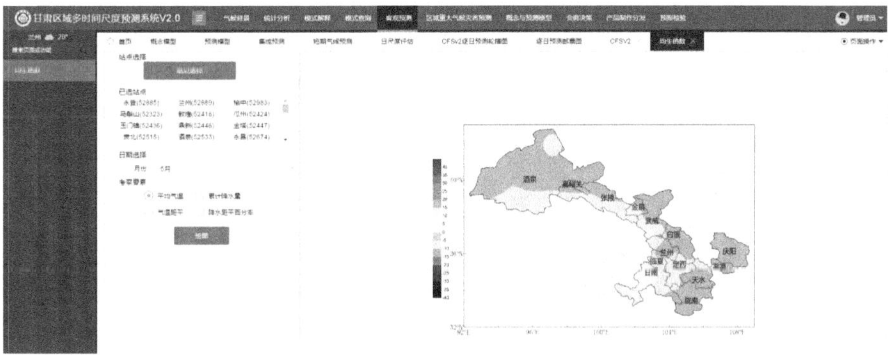

图 3.54　客观预测模块示意图

Derf2.0 模式下河东春季区域性中雨的灾害预测图(图 3.55)

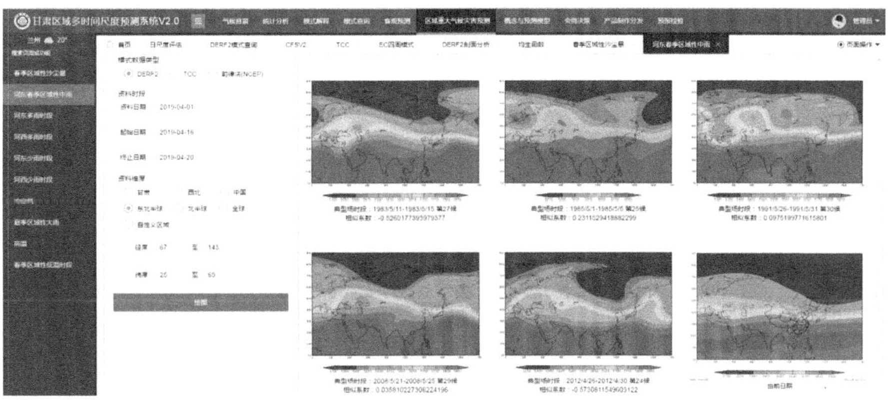

图 3.55　区域重大气候灾害预测模块示意图

(7)人工智能预测

利用时度尺度为 10 年的实况站点数据,建立训练模型,通过神经网络算法进行外推预测,预测未来 1～30 d 平均气温和降水,用数据列表和折线图的形式展示。此外,可利用预报数据,绘制空间分布图(图 3.56)。

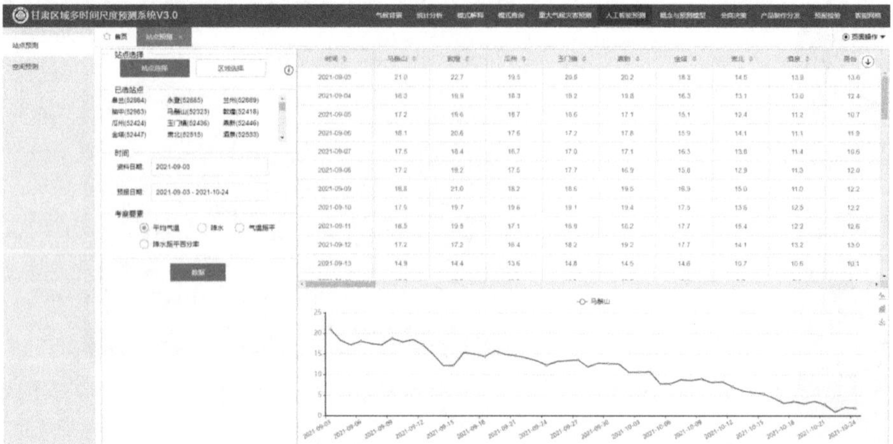

图 3.56 人工智能预测模块示意图

(8)网格预测

网格系统主要模块有网格预报、模式对比、检验评估、气候事件和将要发生的强降温等事件的预警滚动(图 3.57)。网格预报主要是 S2S 计划中 CMA、ECMWF、JMA、NCEP、CNRM、KMA、UKMO 七个国家在平均气温、降水、最高气温、最低气温、高度场和精度在 1.5°、0.5°、0.25°下的色斑图、网格图、风场、站点数据功能的展示。模式对比主要对七个国家在同一起报日不同预报时间和同一起报日同一预报时间在平均气温、降水、最高气温、最低气温、高度场要素下和精度在 1.5°、0.5°、0.25°的数据进行对比。检验评估主要功能是在同一时间段同一起报日,应用 PS、PC、ACC 检验方法,对上述七个国家模式多要素预测进行检验,以表格和图表的方式展示数据。各个国家在同一时段、同一起报日下气温、降水连续在不同检验方法下的评分数据图表展示。气候事件主要有强降温过程预测、强降水过程预测、春季第一场透雨预测、华西秋雨预测、夏季高温过程预测、低温时段预测、春末夏初干旱预测、伏旱预测模块。

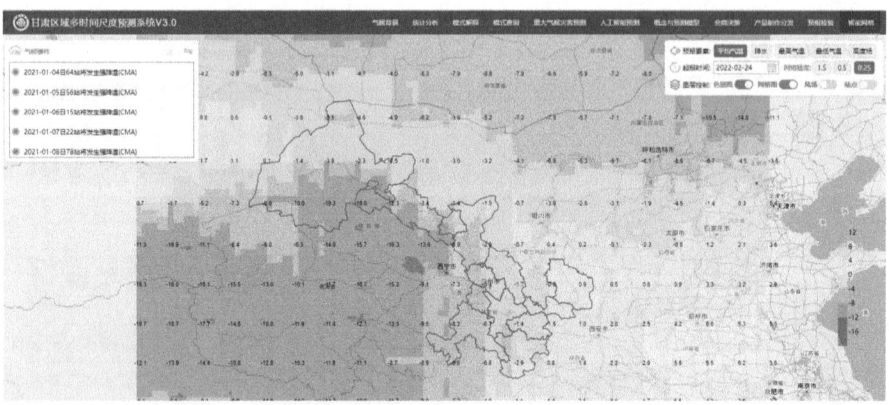

图 3.57 网格预测模块示意图

(9)概念与预测模型

该模块将一些比较成熟的研究结果以及业务经验整合在一起,形成一个完整的概念机理模型和预测模型,主要包括 ENSO 影响季风的机制、ENSO 循环与西北区降水、河东第一场透雨、影响沙尘天气机制、春季沙尘暴、春季西北地区降水与热带印度洋、春季西北地区降水与热带太平洋、春末夏初干旱类型与次年干旱类型的转移、西北地区东部旱春旱、西北地区东部春季连阴雨、西北地区东部春旱、西北地区汛期降水分区、西北干旱气候演变规律及西北地区东部春季降水与前期海温等概念模型，河东第一场透雨、春季降水、夏季降水、沙尘暴及青海春季降水的预测模型等(图3.58)。

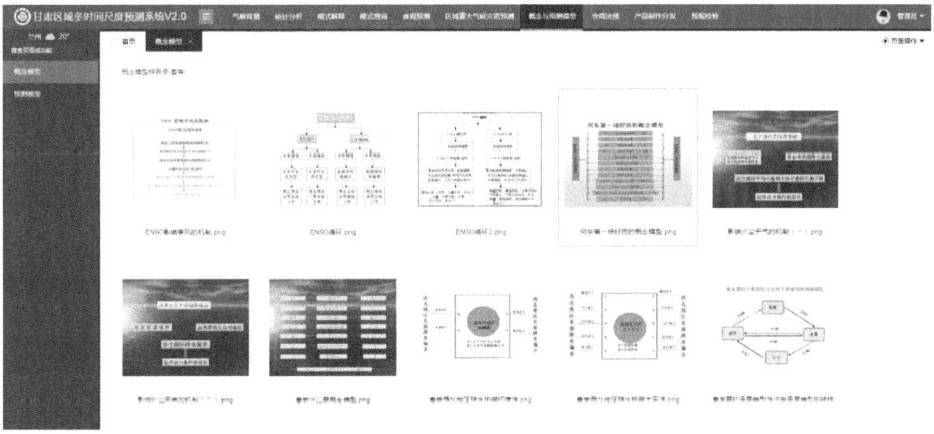

图3.58　概念与预测模型模块示意图

(10)预报检验

该模块对Derf2.0模式和美国的CFSv2及日本的TCC等主流气候模式与美国NCEP再分析实况资料进行误差分析、距平相关分析、关键区分析、气候差值场分析等。此外，还包括站点预测在日、候、旬、延伸期、月、季节预测的综合、一致率、分级、距平相关系数等评估(图3.59)。

图3.59　预报检验模块示意图

3.7.5.2　气候与气候变化监测预测系统(CIPAS)

CIPAS是中国气象局气候变化应对工程中的一部分，为了贯彻执行中国气象局气象信息化的总体部署，国家气候中心信息化工作按照对内业务整合和对外流程接入的原则，将所有业务系统逐步整合为气候预测交互式分析系统和灾害风险管理两大业务系统。兰州区域气候中心对国家级CIPAS2.0系统进行本地化建设，在原有功能基础上，增加了延伸期概率预测模块，实现了多模式对西北四省(区)及甘肃省多种气象要素的概率性和确定性预测。系统建设软件框架继承 CIPAS2.0，统一部署在国家信息中心的云平台上。国家级不断扩充与完善，在近期发布了 CIPAS3.0 的试运行版本，内容更丰富，增加许多本地化的特色业务。下面详细介绍省级本地化 CIPAS2.0 以及国家级 CIPAS3.0 的相关操作。

国家级 CIPAS3.0 地址及账户：

地址：http://10.1.65.248/#/main/

用户名：gansu 密码：Gansu@2021

本地化 CIPAS2.0 地址及账户：

地址：http://10.1.64.226:8080/WMFS_WEB/index.action

用户名：gansu 密码：Gansu@2021

3.7.5.2.1　国家级 CIPAS3.0

本系统共分为监测预测、诊断工具、预报制作、综合检验、管理监控等模块（图 3.60）。界面登录后首页可快捷进行相关操作，如可查询近期大气、海洋监测实况，也可进行预报制作等。

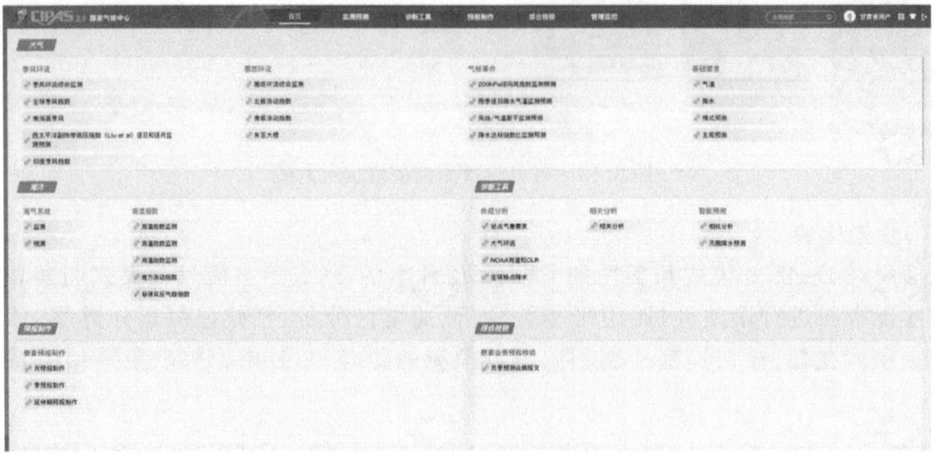

图 3.60　CIPAS3.0 系统首页

（1）监测预测模块

气候监测业务主要实现全球极端气候事件、全球大气环流、全球海洋、全球陆面过程、中国生态气候环境以及气候物理诊断量等的实时滚动、多维度监测。监测预测模块主要包括大气、海洋、冰雪监测预测。大气模块实现基础要素监测预测、季风环流监测、圈层环流监测、气候事件监测、气候灾害监测预测。海洋监测预测包括海气系统监测预测、海温指数监测及预测。冰雪包括海冰和积雪监测（图 3.61）。

（2）诊断分析模块

诊断分析模块实现多源数据包括站点气象要素、大气环流、海温及向外长波辐射（OLR）、全球格点降水数据的合成分析；实现两个场不同数据源和物理量的相关系数空间分布特征；实现人工智能方法图像相似 IoUSs、相似离度、相关系数等相关分析，实现海温相似和基于 SVM 方法的汛期降水预测（图 3.62）。

（3）预报制作模块

预报制作包含月、季和延伸期预报制作，可进行降水距平百分率预测图、降水量预测图、气温距平预测图、气温预报图、灾害预测图等图形绘制，自动生成报文（图 3.63）。

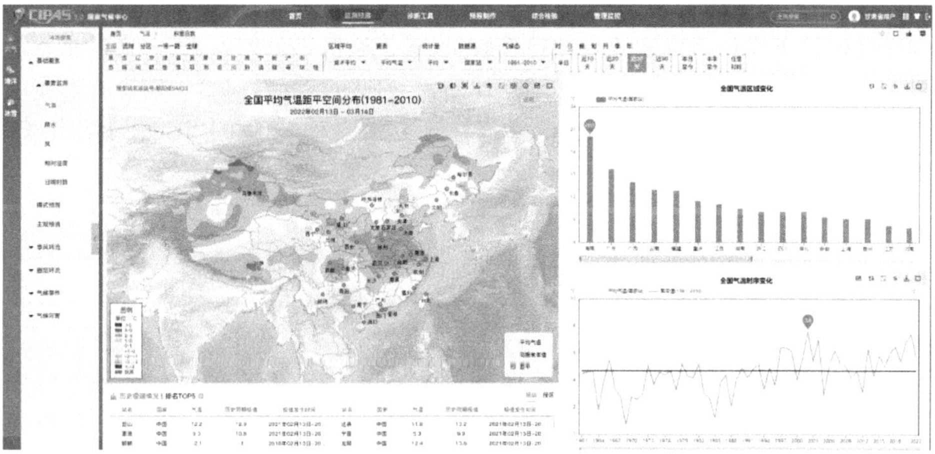

图 3.61　CIPAS3.0 监测预测模块示意图

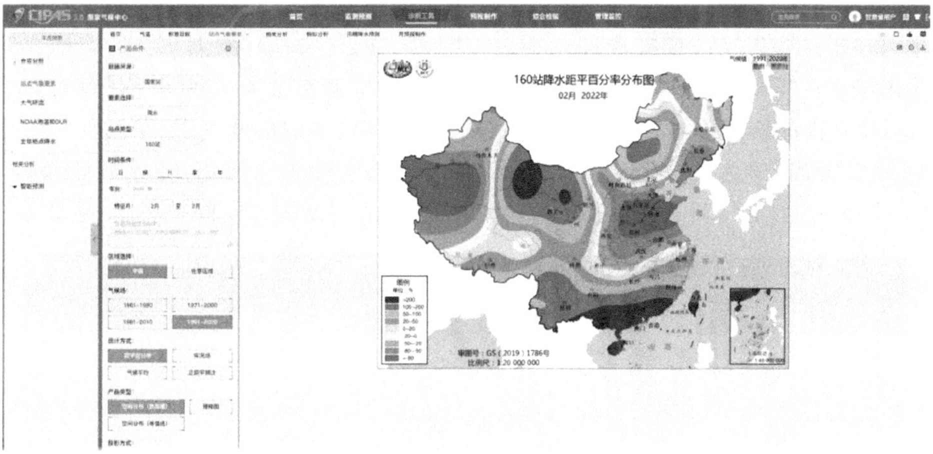

图 3.62　CIPAS3.0 诊断工具模块示意图

图 3.63　CIPAS3.0 预报制作模块示意图

(4)综合检验模块

综合检验模块主要包含要素业务预报检验、模式检验两部分内容，其中要素业务预报检验主要是对于全国上传的预测报文(月、季和延伸期预测)进行检验评估，可直观查看降水和气温PS评分、空间相关系数、符号一致率等。模式检验主要针对BCC-CPSv3和NCEP-CFSv2的趋势预测和过程预测进行检验。

(5)管理监控模块

管理监控主要包括访问统计和天镜监控，可查询固定时段对于该系统的菜单模块访问量、操作类型的统计分析和逐月访问量。

3.7.5.2.2 本地化CIPAS2.0

本地化是在国家级CIPAS2.0构建完整的业务体系基础上，根据兰州区域气候中心业务人员、业务管理人员等用户开展日常业务服务工作需要，建立基于目前国际上较流行的权威模式的概率预测模块，填补甘肃省这项预测技术的空缺，增加了“延伸期预测”子模块，包括概率性预报和延伸期概率预测检验两部分。

(1)概率性预报

概率性预报主要采用的模式产品主要为CFSv2、Derf2.0、EC16及EC延伸期，CFSv2预报时效为未来1～45 d，Derf2.0为未来1～57 d，EC16为未来1～16 d，EC延伸期为16～45 d。利用模式产品实现单站日降水量、单站日平均气温、单站最低气温、单站最高气温、单站最高气温24 h变温、单站最高气温48 h变温、单站最低气温24 h变温、单站最低气温48 h变温、单站最小能见度、单站相对湿度、单站10 m风速箱线图及概率空间分布图(图3.64)。

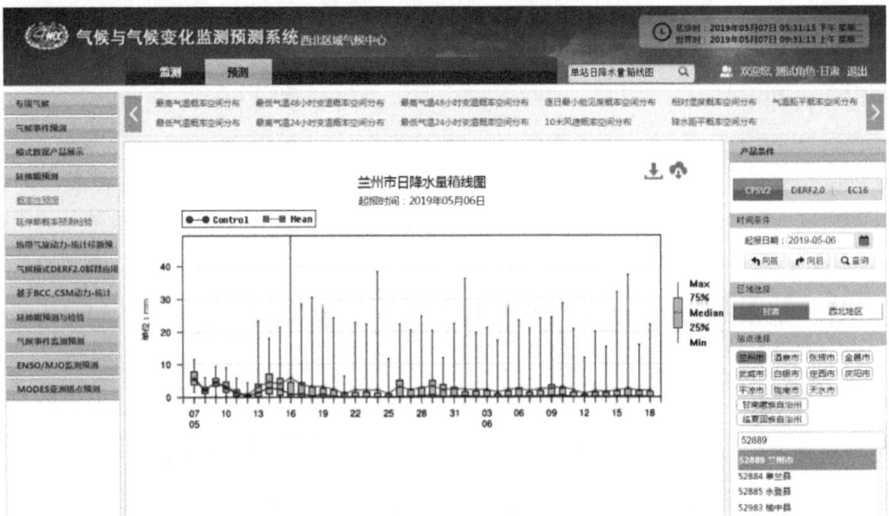

图3.64 本地化CIPAS2.0系统概率性预报示意图

(2)延伸期概率预报检验

该部分实现西北区及甘肃省延伸期单站降水概率预测检验、单站变温概率预测检验、区域降水概率预测检验和区域变温概率预测检验(图3.65)。

3.7.5.3 多模式解释应用集成系统(MODES)

中国气象局基于国内多个气候模式的季节预测结果，结合统计方法开展多模式解释应用

图 3.65　本地化 CIPAS2.0 系统延伸期概率预测检验示意图

研究，并初步建立基于国家级—省级“多模式解释应用集成预测系统(MODES)”，分别开发基于多个国内外气候模式季节预测的解释应用集成预测平台和软件，并推动多模式气候预测产品解释应用系统省级升级软件在省级的建设与应用。比较不同统计降尺度方法，通过预报因子和参数选取方案试验改进已有的降尺度解释应用模型，对多模式/方法解释应用技术建立客观集成系统，并进行业务化，开展试用和检验，最终形成基于先进模式系统并可供省级多层次使用的高质量月季尺度气候预测产品和业务系统。

该系统是在目前气候预测业务的基础上，基于可获得的国外以及国家气候中心的模式数据和观测数据，比较不同统计降尺度方法，通过预报因子和参数选取方案试验改进已有的降尺度解释应用模型，利用多模式集合与解释应用技术建立客观集成系统，并进行业务化，在区域气候中心试用和检验，最终形成基于先进模式系统并可供国家和省级等多层次使用的业务化的月季尺度气候预测产品。其中系统的输入以模式产品质量和模式业务化数据实时获取为先决条件，选取我国国家气候中心 NCC、美国 NCEP、欧洲中心 ECMWF_SYSTEM4 和日本 TCC 等的模式产品数据，以技术相对成熟、简单可靠为条件，降尺度主要选取 BP 典型相关分析法、EOF-ITE、OSR 等降尺度方法和权重集成、超级集成、区域最优、EOF 等集成方法，从而建立 MODES 系统。

从 MODES 近年来预报评分来看，特别是 ECMWF_SYSTEM4 中 500 hPa 位势高度场 BP-CCA 方法对甘肃月降水、气温预测质量稳定，效果良好，特别是近年来降水评分可达 71 分，目前预报中重点参考 MODES 结果(表 3.23、表 3.24)。

表 3.23　甘肃 MODES 近年气温预测评分

年份	月份												平均
	1	2	3	4	5	6	7	8	9	10	11	12	
2016	43	37	100	100	47	97	100	74	98	98	71	25	74.2
2017	97	98	51	94	80	80	94	79	99	76	98	92	86.5

续表

年份	月份												平均
	1	2	3	4	5	6	7	8	9	10	11	12	
2018	32	13	68	92	74	94	97	98	75	73	58	80	75.7
2019	90	81	11	80	67	74	56	88	84	NAN	NAN	NAN	70.1

表 3.24　甘肃 MODES 近年降水预测评分

年份	月份												平均
	1	2	3	4	5	6	7	8	9	10	11	12	
2016	78	76	78	75	89	78	67	47	71	71	34	70	70.0
2017	88	82	80	72	68	80	67	70	78	71	37	87	73.3
2018	91	85	53	60	76	48	68	62	67	91	82	81	70.8
2019	55	90	34	85	89	52	75	81	50	NAN	NAN	NAN	67.9

3.7.5.4　动力-统计客观定量化预测系统(FODAS)

3.7.5.4.1　FODAS2.0 数据下载

140 项目气候因子指数获取：

服务器：ftp://wlsyzx.yzu.edu.cn/

用户名：FODAS；密码：NCC+FODAS

路径：wlsyzx.yzu.edu.cn/v2/index/

下载 140 项目气候因子指数文件 Index140.txt，并存放到 FODAS2.0\Data\Data\index 目录下。

模式数据的获取：

服务器：ftp://wlsyzx.yzu.edu.cn/

用户名：FODAS；密码：NCC+FODAS

路径：wlsyzx.yzu.edu.cn/v2/model/

下载各文件夹下面的模式数据，并存放到 FODAS2.0\Data\Data\model 目录下。

3.7.5.4.2　FODAS2.0 软件操作流程

(1)可执行文件运行

运行需在 DOS 状态下，输入 forcast.exe，回车即可运行。

(2)参数修改

运行 forecast.exe 前需针对具体预测对象修改相应参数，参数文件 parameter 存放位置在 FODAS2.0/Data/Cache 目录中。

第 1 行：预报年，无论起报月所在的年份和预报时段中起始月所在的年份是否相同，均设置为起报月所在的年份。

第 2 行：若设置为 0 则表示预报全国 8 个分区，此种情况下第 6 行的设置自动失效，可忽略；若设置为 1 则需同时设置第 6 行的经纬度范围参数以确定具体预报对象的空间范围。

第 3 行：预报的起始月份。

第 4 行:预报的结束月份。

第 5 行:预报的起报月份。

第 6 行:经纬度需设置为 2.5 的倍数,且乘以 10。

第 7 行:为选择预报的要素,0 为气温,1 为降水。

参数设置完成后需保存或直接关闭 parameter. txt 方能生效(图 3.66)。

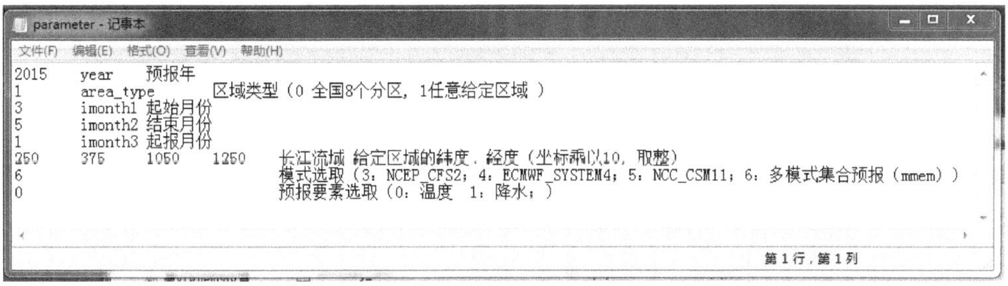

图 3.66　参数内容截图

(3)结果查看

GrMF 和 PNG 文件是图形文件;ABR 文件是气温距平或降水距平百分率数据;MEN 文件是平均气温或降水量数据;PNF 文件是全国评分用 2374 站数据,可获取甘肃省上传报文所用的 76 个站点预报值。

(4)应用评估

总体上 FODAS 月预测稳定性稍差(表 3.25、表 3.26),但在甘肃省汛期预测中适用性较好,尤其对河西近年来降水偏多把握较准确。

表 3.25　甘肃 2016—2017 年 FODAS 气温预测评分

年份	月份												平均
	1	2	3	4	5	6	7	8	9	10	11	12	
2016	69	37	87	—	53	96	65	—	—	—	—	28	62
2017	60	98	45	98	56	82	93	78	99	—	—	—	79

表 3.26　甘肃 2016—2017 年 FODAS 降水预测评分

年份	月份												平均
	1	2	3	4	5	6	7	8	9	10	11	12	
2016	79	65	73	—	83	50	67	—	—	—	—	79	71
2017	86	39	40	61	71	61	70	35	32	—	—	—	55

3.7.5.5　月内重要过程与趋势预测系统(MAPFS3.1)

月内重要过程与趋势预测系统(MAPFS)建设是中国气象局现代化重点工作,旨在为建立延伸期重要天气过程预测业务提供技术支撑。经过 6 年的努力,目前已经形成 MAPFS3.1A/B 版,由上海、河北、重庆、甘肃、湖北、云南省(市)气象局相关业务单位共同完成。该系统使用 C++语言开发,为人机交互作业面模式。系统具备汛期延伸期强降水过程、冬季强降温过程、夏季高温过程等重要过程预测及过程预测客观检验功能[3]。可供省级气象业务部门开展延伸期重要过程预测业务使用，也可作为延伸期预报预测相关科研工作的辅助工具。

主要有分为低频图方法、低频波方法、异常相似释用方法、环流相似方法、150 d 韵律方法、预测评分等模块，界面如图 3.67 所示。下面简单介绍各个模块的方法原理。

图 3.67　月内重要过程与趋势预测系统首页

(1)低频图方法原理

借助带通滤波技术，将格点上的风场或位势高度场的低频分量分离出来，并绘制成类似于日常天气图的地图，即所谓的"低频环流图"(低频流场图、低频高度场图等，以下简称低频图)。在低频图上可分析出类似常规天气图的系统，称为"低频天气系统"(如低频气旋、反气旋，低频高、低压等)。低频天气系统具有显著的时空特征(时间上具有周期性和持续性、生成源地具有准定常性)，与常规天气图上的天气系统(或称"天气实体")存在密切的联系。低频系统的变化恰好反映的是影响天气过程(如降水过程)缓变系统的演变。据此，通过追踪低频天气系统的演变，可以间接追踪天气系统的生消、演变，由此便可达到预测 10～30 d 降水(特别是强或较强降水)过程发生时段的目的。

(2)低频波方法原理

将低频关键区中网格点上逐日位势高度场进行平均，得到各关键区的平均高度场，再使用带通滤波技术对关键区的平均高度场序列进行滤波得到各关键区的低频高度曲线，即所谓的低频波(也称为低频曲线)。低频方法就是通过分析各关键区低频波的演变、配置及其与预测区域强降水，强降温过程，或高温过程的关系，从而达到预测 10～30 d 强降水、强降温过程发生时段的目的。目前，低频波方法更多用于冬半年月内强降温过程和夏季的高温过程预测，在强降水过程的预测中也作为一种辅助方法。

(3)异常相似方法原理

前期环流的异常发展必将引起后期天气气候的异常[4]，反之，天气气候异常必定有其特定的环流背景。根据这一思想，从分析北半球环流异常和海温、气温、降水异常入手，寻找相似年份，由此制作延伸期重要天气过程的预测。

(4)环流相似方法原理

前期环流相似法参考相似预报的概念,即在两个不同年份的相同时段中,若影响区域的前期大气环流(或大气环流的前兆信号和气候特征)相似,在物理过程尚不清楚的情况下,则认为这两个时段内的短期气候过程发展的一般性质和气候特征也相似,未来预测时段内也往往继续出现与相似年类似的气候特征。环流相似预测法正是利用这种思路,结合集合预报的思想,利用近期环流特征动态相似集成预报方法,预测影响区域内未来 10～30 d 内的强降水/强降温过程。

(5)150 d 韵律方法原理

150 d 韵律方法作 10～30 d 过程预测是以前期 150 d(30 候)欧亚地区 500 hPa 候天气图为基本预测信息,以天气学原理和天气形势与预测区域的降水和气温关系为主要依据,同时需要充分发挥预测员的预测经验,做到主、客观预测的有机结合。其最大的特点是能够预测 5 个月后的天气过程,在预测时效上具有很大优势。150 d 韵律方法仅适用于 35°N 以北的我国北方地区,可在北方(西北、华北、东北)各级业务单位开展。

500 hPa 形势场影响我国北方天气的不同关键区有准 150 d 的韵律,根据前期 150 d 欧亚地区 500 hPa 候天气图,利用形势场为基本预测信息,利用短中期预报方法,根据槽(脊)的位置、深浅(强度)、影响路径、系统尺度大小、维持时间长短等,对比同期历史上典型场的相似程度和预测效果,并综合预报员的经验,给出预测结论,为其他过程预测方法提供预测背景信息。

3.7.5.6　次季节-季节多模式预测产品可视化系统(S2S)

S2S 是季节内到季节尺度预测计划(The Sub-seasonal to Seasonal(S2S) Prediction Project)的简称,由 WWRP 和 WCRP / THORPEX 联合发起,是一项重要国际计划。将开展一系列预测试验,对 2 周到 1 个季节尺度内的天气气候情况进行预测,这一时段填补了天气预报与气候预测之间的空白。其目的是提高对季节内到季节尺度的预报技巧和认识,重点关注高影响天气事件;推动业务中心的主动吸收和应用机构的探索;利用天气和气候研究界的专业知识来解决全球气候服务框架的重要性问题。

国家气象信息中心与国家气候中心共同开发完成 S2S 多模式预测产品可视化系统。使用全球 11 个中心交换的 S2S 气候模式数据,制作中国、欧洲中心、美国等国家 S2S 气候模式,未来 5～30 d 的候、周、旬尺度,全球及区域、地面和高空多种要素气象预测可视化产品图。为方便用户使用 S2S 模式数据,国家气象业务内网发布 S2S 多模式预测产品专栏,该专栏展示次季节-季节多模式预测产品可视化系统所生产的预测图形产品,提供实时预报数据下载,用户可查看最新的预报产品图,登陆并获取最新的实时预报数据文件。

可通过如下地址访问国家气象业务内网发布的 S2S 模式产品专栏:http://10.1.64.154/s2s/,该网站需要用户名与密码登陆,由于涉及使用权限问题,如若使用该系统,请联系兰州区域气候中心气候监测与预测室。

3.7.5.7　国家气象业务内网-气候业务

该网站旨在建设中国气象局集约和统一的业务产品及业务管理信息共享门户系统,将为国家级、省级用户提供全面的数据和产品支撑,实现国、省、地、县四级用户信息共享和一站式在线访问。同时,网站将满足气象业务综合管理现代化需求,为业务管理部门提供在线业务管理信息服务。据悉,国家级气象业务内网建设瞄准中国气象局气象现代化和气象信息化发展目标，按照“集成统一、共建共享”的原则建设，可进一步提高部门内业务产品服务集约化和规范化建设，实现资源和产品集约、服务和运维统一。国家气象业务内网气候业务包括气候会商、气候预测、气候模式、气候监测、影响评价、预测检验等六大功能模块。

(1)气候会商

气候会商模块主要是可查看会商安排、会商发言材料、会商效果评估以及关于气候会商的相关文件、规定等。业务人员要及时关注会商安排，如有相关会商及发言，需准备相关材料。

(2)气候预测

气候预测模块可查看国家气候中心发布的相关预测产品，包括气候预测公报、趋势报告产品、重要过程预测产品，此外，还可查阅气候现象预测情况。

(3)气候模式

气候模式模块集成了 S2S、月季年多模式产品、中国多模式集合预测系统(CMME)、热带气旋动力预测系统、精细化格点气候预测以及气候模式数据相关内容，可在线查看国内外动力模式实时预测结果，可下载常用气候模式如 Derf2.0、BCC_CSM、CFSv2、BCC-CPSv3 等模式数据。

(4)气候监测

气候监测模块主要是对 130 项环流和海温指数的监测、基本要素气温、降水监测、重要气候过程监测、气候现象 ENSO 事件等监测以及华南汛期、华西秋雨的监测等。

(5)影响评价

该模块实现了国家级和省级气候发布的气候影响评价产品的在线查阅、下载等功能，通过该模块，了解全国气候异常状况和影响评价。

(6)预测检验

该模块的主要内容包括预测报文数据的上传和下载，可查看月预测、季预测以及延伸期预测检验情况，此外，也可查看关键天气气候事件的检验评估结果，如北方初霜冻、沙尘频次、热带气旋和雨季的预测检验。另外，将气候常用的检验方法和检验业务规定上传至该模块，供业务人员查看。

3.8 气候模式发展与业务化应用

3.8.1 国内外模式简介及应用现状

3.8.1.1 国内外模式简介

我们在做气候趋势预测时，由于模式预测更加客观化、定量化，是预报参考的重要工具。目前我们在业务中，常用的国外模式有 CFSv2、ECWMF、APEC、JCC 等，国内的气候模式有 BCC 的 CSM、Derf2.0 和 CPSv3；此外，还有我们常用的多模式解释应用系统 MODES 系统、动力统计预报 FODAS 系统。下面分别介绍它们的发展及应用。

(1)BCC 模式

国家气候中心自 2004 年开始在 NCAR-CCSM 框架基础上，建立包括海-陆-冰-气多圈层相互作用的气候系统模式，如表 3.27 所示，是模式的发展过程。

表 3.27　BCC 模式发展

Phase4	2015—2020	BCC-CSM3	BCC-CPSv3 第三代模式高效能系统（2016—2020）
Phase3	2012—2017	BCC-CSM2-HR	
	2012—2016	BCC-CSM2-MR	
	2012—2016	BCC-ESM1-LR	
Phase2	2014—2015	BCC-CSM1.2	BCC-CPSv2 第二代模式预测系统（2006—2015）
	2005—20111	BCC-CSM1.1	
	2005—2009	BCC-CSM1.1	
	2005—2008	BCC-CSM1.0	
Phase1	1995—2004	BCC-CM1.0	BCC-CPSv1 第一代模式高效能系统（1995—2005）

（2）CFS 模式介绍：

CFS 模式是美国国家环境预报中心（National Centers for Environmental Prediction，NCEP）研发的气候预测系统耦合模式。这是一个海-陆-气完全耦合的动力系统。

（3）MODES（多模式解释应用集成系统）

以模式产品质量和模式业务化数据实时获取为先决条件，选取国家气候中心 NCC、美国 NCEP、日本 TCC、欧洲 ECMWF 共四家 WMO GPC 的模式产品数据，以技术相对成熟、简单可靠为条件，选取 BP-CCA、EOF ITE、OSR、HCRE 等四种降尺度方法和算术平均、权重集成、最优集成和经典超越集合等四种集成方法，建立了多模式解释应用集成系统。

（4）BCC S2S 介绍

为了提高季节内振荡预报能力，填补中长期天气预报到季节预测之间的缝隙，2014 年，世界气象组织推出了 S2S 试验数据集，预测结果及资料获取网址：http://s2sprediction.net/

（5）CIMP（国际耦合模式比较计划）

世界气候研究计划（WCRP）已经进行了 5 次国际耦合模式比较计划（CMIP），参加 CMIP 的模式数目由 10 个（CMIP1）增加到 40 多个（CMIP5），参与该计划的中国模式由最初的 1 个增加到 5 个。关于 CIMAP5，国内外学者做了很多相关工作，赵彦茜[5]利用 CMIP5 气候模式预估了中国未来气候变化，表明，CMIP5 全球气候模式可以较好地模拟出气温、降水以及极端气候事件的时空变化特征，模拟结果与观测结果相差较小，适用于对区域气候变化的模拟研究；未来气温的空间变化特征表现为高海拔和高纬度地区的气温变化程度大于低纬度和低海拔地区，时间变化特征表现为冬季气温较其他季节升幅最大、趋势最明显。林书恒等[6]评估了模式对近 30 年沃克环流强度变化的模拟，发现大部分耦合模式能够较好地再现 PWC 的气候态分布特征，但不能给出其加强的趋势，究其原因，主要取决于模式对海表气温（SST）变化的模拟能力，能模拟出 PWC 加强的耦合模式，其模拟的 SST 趋势分布与观测相近，但仍存在一定差异。王晓欣等预估了 1.5 ℃升温背景下中国气温和降水变化，表明，全球升温 1.5 ℃时，中国年和季节气温平均上升 1.8 ℃和 1.6～2.1 ℃，其中冬季最强；年和季节降水整体上在中国北方增加、华南减少，区域平均的年降水增加 1.4%，季节降水增加 0.1%～5.1%，冬季增幅最大。

目前，世界气候研究计划正在组织实施第六次国际耦合模式比较计划(CMIP6)，国家气候中心作为参与单位之一，通过近几年的模式研发，推出3个最新模式版本参与该计划，包括含有气溶胶化学模块的地球系统模式BCC-ESM1.0、中等分辨率气候模式BCC-CSM2-MR和高分辨率气候模式BCC-CSM2-HR。

3.8.1.2 业务应用流程

针对多家模式给出的不同的预报结果，首先需要业务人员对这些模式在不同季节、不同区域和不同外强迫作用下，在本地的应用效果有较细致的了解，才能对比多模式的多结果进行综合判断，这种集成要不断体现在业务系统的发展和完善中，避免人为干预。再结合短期气候预测的其他方法，判断预测结果。

3.8.2 模式检验与误差订正

对数值模式预报的误差，就其引起误差的原因可分为很多种，不同的学者对其定义和划分不同，但一般来说，数值预报误差是由初始误差、模式误差和计算误差引起的[7]。

初始误差即模式初始场不准确引起，由于客观存在的因素，不可能得到全球大气完整的观测值，因此，模式的初始场和大气的真实状态只是近似，而不是相同；模式误差，主要指预报模式中各种物理过程的不确定性，主要有两类，一类是物理过程的不确定性，数值模式所描述的物理过程与大气实际物理过程不一致，物理过程的不确定性包含物理过程本身的不可预报性以及参数化方案描述的不确定性；计算误差来自于模式离散化时离散、谱截断及计算精度的有限而产生的截断误差和舍入误差。

模式系统性误差：虽然大气环流模式已经有了模拟气候状态的相当能力，并且对一些像定常涡旋输送的内部物理过程和大气阻塞等现象也可以较好地模拟。但是长时间积分结果的模式气候和相应的气候实况并不一致，而是趋于模拟本身的内在统计平衡状态，这种差别或系统性误差一般称之为模式的气候漂移(气候模式的误差及其可预报性研究)。

3.8.2.1 模式确定性预报评估方法

(1)距平相关系数

距平相关系数(anomaly correlation coefficient，ACC)，主要反映的是预报值与实况值空间型的相似程度，也可以称为空间相似系数，每次预报均可对预报场计算空间相似系数，是WMO于1996年确定并建议使用的指标，首先需要计算各格点的时间平均和异常。

(2)时间相关系数

时间相关系数(time correlation coefficient，TCC)能够在统计意义上较好地表征模式对各个格点异常的预报能力，得到一个完整的相关技巧空间分布，计算TCC时需要求出每个格点的均方差和协方差[8]。

3.8.2.2 模式订正技术

目前，气候模式还不够完善，短期气候数值预测准确度还需进一步提高，以期达到业务应用水平，因此，在数值预测基础上，充分利用历史回报资料，通过统计方法尽可能减小模式误差，就成了提高气候数值预测水平的重要方法之一。

国内外关于误差的订正技术主要分为两个方向，一种是事后订正，即在预报过程结束后对误差进行后处理；一种是过程订正，即在模式积分过程中进行订正。我国学者在这一方向上做出了一系列具有开创性和卓有成效的工作，丑纪范[9]提出了利用历史观测资料削减模式误差的方法并证明了其有效性，在此基础上，大量成效卓著的理论和方法被相后提出；郑志海等人发展了一套针对季节气候预测，从模式预报场中提取出对初值相对不敏感的可预报分量，进而将其作为对象，选取历史相似年进行误差订正的新方法。

常用的降尺度方法包括统计降尺度和动力降尺度，其中动力降尺度是在低分辨率 GCM 中嵌套高分辨率有限区域模式。许多研究表明，动力降尺度具有提高全球模式模拟和预测效果的作用，尤其是对气温场和降水场模拟改善较大。张冬峰等[10]，通过 BCC_CSM 气候系统模式输出盛夏结果与同期 NCEP/NCAR 在分析资料，利用逐步回归的方法建立了山西盛夏降水降尺度模型。

统计与动力学相结合的方法一般有两种，一种是利用数值预报模式的输出统计量作为预报因子，利用回归分析等统计方法对气象要素作出数值预报；另外一种方法是从改造动力方程着手，或在方程中引进随机项、随机系数或者按某种准则导出新的统计-动力方程。常用的方法有 ENSO-C。

3.8.3　Derf2.0 在甘肃省的检验评估

2018 年，兰州区域气候中心主持了气象预报业务关键技术发展专项《发展 11～30 d 延伸期客观定量预报关键技术》的子项目——西北地区气温延伸期客观定量预报业务关键技术（YBGJXM(2018)04—06）。该项目比较系统地分析了 Derf2.0 模式对 1991 年 1 月至 2015 年 12 月回算的对 26 日起报未来一个月气温预测数据，通过误差分析、相关分析、距平相关系数（ACC）、距平符号一致率以及 Ps 评分等方法进行回报检验，从而对模式预报月气温的性能做出客观分析评估[11]。并将该成果纳入西北地区多时空尺度业务系统中，同时也将其技术路线应用在对应的月降水预测中。通过图 3.68 了解 Derf2.0 在甘肃省降水和气温的应用检验。可以看到，气温平均预报质量明显好于降水，Ps 评分高 9.9 分，这与降水的局地性和气温分布相对均匀有关，另外甘肃大部处在干旱和半干旱地区，降水基数相对小，降水变率大，可预报件相对较弱，尤其在冬季甘肃省全省平均降水量，仅为 2～5 mm。贾小龙等[12]用 500 hPa 大尺度环流来解释气温和降水，冬季气温的可预报性平均 ACC 为 0.7 左右，最高可以达到 0.9，降水的可预报性平均 ACC 为 0.3 左右，最高可以达到 0.7，气温的可预报性要远高于降水。气温和降水的可预报水平存在明显区域差异。气温能够通过 5％显著性检验的区域主要在华北地区和华东地区北部，降水主要在华东地区南部和华南地区东部。西北地区的相关系数在 0.1 左右，可见模式在甘肃省的应用仍然任重道远。从月平均气温来看，气温预报有 2 个低点，一是 5 月，另外是 10—11 月，都是大气环流转换的季节，且从 1 月到 12 月平均预报质量呈明显下降态势；降水则相反，1—2 月最低，4 月、8—10 月和 12 月较高，1—12 月呈上升态势。它们有一个共同的特点，同样是冬季，12 月和相邻的 1—2 月质量差异较大，目前这种现象尚无法解释（图 3.68a）。

在图 3.68b 中看到，自 1983 年以来，降水评分总体不够稳定，年际变化较大，甚至 21 世纪以来的年均状况还低于 20 世纪 80 年代中期；而年均气温评分则相对平稳且保持上升的趋势，看到了模式在甘肃省应用的稳步提高和进步。这些评估结论均与降水和气温各自的特性以及甘肃省特殊的气候状况有关。

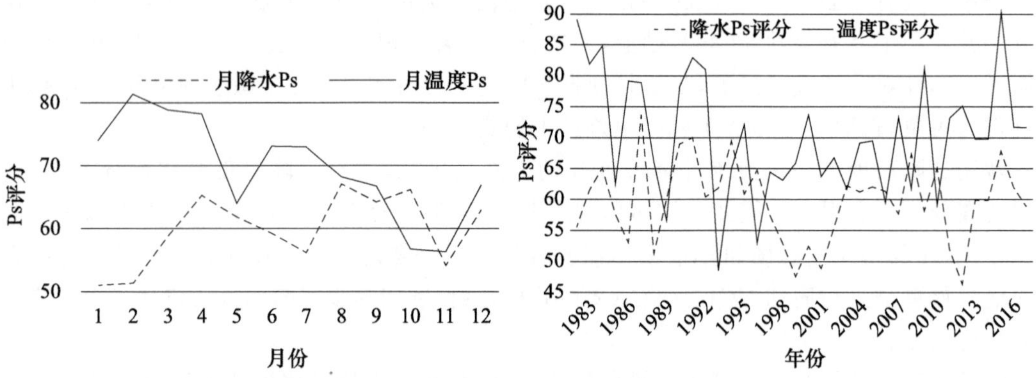

图 3.68　1983—2018 年 Derf2.0 在甘肃省降水和气温应用检验 Ps 评分(a)逐月;(b)逐年

3.9　未来预测业务展望

未来短期气候预测业务,将逐步实现由目前的动力与统计相结合向以动力模式为主的过渡,重点开展和完善数值模式预报能力的检验评估业务,并贯穿于预测业务和服务中。按照中国气象局“监测精密、预报精准、服务精细”的要求,将大力推进人工智能技术、云计算、大数据等新一代信息技术在预测业务中的应用。建成适应需求、结构完善、功能先进、服务智能的现代气候业务体系,气候预测精准化、业务系统智能化水平显著提升;建立智能网格预测技术体系,实现中国 25 km 的次季节网格预测业务,提前 5 候预测我国重大天气过程。深化西北地区复杂地形下对气候影响机制机理的研究,提升西北地区短期气候预测能力;优化业务流程,实现传统预报思路向智能网格预报思路的转化。

参考文献

[1] 林纾．季以上尺度预报春季区域性沙尘暴过程的方法研究[J]. 中国沙漠,2006,(26)3:478-483.

[2] 林纾,李丹华,卢国阳,等．甘肃省春季强冷空气时空分布特征及其延伸期预报探索[J]. 干旱气象,2017,35(6):934-939.

[3] 林纾,惠志红,郭俊琴,等．150 d 韵律方法月内过程预测系统简介及应用检验[J]. 气象科技进展,2013,3(5):48-51.

[4] 邱崇践,丑纪范．天气预报的相似-动力方法[J]. 大气科学,1989,13(1):22-28.

[5] 赵彦茜,肖登攀,柏会子．CMIP5 气候模式对中国未来气候变化的预估和应用[J]. 气象科技,2019,47(4):608-621.

[6] 林书恒,管玉平,张邦林．CMIP5 模式对近 30 年沃克环流强度变化模拟的不足及成因分析[J]. 热带海洋学报,2019,38(5):52-67.

[7] 郑志海,任宏利,黄建平．基于季节气候可预报分量的相似误差订正方法和数值实验[J]. 物理学报,2009,58(10):73597367.

[8] 魏凤英．现代气候统计诊断与预测技术[M]. 2 版．北京:气象出版社,2013.

[9] 丑纪范,天气数值预报中使用过去资料的问题[J]. 中国科学,1974,17(6):635-644.

[10] 张冬峰,王永光,张国宏．基于 BCC_CSM 模式的山西省盛夏降水降尺度预测[J]. 气象科技,2019,47

(4):622-630.

[11] 卢国阳,林纾,姚瑞,等.DERF2.0 模式对甘肃省 1 月气温模拟的误差分析[J]. 干旱气象,2020,38(2):329-338.

[12] 贾小龙,陈丽娟,李维京,等.BP-CCA 方法用于中国冬季气温和降水的可预报性研究和降尺度季节预测[J]. 气象学报,2010,68(3):398-410.

第4章　农业气象业务

农业是对天气和气候变化反应最为敏感的行业之一，其产前、产中、产后都与气象条件密切相关。气象服务是气象工作立业之本，国内外都十分重视农业气象业务服务工作，农作物的生长发育和产量形成、农事季节活动、作物的地理分布和种植制度、农产品品质以及作物病虫害的发生等都受到气象条件的显著影响。农业气象服务就是依托布局合理规范的农业气象观测、农业气象试验和先进的农业气象业务技术以及农业气象业务制作平台，为现代农业的合理布局、防灾减灾、应对气候变化以及国家粮食安全提供有效的气象科技支撑与保障服务。

甘肃省现有耕地7800多万亩*，从农业布局看主要分为两大区域：河西降水稀少，属于干旱气候区，川区依靠祁连山的山区降水、冰雪融水和地下水形成的石羊河、黑河、疏勒河三大内陆河灌溉；河东为雨养农业区，可利用的水资源主要是自然降水。甘肃东西狭长、南北跨度大，地形复杂、气候类型多样，有利的方面是特色农业较发达，但同时也造成农业气象灾害严重、作物病虫害种类多，农业气象业务服务就显得尤为重要。

农业气象业务服务主要是指农业气象情报和预报服务。(1)农业气象情报是分析过去和当前天气条件并鉴定其对农业生产影响的专业气象情报，向用户通报农业气象实况，并提供咨询服务。依据情报的时间和内容特点分为定期、不定期和专题农业气象情报。编制农业气象情报需要在广泛收集农业气象资料的基础上，根据相关农业气象指标，进行资料的整理分析，鉴定其对当前农业生产的影响，提出趋利避害的建议。(2)农业气象预报是根据农业生产对天气、气候的具体要求，结合农业气象指标，分析前期和未来气象条件对农业生产影响的一种专业性预报，包括农作物的生育期、产量、品质、灾害以及农事生产活动等农业专用天气预报，其作用在于为有关部门制定计划、安排生产等提供依据。目前发布的产品主要有：农业气象服务信息、农业干旱监测预报、主要作物产量农业气象预报、农用天气预报、关键农时季节气象服务和农业气象专题服务。

开展农业气象服务期间，业务人员严格依照以下农业气象服务业务流程(图4.1)，开展相关业务和服务工作。

---

* 1亩＝1/15 hm^2

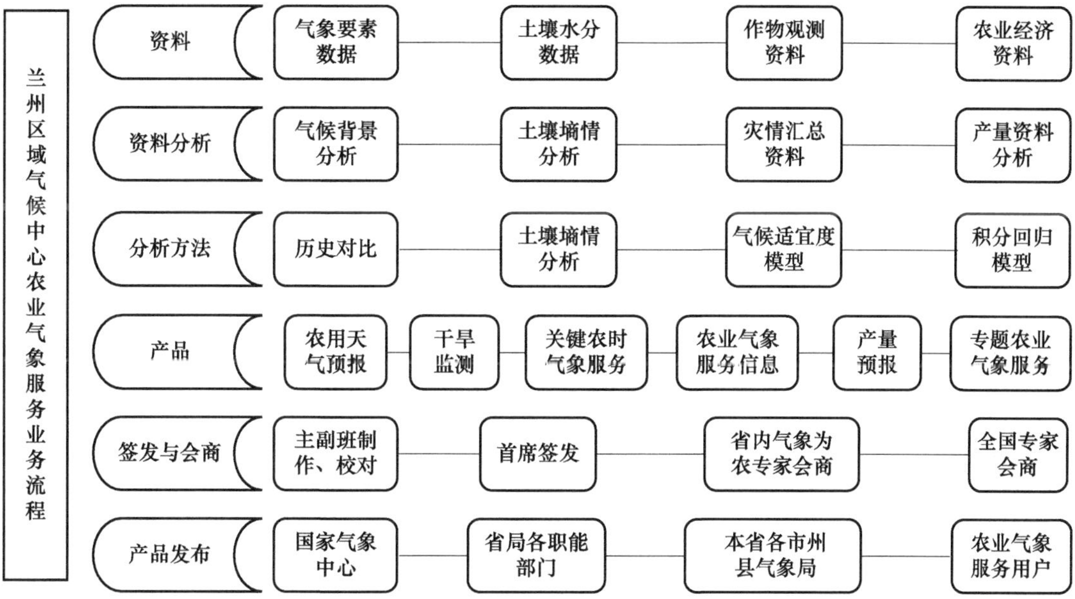

图 4.1 农业气象服务业务流程

4.1 农业气象服务信息

4.1.1 概述

农业气象服务信息属于基础农业气象情报。农业气象服务信息通过分析前期气温、降水、日照、土壤湿度等农业气象要素的时空分布和农业气象灾害对农作物生长发育的影响，根据未来天气气候预测，提出趋利避害的农业生产建议，为政府决策部门和农业生产部门提供情报服务，通过直通式服务还可为农业生产者提供农业生产及与生产相关的指导。

4.1.2 产品内容

农业气象服务信息主要内容包括：(1)周(月)内气温、降水、日照、土壤墒情、气象干旱等农业气象条件分析；(2)周(月)内天气气候条件对农业生产的影响评估，包括农作物发育期、农事生产活动和主要农业气象灾害、各种病虫害发生状况；(3)下一周(月)天气预报；(4)农业气象关注重点；(5)图表内容，包括降水量、降水距平百分率(%)，0～30 cm 和 50 cm 土壤相对湿度(%)，0～30 cm土壤相对湿度与近 5 年对比，农业气象关注重点等图。

农业气象服务信息为定期的农业气象情报业务产品，业务开展时间为全年。作物生长季(3—11 月)每周二发布农业气象服务信息，非作物生长季(12 月—翌年 2 月)每个月结束后1～3 天内发布农业气象服务信息。产品格式参照农业气象服务信息模板，命名规则为“甘肃省××××年××月××日农业气象服务信息(第×期)”。

4.1.3 产品制作流程

甘肃省农业气象服务信息产品，主要内容包括农业气象条件分析、天气气候对农业生产的影响(农情、墒情、灾情)、主要农业气象灾害、下一周(月)天气预报和农业气象关注重点等。按照数据收集与处理、资料分析、产品编写、审核分发等步骤来完成。

4.1.3.1　数据收集与处理

逐周(月)的气温、降水、日照、土壤墒情等农业气象数据从"甘肃省农业气象服务系统"中获取,气象灾害从气象灾害管理系统获取。

作物生长季在每周的周一(非作物生长季在每月结束的第 1 天)开始收集各类相关资料,包括上周(月)气温、气温距平、降水量、降水距平百分率、日照时数、0～30 cm 和 50 cm 土壤相对湿度、作物发育期、全省气象灾害以及下一周(月)天气气候预报预测等资料,联系获取甘肃省农业农村厅、甘肃省统计局和各市州(县)级气象部门反馈的气象灾害、作物病虫害等数据,利用相关地理信息处理软件或业务系统制作业务产品。

4.1.3.2　资料分析

对处理好的降水、气温、日照等资料,利用农业气象指标和统计学方法分析该周(非生长季为该月)内气象要素(气温、降水、日照、土壤水分等)平均状况和距平变化特征,按照偏多(少)、偏高(低)的趋势分析,结合农业气象灾害和作物病虫害信息,综合分析本时段内天气气候条件对农业生产的影响。

4.1.3.3　产品编写

综合农业气象条件分析、天气气候预报结论、各市州气象局旬(月)报结论、关键农时气象服务信息专报结论和灾情反馈结果,按照农业气象条件、天气气候对农业生产的影响(农情、墒情、灾情)、主要农业气象灾害、下一周(月)天气展望和农业气象关注重点几个方面的内容,用简练的文字和图表进行阐述,最后总结出产品摘要。

4.1.3.4　产品审核

业务产品制作分为主班、副班,主班按照数据收集与处理、资料分析等流程完成产品编写,副班协助主班进行产品制作,最后由业务首席把关签发。

4.1.4　产品发布渠道

通过业务内网,上为国家气象中心提供农业气象情报,下对各市州气象局进行指导,并向当地政府及涉农管理及生产部门提供农业气象信息服务。发布手段包括电子邮件、微信公众号、农业天气通和全国农业气象业务共享网等。

4.2　农业干旱监测预报

4.2.1　概述

干旱监测是指利用降水、气温、土壤湿度和蒸散等气象资料,及时、全面、连续地综合分析某地过去一段时间的干旱状况;干旱影响评价是指干旱对农业、水资源、生态环境等方面产生利弊影响的评估。

定期或不定期监测气象干旱综合指数 MCI 和土壤水分实况,依据土壤相对湿度、水分亏缺指数和其他农业干旱指标进行实况影响分析,根据天气气候预测提出干旱发展趋势预测及对策建议，使有关部门及时了解干旱情况并采取相应措施。

4.2.2　产品内容

定期干旱监测产品制作时间为 3—11 月的逢 1 日和 6 日，选择 0～30 cm 平均和 40～50 cm两层土壤的相对湿度进行分析和制图，产品格式参照干旱监测材料模板，命名规则为“甘肃省××××年××月××日干旱监测”。

不定期产品：《甘肃省干旱监测预报及影响》和《甘肃省干旱灾害预警》主要用于决策服务。当全省或某区域内有较大范围干旱出现或干旱有明显发展或干旱缓解和解除时发布《甘肃省干旱监测预报及影响》。当有重大干旱(超过全省 1/4 站次或干旱持续时间超过 2 个月)时，发布《甘肃省干旱灾害预警》，对旱情进行分析评价。

干旱订正：依据本省实际干旱发生情况订正中国气象局下发的干旱监测产品。通过 CAgMSS 系统中的农业气象灾害监测预测评估模块(图 4.2)进行订正，订正时间为 3 月上旬至 11 月中旬的每周一上午。

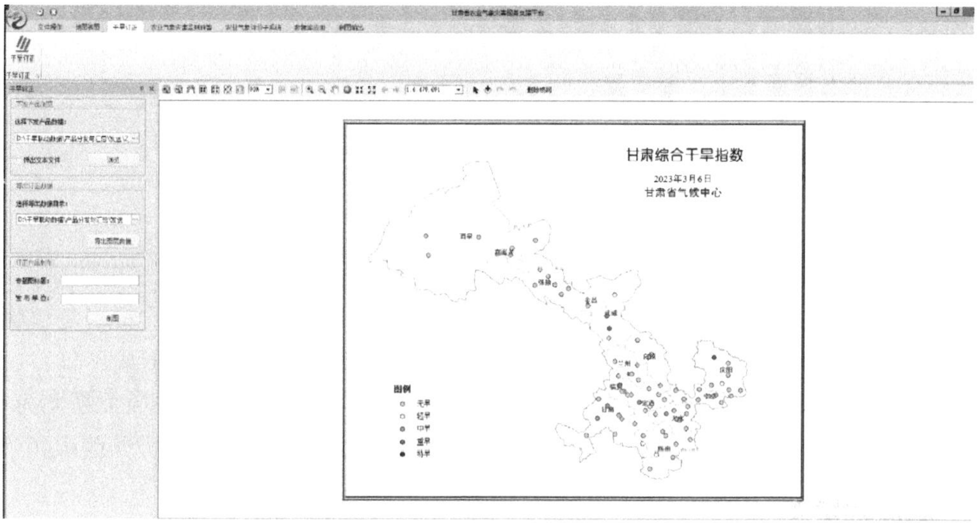

图 4.2　CAgMSS 干旱订正平台界面

干旱订正流程：周一 10 时，通过 FTP 下载中国气象局下发的订正文件，通过系统导入后修改与实际情况不相符合的站点监测结果，订正结束后，导出订正结果，并通过 FTP 发送给中国气象局农业气象中心。

4.2.3　产品制作流程

以自动土壤水分实况监测和气象干旱综合指数 MCI 数据为基础，结合降水实况和天气预报对全省干旱状况进行监测评价。

4.2.3.1　数据收集与处理

自动土壤水分小时数据和 MCI 数据均可在“甘肃省农业气象服务系统”中查询。土壤水分数据使用当天 08—10 时的平均值作为实况值。对数据进行质控后，利用地理信息处理软件进行绘图或在系统中生成图表。

4.2.3.2 资料分析

根据所绘制图表和数据处理结果,结合近期降水过程和当前作物生育时段需水情况,分析当前土壤墒情状况,依据未来三天天气预报,分析未来土壤墒情变化,编写文字材料并插入相关图表。

4.2.3.3 产品编写

文字内容包括摘要、墒情监测、天气预报及旱情趋势预测。摘要部分总结近期全省墒情的整体情况和预测结果;墒情监测部分按不同土壤深度分别分析墒情,结合气象台当天 72 h 预报,预测甘肃省近期旱情趋势。

4.2.3.4 产品审核

业务产品制作分为主班、副班,主班按流程完成产品编写,副班协助主班进行产品制作,主、副班签字后完成产品制作。

4.2.4 产品发布渠道

按照业务流程,上为国家气象中心提供农业气象情报,下对各市州气象局进行指导,并向当地政府有关涉农管理及生产部门提供气象信息服务。

4.3 农作物产量气象预报

4.3.1 概述

农作物产量气象预报是根据农作物播种前及其全生育期内的气象条件,特别是作物关键发育阶段的气象条件,来预测作物产量的一种农业气象预报。作物产量的形成不仅与农作物的品种特性、农业技术水平、土肥条件、病虫害等因子有关,与环境气象条件的关系尤为密切。及时准确的作物产量气象预报,可为政府和农业管理部门制定合理的粮食生产、储运和调配决策提供技术支撑。

4.3.2 产品内容

甘肃省主要开展冬小麦、春小麦、春玉米、马铃薯等作物的产量趋势及定量单总产预报。在分析主要有利和不利气象条件的基础上,依据各种产量预报模型计算,与相关部门会商,并根据需要进行实地调查,给出预报结论。具体预报作物种类及发布时间(表 4.1)。

表 4.1 甘肃省农业气象产量预报作物种类及发布时间

预报作物	预报发布时间	
	第一次预报(趋势)	第二次预报(定量)
冬小麦	4 月 25 日	5 月 15 日
春小麦	6 月 15 日	7 月 15 日
玉米	7 月 25 日	8 月 25 日
全年粮食	7 月 25 日	8 月 25 日
马铃薯*		9 月 30 日

主要作物产量农业气象预报产品主要包括预报结论、主要预报依据、未来天气气候预测与农业生产建议三部分内容。

4.3.2.1　预报结论

预报结论主要内容:(1)预报作物的平均单产、种植面积、总产量预报结果;(2)平均单产、种植面积、总产量预报结果与上一年实际值对比分析(增减值与增减百分比)。

按照以下规范制作:(1)预报作物名称为表 4.1 中所列的各作物名称。(2)单一作物产量预报产品,以文字形式表述预报结论,其中与上一年相比的增减百分比标记在增减值后的括号内;多种作物产量预报产品,以文字与表格相结合形式表述预报结论。(3)趋势预报结论术语为:增产年、平产年、减产年进行描述。(4)定量预报结论不可为幅度值,使用国际通用计量单位(表 4.2)。

表 4.2　定量预报结论计量单位

预报项目	计量单位
平均单产	kg/hm^2
种植面积	khm^2
总产量	万 t

4.3.2.2　主要预报依据

预报依据主要内容:(1)作物播种以来气象条件对作物产量影响分析;(2)社会经济因素分析,包括种植面积、农业政策等信息分析;(3)气象模型计算结果分析。

按照以下规范制作:(1)作物播种以来气象条件对作物产量影响分析部分,充分利用气象要素、作物产量资料、作物生长发育资料、农业气象指标资料、田间试验与调查资料、卫星遥感资料等开展全面综合分析;(2)预报依据需支持预报结论;(3)图表所用数据应准确无误,且对预报依据解释作用强;(4)插图中图例、图题应规范;(5)预报结论中应用统计、遥感、定量评价等多模型综合预报结果。

4.3.2.3　未来天气气候预测与农业生产建议

未来天气气候预测与农业生产建议主要内容:(1)未来天气和气候预测;(2)未来天气和气候对作物生长发育的可能影响;(3)农业生产建议。

按照以下规范制作:(1)未来天气气候预测要针对作物产区;(2)未来天气气候对作物生长发育影响分析应客观、定量;(3)农业生产建议应具有针对性及指导性。

4.3.3　产品制作流程

4.3.3.1　资料收集

产品发布 15～20 天前收集各类资料,包括业务系统计算的各代表站点逐旬气候适宜度和积分回归系数,各代表站自作物播种以来逐旬和逐月的气候要素,各市州预报结论、农业农村和统计部门反馈的面积和产量资料,中长期天气预报、遥感监测结果和历年产量资料。

4.3.3.2　资料分析

分析该作物自播种以来,逐旬(月)降水、气温等要素均值及距平,结合气候适宜度模型和积分回归模型计算结果，比较各生育阶段气象条件对产量影响的利弊；与近5年气象条件作对比分析，分析当年气象条件在近5年的排名，对比气象模型近5年计算结果进行分析。

4.3.3.3 综合预报

综合播种以来气象条件分析、模型预报结果、市州局预报结论和农牧部门反馈预报意见，参考中长期天气预报和遥感监测结果，给出预报结论。

4.3.3.4 产品编写

根据综合预报结论，参照产品规范，按照生育期进程进行气象条件利弊分析，并将预报依据撰写进去，给出农业生产建议，最后形成产品。

4.3.4 业务考核标准

4.3.4.1 预报产品时效(A)

农业气象产量预报产品在规定时间(表4.1)以前发送至"农业气象业务共享网"即为准时(以内网传输时间为准)，否则为迟报。在发布第二次预报后，如果出现对农作物产量产生较大影响的灾害性天气过程，可以制作订正预报，订正预报需在第二次预报发布后15天内制作。

4.3.4.2 预报产品质量(B)

农业气象产量预报质量考核内容为趋势预报结论正确性和定量预报结论准确性，考核对象为表4.1中所有作物，考核项目为平均单产和总产量预报结论。若制作订正预报，其预报结论取代第二次预报结论进行评分。各单位需按规定形式在"农业气象业务共享网"上提交产量预报结论与相关产品。

(1)趋势预报正确率(B1)

趋势预报等级用语为增产年、平产年、减产年，等级判别为当年实际单产或总产量与上年对应产量的增减百分比(P)，见下式，作物平均单产和总产量趋势预报评分标准见表4.3。

$$P=\frac{当年实产-上年实产}{上年实产}\times 100\% \tag{4.1}$$

表4.3 作物平均单产和总产量趋势预报评分标准

项目	增减/%	增产年	平产年	减产年
平均单产	$P\geqslant 1.5$	100	50	0
	$-1.5\leqslant P<1.5$	50	100	50
	$P<-1.5$	0	50	100
总产量	$P\geqslant 2.5$	100	50	0
	$-2.5\leqslant P<2.5$	50	100	50
	$P<-2.5$	0	50	100

(2)定量预报准确率(B2)

1)总产量定量预报准确率($B2_{总产}$)

作物总产量定量预报评分为其预报准确率结果，公式为：

$$B2_{总产}=100-\frac{Y_{总产预报}-Y_{总产实际}}{Y_{总产实际}}\times 100 \tag{4.2}$$

2)平均单产定量预报准确率($B2_{单产}$)

作物平均单产定量预报评分为其预报准确率与单产波动订正的综合结果。为减少不同市(州)作物单产波动差异性对产量预报的影响,客观评价预报准确率的可比性,采取近 5 年作物产量波动对平均单产预报准确率进行订正。

①近 5 年平均单产波动变化率(V)

$$V=\frac{\sum \mid Y_i-Y_a \mid /5}{Y_a}\times 100 \tag{4.3}$$

式中,Y_i为近 5 年逐年单产;Y_a为近 5 年平均单产。

②单产预报误差(E)

$$E=\frac{Y_{单产预报}-Y_{单产实际}}{Y_{单产实际}}\times 100 \tag{4.4}$$

式中,E 为当年单产预报误差;$Y_{单产预报}$为当年单产预报结果;$Y_{单产实际}$为当年实际单产。

③单产预报误差偏离(D)

$$D=V-E \tag{4.5}$$

式中,D 为当年单产预报误差与近 5 年平均单产波动变化率的偏差程度,用于减少因本地作物单产波动大、预报技术难而造成的影响,其值越小越好。

④单产预报偏离评价指标(S)

同一作物、所有预报单位以预报误差偏离(D)从小到大排序,排序位置为 P,排位第一位的得分为 100 分,最后一位为 90 分,排位相同得分相同。

$$K=\frac{100-90}{N-1} \tag{4.6}$$

$$S=100-(P-1)\times K \tag{4.7}$$

式中,S 为单产预报偏离评价指标;K 为分配系数;N 为参加排序的样本总数;P 为各样本排位。

⑤平均单产预报准确率($B2_{单产}$)

$$B2_{单产}=0.8\times(100-E)+0.2\times S \tag{4.8}$$

4.3.4.3 预报产品数量(C)

各单位农业气象产量预报质量考核产品为表 4.1 中所有规定作物,每种作物每年预报两次;特色作物产量预报根据各省服务需要开展。

4.3.4.4 考核评分

(1)时效评分(F_{Ai})

时效评分按 100 分计算,每迟报一天扣 30 分,超过 3 天按 0 分计算。

(2)质量评分(F_{Bi})

1)平均单产质量评分

$$F_{Bi单产}=(B1_{i单产1}\times 0.1+B2_{i单产1}\times 0.9)\times 0.3+(B1_{i单产2}\times 0.1+B2_{i单产2}\times 0.9)\times 0.7 \tag{4.9}$$

式中,$F_{Bi单产}$为单作物平均单产质量评分;$B1_{i单产1}$为第一次预报平均单产趋势预报得分;$B2_{i单产1}$为第一次预报平均单产定量预报得分;$B1_{i单产2}$为第二次预报平均单产趋势预报得分;$B2_{i单产2}$第二次预报平均单产定量预报得分。

2)总产质量评分

$$F_{Bi总产}=(B1_{i总产1}\times0.1+B2_{i总产1}\times0.9)\times0.3+(B1_{i总产2}\times0.1+B2_{i总产2}\times0.9)\times0.7 \tag{4.10}$$

式中，$F_{Bi总产}$为单作物总产质量评分；$B1_{i总产1}$为第一次预报总产趋势预报得分；$B2_{i总产1}$为第一次预报总产定量预报得分；$B1_{i总产2}$为第二次预报总产趋势预报得分；$B2_{i总产2}$为第二次预报总产定量预报得分。

3)综合质量评分

$$F_{Bi}=F_{Bi单产}\times0.5+F_{Bi总产}\times0.5 \tag{4.11}$$

式中，F_{Bi}为单作物综合质量评分；$F_{Bi单产}$为单作物平均单产质量评分；$F_{Bi总产}$为单作物总产质量评分。

(3)综合评分(F_i)

1)单作物综合评分

$$F_i=F_{Ai}\times0.2+F_{Bi}\times0.8 \tag{4.12}$$

式中，F_i为单作物综合评分；F_{Ai}为单作物时效评分；F_{Bi}为单作物综合质量评分。

2)多作物综合评分(F_M)

$$F_M=\sum_{i=1}^{n}a_iF_i \tag{4.13}$$

式中，F_M为多作物综合评分；F_i为单作物综合评分；a_i为各作物权重(表 4.1)；n 为规定发布的全部预报作物种类。

(4)产品数量评分(F_C)

表 4.1 规定发布的作物产量预报种类为 4 种及以下时不加分；预报产品种类超过 4 种时，每增加一种，增加 0.5 分，最多不超过 2 分。特色作物产量预报，每增加一种，增加 0.2 分，最多不超过 1 分。

(5)年度综合评分(F)

$$F=F_M+F_C \tag{4.14}$$

式中，F 为年度综合评分；F_M为多作物综合评分；F_C为产品数量评分。

4.3.5 产品发布渠道

通过业务内网，上为国家气象中心提供农业气象情报，下对各市州气象局进行指导，并向当地政府提供相关服务。

4.3.6 关键技术

甘肃省农作物产量气象预报业务形成以气候适宜度预报方法为主，积分回归预报方法为辅的预报技术体系，并将冬小麦、春小麦、玉米、马铃薯作物产量动态预报模型集成于“甘肃省农业气象服务系统”中，为产量预报业务提供技术支撑。

4.3.6.1 气候适宜度预报方法

作物气候适宜度模型通常包含 3 个子模块，分别为气温适宜度模块、光照适宜度模块和降水适宜度模块。

(1)气温适宜度模型

为定量分析热量资源对作物各生育期生长发育及产量形成的影响程度，引入作物生长对气温条件的反应函数，即气温适宜度函数：

$$S(T_{ij})=[(T_{ij}-T_1)\ (T_2-T_{ij})^B]/[(T_0-T_1)\ (T_2-T_0)^B] \tag{4.15}$$

$$B=(T_2-T_0)/(T_0-T_1) \tag{4.16}$$

式中，$S(T_{ij})$为第 j 站第 i 旬作物的气温适宜度；T_{ij}为第 j 站第 i 旬的旬平均气温；T_1；T_2；T_0分别是作物生长发育的下限气温、上限气温和最适气温。

(2)降水适宜度模型

降水适宜度表征作物各个生长阶段对水分条件的满足程度，采用某一阶段降水量与该阶段作物需水量的比值定量评价水分对作物产量的影响。

$$S(R_{ij})=\begin{cases} R_{ij}/ETm_{ij} & R_{ij}<ETm_{ij} \\ 1 & R_{ij}\geqslant ETm_{ij} \end{cases} \tag{4.17}$$

式中，$S(R_{ij})$为第 j 站第 i 旬降水适宜度；R_{ij}为第 j 站第 i 旬降水量；ETm_{ij}为第 j 站第 i 旬作物需水量。其中，作物需水量(ETm)采用 FAO 推荐的 Penman-Monteith 公式和作物系数 K_c 计算。

(3)日照适宜度模型

根据研究，日照时数达可照时数的 70%(日照百分率)为临界点，认为日照百分率达到70%以上，作物对光照条件的反应即达到适宜状态，日照时数的隶属度函数形式为：

$$S(S_{ij})=\begin{cases} \exp\{-[(S_{ij}-S_0)/b]^2\} & S_{ij}<S_0 \\ 1 & S_{ij}\geqslant S_0 \end{cases} \tag{4.18}$$

式中，$S(S_{ij})$为第 j 站第 i 旬日照适宜度；S_{ij}为第 j 站第 i 旬实际日照时数(h)；S_0为日照百分率为 70%的日照时数，b 为常数。

(4)气候适宜度模型

作物生长发育及产量形成受光、温、水综合气候因子影响，用下式来表示光、温、水对作物的综合作用：

$$SC(i)=aS(T_i)+bS(R_i)+cS(S_i) \tag{4.19}$$

式中，$SC(i)$为作物气候适宜度；a，b，c 分别为温、水、光的权重系数，参考以往的研究结果，并结合当地气候因子与作物产量关系，采用相关系数法确定温、水、光的权重系数。根据气象产量与气候适宜度的关系，分别在不同生育期建立作物产量动态预报模型。

4.3.6.2　积分回归预报方法

为了消除量纲影响和变量自身变异大小和数值大小的影响，对气温、降水、日照变量进行标准化处理为标准化气温 $T_i(t)$、标准化降水 $R_i(t)$、标准化日照 $S_i(t)$。假设作物气象产量 ΔY 是全生育期(τ)内光、温、水气象条件影响的结果，则某一生物学时段 $t+\Delta t$ 内标准化气温 $T_i(t)$、标准化降水 $R_i(t)$、标准化日照 $S_i(t)$三个气象因子对气象产量 ΔY 的积分回归模型为：

$$\Delta Y=C+\int_0^\tau a_{T_i}(t)T_i(t)\mathrm{d}t+\int_0^\tau a_{R_i}(t)R_i(t)\mathrm{d}t+\int_0^\tau a_{S_i}(t)S_i(t)\mathrm{d}t \tag{4.20}$$

式中，C 为积分常数；a_{T_i}，a_{R_i}，a_{S_i} 分别为标准化气温、降水、日照随时间 t 演变对产量影响的连续函数，表示为 t 到 $t+\Delta t$ 时段内标准化气温 $T_i(t)$、标准化降水量 $R_i(t)$、标准化日照时数 $S_i(t)$

变化值对作物产量形成的影响效应，即气象要素值每变化一个单位对作物气象产量的影响均值；$i=1,2,\cdots,\tau,\tau$ 为作物生育期逐旬时段。

某一阶段或全生育期的气象条件对气象产量影响系数可用下式计算，式中 m 为播种至某一生育阶段或全生育期的旬数：

$$a(m)=\sum_{i=1}^{m}a_i(t) \tag{4.21}$$

基于上述方法，根据气象产量与全生育期气象条件对气象产量影响系数的相关性，分别在不同生育期建立作物产量动态预报模型[1]。

4.4 农用天气预报

4.4.1 概述

农用天气预报是从农业生产角度出发，采用天气分析与统计分析等手段，预测未来天气条件对农业生产的影响，实质上是针对农作物的播种、施肥、喷药、灌水和收获等农业生产需要编发的天气预报。

4.4.2 产品内容

农用天气预报是根据前期气象条件、土壤墒情、农作物发育期、农事生产活动等因子，结合农作物发育期和农事活动所需要的气象指标及未来天气气候变化趋势，对农作物、牧草、林果、牲畜等生长发育状况、主要农事活动、农业气象灾害和作物病虫害发生发展情况做出科学预测，并提出相应的措施和建议。例如牧区春季放牧期间的大风预报，畜群转场期间的降雪、积雪深度、大风、降温等预报，作物收获期晴雨预报，以及施肥、喷药、中耕、除草、灌溉等农业技术措施的天气条件预报等。目前仅做到了依据常规公益性天气预报开展影响分析并提出对策建议。每周一根据未来一周天气预报，结合当前关键农事活动，提出每周的农业生产的关注重点和服务建议。产品命名规则："甘肃省××××年××月××日省级农用天气预报"。

4.4.3 产品制作流程

农用天气预报的制作流程分为数据收集、资料分析和产品编写。

4.4.3.1 数据收集与处理

每周一上午获取上一周天气实况和本周天气预报结论，在"甘肃省农业气象服务系统"中查询主要农作物发育期进程，联系涉农部门获取当前的关键农事活动进度。

4.4.3.2 资料分析

根据上一周天气实况，结合当前农作物发育期、农事活动及本周天气预报结论，分析主要气象要素（气温、降水、土壤水分等）的变化对作物生长发育和农事活动的影响。

4.4.3.3 产品编写

根据以上分析结果，结合本周逐日天气预报结论，给出本周农业关注重点与生产建议，形成产品。

4.4.3.4　产品审核

业务产品制作分为主班、副班，主班按照数据收集与处理、资料分析等流程完成产品编写，副班协助主班进行产品制作，主、副班签字后完成产品分发。

4.4.4　产品发布渠道

通过业务内网，上为国家气象中心提供农业气象情报，下对各市州气象局进行指导，并向当地政府及涉农管理及生产部门提供农业气象信息服务。

4.4.5　关键技术

甘肃省陇东、陇南等地是全国小麦条锈病的主要菌源基地之一，综合考虑流行区气温、降水及湿度等气象因子，建立河东地区小麦条锈病秋季和春季流行气象指标，对准确发布中短期预报，积极开展早期防治尤为重要。

4.4.5.1　小麦条锈病秋季流行指标

小麦条锈病秋季流行指标用 9 月平均气温（T_9）来代表，计算公式为：

$$T_9=\frac{45.80U_{10}+0.18C_{9上-中}-X_q+43.80}{32.58} \tag{4.22}$$

式中，T_9 为秋季流行指标；U_{10} 为 10 月平均相对湿度；$C_{9上-中}$ 为 9 月上旬至中旬平均风速；X_q 为秋季病田率。

将条锈病秋季病田率不同流行等级、对应大气相对湿度和平均风速（按近 30 年平均风速）代入上式，计算得出相应的气温指标分布，见表 4.4。

表 4.4　秋季小麦条锈病流行关键气象因子分级指标

流行级别	1	2	3	4	5
U_{10}/%	≤50	51～60	61～70	71～80	>80
T_9/℃	>19.0	19.0～18.5	18.4～17.5	17.4～17.0	<17.0

4.4.5.2　小麦条锈病春季流行指标

按春季不同降水区间进行条锈病流行气温等级指标的修订，小麦条锈病春季流行指标用 4 月上旬平均最低气温表示，计算公式为：

$$T_{4上d}=\frac{X_c-78.55R_{4下}+2.34C_{3中}-59.23}{31.60} \tag{4.23}$$

式中，$T_{4上d}$为春季流行指标；X_c为春季病田率；$R_{4下}$为 4 月下旬降水量；$C_{3中}$为 3 月中旬平均风速。

将条锈病春季病田率不同流行等级、对应大气相对湿度和平均风速（按近 30 年平均风速）代入上式，计算得出相应的气温指标分布[2]，见表 4.5。

表 4.5　春季小麦条锈病流行关键气象因子分级指标

流行级别	1	2	3	4	5
$R_{4下}$/mm	≤4.5	4.5～9.0	9.1～13.5	13.6～18.0	>18.0
$T_{4上d}$/℃	≤3.0	3.1～3.5	3.6～4.0	4.1～4.5	>4.5

4.5 关键农时季节气象服务

4.5.1 概述

在春耕春播、夏收夏种、秋收秋种等关键农时季节，冬小麦、春小麦的拔节、抽穗、灌浆，玉米的拔节、开花、乳熟，马铃薯的块茎膨大期等关键生育期或生长阶段对气象适宜程度进行分析，依据天气气候预测指出未来天气气候对不同作物播种或收获的影响，并提出对策建议。

4.5.2 产品内容

全省春耕春播气象服务期为 3 月 1 日至 4 月 20 日，每周发布一期春耕春播气象服务信息产品，发布时间为每周二。正文包括：作物发育进程和春耕春播进度、未来 7 天天气对春耕春播影响分析及农用天气预报图、措施建议等，如遇低温阴雨、干旱等重大农业气象灾害，增加灾害落区预报图。春耕春播进度信息来源于农业农村部门的须注明。春耕春播重点服务对象为旱地作物(春小麦、春玉米、春大豆、马铃薯和棉花等)。当作物进入适播期，按照“适宜”“次适宜”“不适宜”三个等级制作发布春耕春播农用天气适宜等级预报；当各类作物均完成播种，标记为“已完成”。产品命名规则：“甘肃省××××年××月××日春耕春播气象服务专报”。

全省夏收夏种气象服务期为 6 月 1 日至 7 月 20 日，每周发布 2 期夏收夏种气象服务信息产品，发布时间为每周二、五。正文包括：作物发育进程和夏收夏种进度；未来 3 天天气对夏收夏种影响分析；农用天气预报图和措施建议，如遇干热风、连阴雨等重大农业气象灾害，增加灾害落区预报图。夏收夏种进度信息来源于农业农村部门的须注明。夏收夏种重点服务对象为冬小麦和油菜。当作物进入收获期，按照“适宜”“次适宜”“不适宜”三个等级制作发布夏收夏种农用天气适宜等级预报；当各类作物均完成收获，标记为“已完成”。产品命名规则：“甘肃省××××年××月××日夏收夏种气象服务专报”。

全省秋收秋种气象服务期为 9 月 10 日至 10 月 20 日，每周发布 2 期秋收秋种气象服务信息产品，发布时间为每周二、五。正文包括：作物发育进程和秋收秋种进度；未来 3 天天气对秋收秋种影响分析；农用天气预报图和措施建议。其中，秋收秋种进度信息来源于农业农村部门的需注明。秋收作物重点服务对象为马铃薯，同时兼顾大豆、棉花等作物。当作物处于灌浆期，标记为“未进入”；当作物进入成熟收获期，按照“适宜”“次适宜”“不适宜”三个等级发布秋收农用天气适宜等级预报；当作物收获完毕标记为“已完成”。秋种作物重点服务对象为冬小麦和油菜。当作物未进入播种期时，标记为“未进入”；当作物进入播种时段，按照“适宜”“次适宜”“不适宜”三个等级发布秋种农用天气适宜等级预报；当作物种植完毕或进入出苗期，标记为“已完成”产品命名规则：“甘肃省××××年××月××日秋收秋种气象服务专报”。

4.5.3 产品制作流程

根据过去气象要素的分布特征对主要作物的影响、当前作物的生长状况和关键农事活动，结合未来天气形势的变化，进行作物生长趋势和农事活动的适宜性分析，提出相应农业生产建议。

4.5.3.1　数据收集与处理

产品制作当天，在业务系统中获取主要农作物发育期数据，联系涉农部门获取当前农事活动进度，同时收集各市州气象局报送的关键农时气象服务产品，查询全省最新天气预报。

4.5.3.2　资料分析

综合前期天气实况及其影响、当前作物发育期及农事活动进度，对各市州气象部门上报材料进行汇总，结合天气预报制作农用天气预报图，并提出应对措施和建议。

4.5.3.3　产品编写

按照产品内容进行编写：关键农事活动进度、主要作物发育期、前期天气实况对农业生产的影响（农情、墒情）、主要农业气象灾害、未来天气对关键农事活动和作物生长发育的影响、农业生产建议和应对措施，最后总结出摘要。

4.5.3.4　产品审核

业务产品制作分为主班、副班，主班按照数据收集与处理、资料分析等流程完成产品编写，副班协助主班进行产品制作，主、副班签字确认无误后完成产品分发。

4.5.4　产品发布渠道

通过业务内网，上为国家气象中心提供农业气象情报，下对各市州气象局进行指导，并向当地政府及涉农管理及生产部门提供农业气象信息服务。

4.6　农业气象专题服务

4.6.1　概述

农业气象专题服务是根据大宗粮食作物、特色作物或经济作物的发育进程和农事活动实际，结合天气气候特点，开展定期或不定期的决策气象服务。主要大宗粮食作物包括玉米、冬小麦、春小麦、马铃薯等，特色作物和经济作物包括主要特色林果、蔬菜、中药材等。开展的专题农业气象服务主要涉及农情调查、特色作物关键物候期预报及气候品质评估、重大农业病虫害发生发展气象等级预报、转折性关键性重大农业气象灾害调查与评估等。根据农业生产中的重大气象灾害，如冰雹、暴雨、连阴雨、寒潮、强降温、霜冻、高温、干旱、干热风等灾害，分析评价其对农业生产酿灾致灾特征及影响。根据影响作物生长比较严重的病害、虫害，如冬小麦条锈病、马铃薯晚疫病等，搜集第一手调查资料，分析其发生的气象条件及发展趋势，为农业生产部门提供防治依据。目前涉及的农业气象专题服务有小麦条锈病发生发展气象等级预报[2]、马铃薯晚疫病发生发展气象等级预报[3]、经济林果花期冻害预报[4−6]、主牧区牧草年度气象条件分析、夏收秋收作物农业气象条件年景评价等。

4.6.2　产品内容

农业气象专题产品制作时间不固定。重大农业气象灾害或作物病虫害气象等级预报应结合中短期天气预报、预警及时发布。产品内容包括前期气候条件分析及对农作物和农业生产的影响，结合未来天气预报和农业气象指标，完成主要病虫害发生发展气象等级预报或重大农业气象灾害等级预报。关于灾害的评估则在灾害发生后，结合灾害实况调查及气象条件进行综合分析。大宗粮食作物农业气象年景评估在关键农事季节如夏收或秋收期结束后，即可开展作物农业气象条件年景评价工作。主要内容包括收获作物关键生育期气温、降水、积温、日照、土壤墒情等农业气象条件分析，评价不同生育阶段有利和不利气象条件（如霜冻、冰雹、暴雨、干旱等）及影响，综合分析完成作物年景评价。

4.6.3 产品制作流程

甘肃省农业气象服务专题产品，结合相关资料，开展关键农时的气候条件分析评估与农作物灾害等级预报。按照数据收集与处理、图表绘制、资料分析等流程完成产品编写。

4.6.3.1 数据收集与处理

利用甘肃省农业气象服务系统，查询统计下载全省各自动气象站的关键农时的气温、降水、日照等要素；查询作物发育期数据，查询决策服务信息共享平台获取全省各地气象灾害情况，联系获取农业农村、统计和各市州（县）级气象部门反馈的气象灾害、作物病虫害等资料，结合甘肃省未来天气预报，利用相关地理信息处理软件和业务系统制作产品。

4.6.3.2 资料分析

根据关键农时相关气象要素（气温、降水、日照、土壤水分等），按照气候评价方法，结合农业气象灾害和作物病虫害发生情况，综合分析天气气候对农作物不同发育阶段和关键农事活动的影响。

4.6.3.3 产品编写

重大农业气象灾害或作物病虫害气象等级预报内容包括前期农业气象条件（气温、降水、积温、日照、土壤墒情等）分析，监测评价前期农业气象条件对农作物和农业生产的影响，结合未来天气预报和农业气象指标，完成主要病虫害发生发展气象等级预报或重大农业气象灾害等级预报。关于灾害的评估则在灾害发生后，完成灾害实况阐述和气象条件的影响分析。大宗粮食作物农业气象条件年景评估内容包括农作物的关键生育期的气候条件分析，评价不同生育阶段有利和不利气象条件及影响，综合分析以上条件完成作物年景评价，最后总结出产品摘要。

4.6.3.4 产品审核

业务产品制作分为主班、副班，主班按照数据收集与处理、资料分析等流程完成产品编写，副班协助主班进行产品制作，最后由业务首席把关签发。

4.6.4 产品发布渠道

通过业务内网，上为国家气象中心提供农业气象情报，下对各市州气象局进行指导，并向当地政府及涉农管理及生产部门提供农业气象信息服务。

4.7 农业气象灾害调查

4.7.1 概述

当灾害发生并对农作物造成一定影响时，选择典型区域开展作物受灾情况实地调查，以获得作物面上损失概况以及作物受灾后形态和生理生态变化、对产量的影响等信息。结合灾害气象等级指标和灾害评估技术方法，对作物受灾后的生长状况、产量等进行的定性或定量的分析评价[7-8]。

4.7.2　农业气象灾害种类

农业气象灾害是指在农业生产过程中所发生导致农业减产、耕地和农业设施损坏的不利天气或气候条件的总称。

水分因子异常引起的农业气象灾害：干旱、洪涝、渍害、雹灾、连阴雨；

气温因子异常引起的农业气象灾害：低温冷害、霜冻害、雪灾、高温热害；

气象因子综合作用引起的农业气象灾害：大风、干热风等。

4.7.3　开展调查的主要农作物发育期

作物生育期一般指作物从播种到种子成熟所经历的时间，不同作物各生育阶段有不同的生育特征。

冬小麦发育期：播种、出苗、三叶、分蘖、越冬开始、返青、起身、拔节、孕穗、抽穗、开花、乳熟、成熟。

玉米发育期：播种、出苗、三叶、七叶、拔节、抽雄、开花、吐丝、乳熟、成熟。

马铃薯发育期：播种、出苗、分枝、花序形成、开花、可收。

4.7.4　调查原则

农业气象灾害调查应遵循及时、科学、准确和完整的原则。

4.7.5　调查程序

4.7.5.1　成立调查组

调查组由相关专业技术人员组成，成员应不少于 3 人。调查组组长应具有一定的组织协调能力、较丰富的专业理论知识和实践经验。

4.7.5.2　制订调查方案

在灾害现场调查前，调查组应根据实时气象观测资料，通过电话、网络等媒介手段获取信息，并结合遥感监测资料和雷达监测资料，以及灾情程度等，划定灾害影响区域。根据灾害发生的种类和影响情况，选定现场调查区域范围、重灾区、重点调查地点、农作物以及调查项目等。

4.7.5.3　开展现场调查

(1)目测

对受灾环境、灾情等进行目测。

(2)器测

利用调查仪器设备，按仪器说明和《农业气象观测规范》的要求测定调查点的地理位置，观测土壤墒情、灾情和苗情等。

(3)数码摄录

对调查环境和作物受灾场景进行全景、近景以及典型场景特写进行数码摄录。

(4)走访调查

在每个调查点访问农村基层干部或熟悉当地情况的村民，了解当地所属乡村，常规种植农作物及面积，当年以及历史上的农作物生产、受灾情况等，如干旱(暴雨)持续时间，全村农作物受灾程度等。

4.7.5.4 调查报告

一般情况下，应在农业气象灾害现场调查结束3天内，按要求完成农业气象灾害现场调查报告。

4.7.5.5 资料处理

所有数据、电子表格、报告、电子影像等调查资料编号命名后存放相应目录，目录名按“调查区域名＋灾害类型＋灾害发生年月日”存放。对农业气象灾害现场调查所填写记录的各类表格(表4.6、表4.7、表4.8)等集中作为纸质档案统一保存，并扫描电子版存放。

表4.6 农业气象灾害现场调查计划表

调查组编号	
时间	____月____日至____月____日
路线	
地点	
调查项目	作物要素： 密度□　株高□　发育期□　生长量□　叶绿素□ 产量要素□
	环境要素： 气象要素□　土壤湿度□　受灾程度□
	其他：
灾害类型	干旱□　洪涝□　渍害□　高温□　大风□ 雹灾□ 低温□　霜冻□　连阴雨□　干热风□ 其他：
仪器、设备	取样工具□　测量工具□　照相机□　摄像机□ 光合作用仪□ 叶绿素仪□ 便携式自动土壤水分仪□ 其他：
人　员	组长： 成员：
灾区联系人	姓名： 电话：

表 4.7 农业气象灾害现场调查访问记录表

<table>
<tr><td>被访问者姓名</td><td></td><td>性别</td><td></td><td>年龄</td><td></td></tr>
<tr><td>被访问者身份</td><td></td><td colspan="2">所属县乡村</td><td colspan="2"></td></tr>
<tr><td>村土地面积</td><td colspan="5"></td></tr>
<tr><td>主要灾害</td><td colspan="5"></td></tr>
<tr><td>小麦面积(亩)</td><td></td><td colspan="2">小麦产量(kg/亩)</td><td colspan="2"></td></tr>
<tr><td>其他作物面积(亩)</td><td></td><td colspan="2"></td><td colspan="2"></td></tr>
<tr><td>历史同种灾害
程度及影响</td><td colspan="5"></td></tr>
<tr><td>当年农业生产情况
(前期灾害)</td><td colspan="5"></td></tr>
<tr><td rowspan="3">本次灾害发生
影响情况</td><td>持续时间(小时)</td><td></td><td>强度(级)</td><td></td><td>受灾范围</td></tr>
<tr><td>农作物受影响程度</td><td colspan="4"></td></tr>
<tr><td>其 他</td><td colspan="4"></td></tr>
<tr><td colspan="6">备注</td></tr>
</table>

表 4.8 农业气象灾害现场调查记录表

<table>
<tr><td>测点编号</td><td colspan="2"></td><td>调查日期</td><td colspan="2"></td></tr>
<tr><td>调查地点</td><td colspan="2">乡(镇)______村</td><td>经度</td><td colspan="2">°____′____″</td></tr>
<tr><td>土壤类型</td><td colspan="2"></td><td>纬度</td><td colspan="2">°____′____″</td></tr>
<tr><td>土壤质地</td><td colspan="2"></td><td>海拔</td><td colspan="2">米</td></tr>
<tr><td>灾害类型</td><td colspan="2"></td><td>受灾程度</td><td colspan="2"></td></tr>
<tr><td>作物名称</td><td colspan="2"></td><td>作物品种</td><td colspan="2"></td></tr>
<tr><td>熟性和类型</td><td colspan="2"></td><td>播种方式</td><td colspan="2"></td></tr>
<tr><td>当前发育期</td><td colspan="2"></td><td>与常年相比</td><td colspan="2"></td></tr>
<tr><td rowspan="2">单株叶面积
(cm^2)/(5 株平均)</td><td rowspan="2"></td><td rowspan="2">干土层深度</td><td>测点一</td><td>测点二</td><td>测点三</td></tr>
<tr><td></td><td></td><td></td></tr>
<tr><td>叶面积指数</td><td></td><td>10 cm 土壤湿度</td><td></td><td></td><td></td></tr>
<tr><td rowspan="4">观测地段苗情类别</td><td rowspan="4"></td><td>20 cm 土壤湿度</td><td></td><td></td><td></td></tr>
<tr><td>30 cm 土壤湿度</td><td></td><td></td><td></td></tr>
<tr><td>40 cm 土壤湿度</td><td></td><td></td><td></td></tr>
<tr><td>50 cm 土壤湿度</td><td></td><td></td><td></td></tr>
<tr><td>受灾环境描述</td><td colspan="5"></td></tr>
<tr><td>灾情描述</td><td colspan="5"></td></tr>
<tr><td>其他</td><td colspan="5"></td></tr>
</table>

4.7.6 现场调查基本要求

4.7.6.1 野外调查工具

野外调查需要的工具及仪器:调查表、白板、记号笔、便携式 GPS、便携式土壤水分测量仪、工兵铲、尺子、照相机和便携式叶绿素仪等。

4.7.6.2 农情照片拍摄

(1)清晰。相机像素大于 1000 万,长宽比 16∶9。

(2)相机位于采样点水平距离约 1.5 m 处,距离地面垂直高度为 1.5 m。面对采样点,尽量保证采样点标志物位于照片中央。标志物位于冠层上方 10 cm 处,可用红色小旗(旗面大小应 10 cm×10 cm),小旗支架插在采样点处。拍摄远景照片时,拍摄点可据实际情况增大与采样点之间的距离。

(3)作物长势照片应该为纯粹作物照片,不要出现人物、车辆、仪器设备。

(4)照片拍摄方向应顺着(近景照需有 2 张垂直)作物的垄向方向拍摄。

(5)远景照片要能表现出样方整体的种植布局,地平线与天空之间的大小占照片的大小 1/3。

(6)拍摄近景照片时,要突出土壤墒情和作物整体长势情况。取景范围拍摄点到最远端 100 m。

4.7.6.3 调查报告内容

农业气象灾害现场调查报告应包括以下几个部分内容:

第 1 章　气象灾害概况

第 1 节　气象条件概述

前期气象条件、作物生长发育状况概述。

第 2 节　灾害对农业的影响

灾害发生发展过程概述、灾害强度、主要影响区域、影响作物等概述。

第 2 章　农业气象灾害现场调查实施情况

第 1 节　调查组组成及分工

调查组组成单位、人员,组长及分工。

第 2 节　调查方案

调查区域范围、重点调查地点、重点调查农作物、调查观测项目、行程路线等。

第 3 节　调查经过

调查日期及日程安排简述,走访情况(地点、采访对象)、观测情况、采样情况。并附路线图、平面图等示意性图件。

第 3 章　农业气象灾害现场调查结果分析

第 1 节　灾情资料收集

对农业气象灾情数据、农业气象数据以及各种影像资料的收集情况和数据入库情况等进行概述。

第 2 节　灾害现场调查实况

根据调查收集的图片和数字等对灾害情况进行简要描述。

第 3 节 灾害现场调查影响初步分析

依据调查资料，分析评估灾害对农业生产的影响。

第 4 节 灾害调查总结

对灾情调查中存在的问题进行全面总结，结合调查程序和灾情情况等方面综合考虑。

第 4 章 未来天气气象条件与农事建议

第 1 节 未来天气气象条件

未来一周天气预测情况分析。

第 2 节 农业生产建议

根据未来天气条件分析给出农业生产对策建议和工作建议等。

4.8 农业气象业务系统

甘肃省农业气象服务系统是集业务、科研、服务于一体的业务系统，包括基础资料的查询统计、模型统计计算及产品图表制作等。图 4.3 为系统的首页，以下分为几大模块详细说明。

图 4.3 甘肃省农业气象服务系统首页

4.8.1 农业气象数据

4.8.1.1 小时和日土壤墒情

该模块为自动土壤水分仪观测的小时和日的土壤水分数据(图 4.4)。统计方式为逐小时和多小时统计。要素为土壤相对湿度、土壤体积含水量、土壤重量含水率和土壤有效水分贮存量。土壤层次为单层或多层平均，每 10 cm 为一层，分为 10 cm、20 cm、30 cm、40 cm、50 cm、60 cm、80 cm、100 cm，共 8 层。日土壤墒情与小时土壤墒情类似。

4.8.1.2 土壤墒情数据制图

该模块为制图模块(图 4.5)。使用日土壤水分数据绘制全省土壤墒情色斑图。

4.8.1.3 农业气象观测

该模块为农业气象观测数据查询模块(图 4.6)。分为作物要素、自然物候要素、畜牧要素

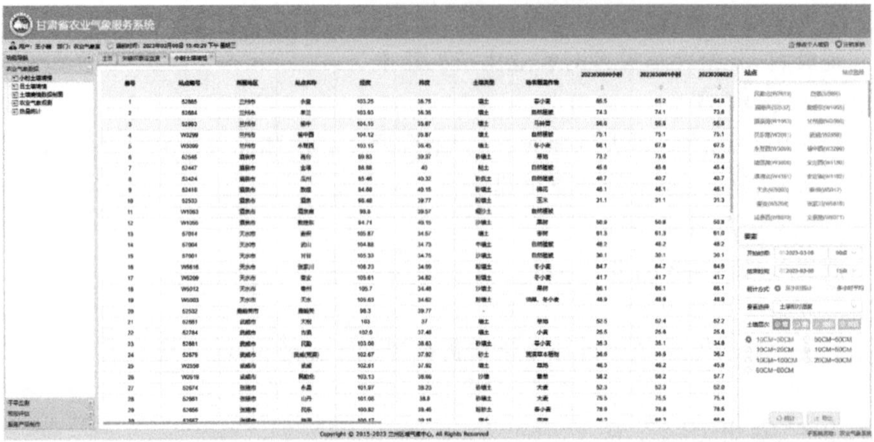

图 4.4　土壤墒情查询界面

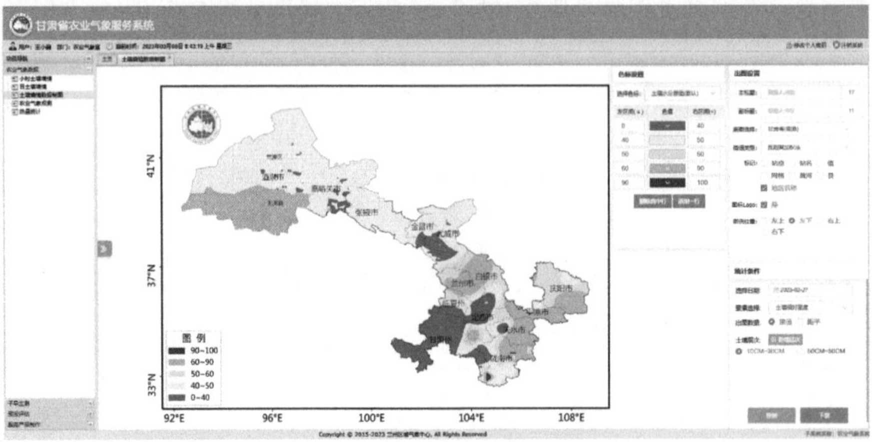

图 4.5　土壤墒情色斑图绘制界面

三大类。通过该模块可查询各农业气象试验站和农气站观测的农作物发育期、叶面积指数、产量因素，木、草本植物和动物的物候、气象水文现象和牧草发育期、产量等数据。

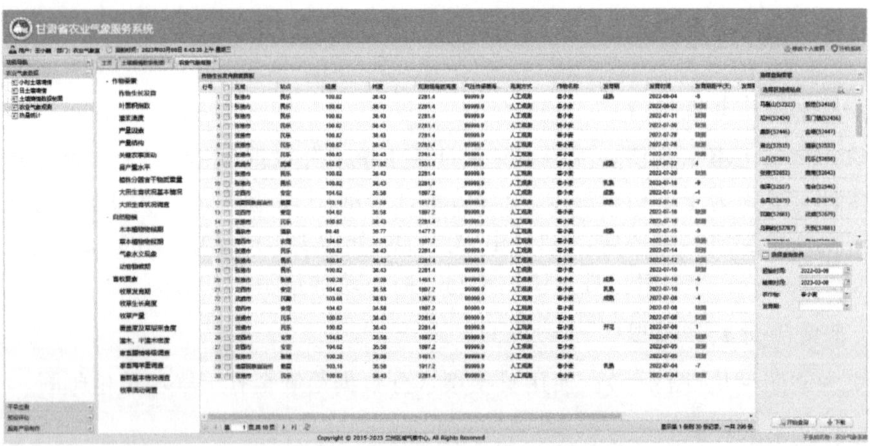

图 4.6　农业气象观测数据查询界面

4.8.1.4　热量统计

该模块为积温统计模块(图 4.7)。统计方法为 5 日滑动平均方法和直接累加方法。界限气温为 0～20 ℃,查询结果分为活动积温、有效积温和负积温。

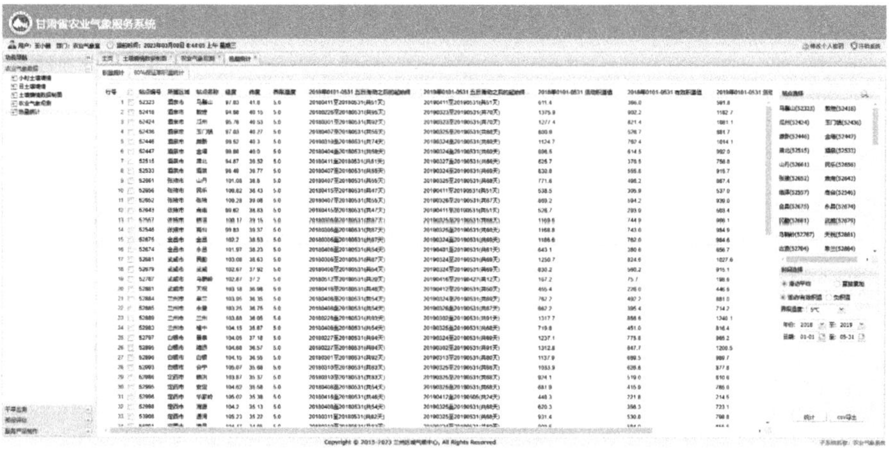

图 4.7　热量资源查询界面

4.8.2　干旱监测

4.8.2.1　气象干旱综合指数(meteorological drought composite index,MCI)及制图

该模块为气象干旱综合指数的日值查询及受旱站数变化图绘制模块(图 4.8)。其中制图模块为日值色斑图绘制模块。

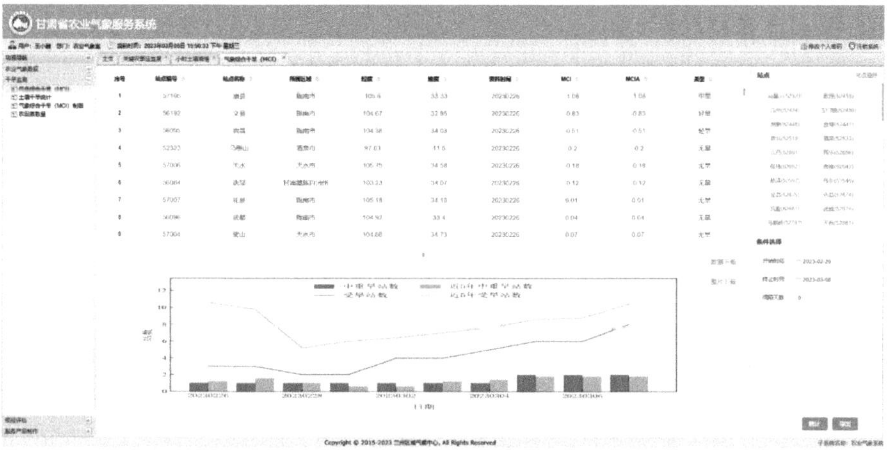

图 4.8　气象干旱综合指数(MCI)查询界面

4.8.2.2　土壤干旱统计

该模块为自动土壤水分日数据受旱站数及近 5 年比较图绘制模块(图 4.9)。

4.8.2.3　农田蒸散量

该模块为农田蒸散量的查询统计模块(图 4.10)。可查询时段内逐日、平均、累计。

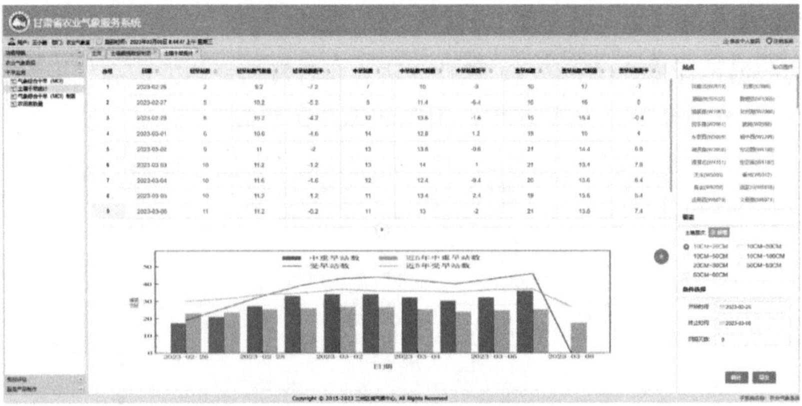

图 4.9　土壤干旱统计查询界面

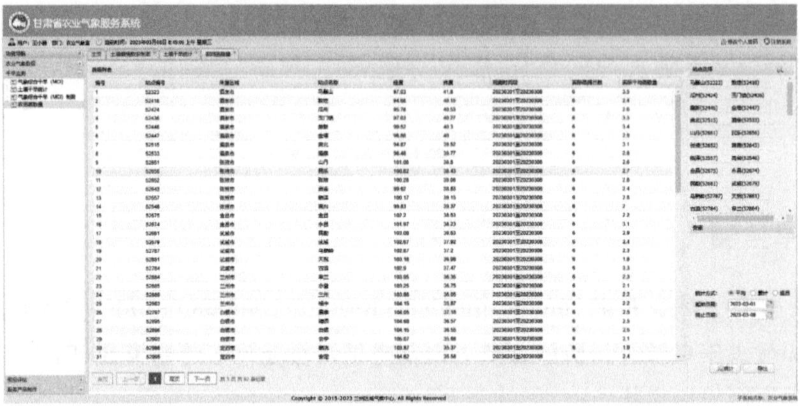

图 4.10　农田蒸散量查询界面

4.8.3　预报评估

4.8.3.1　作物物候期预报

该模块为物候期预报模块(图 4.11)。可预报苹果始花期和冬小麦播种期。

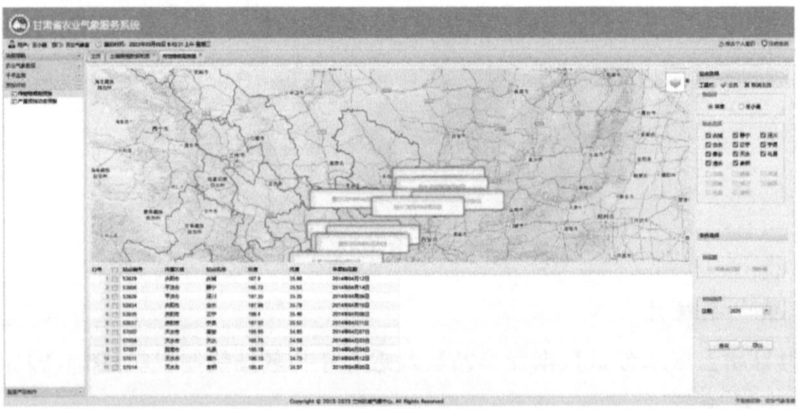

图 4.11　物候期预报界面

4.8.3.2　作物产量动态预报

该模块为作物产量预报模块(图 4.12)。分为地区产量动态预报和全省产量动态预报两个子模块。预报模型为气候适宜度和积分回归。可分别预报玉米、冬小麦、春小麦、马铃薯四种作物。其中地区产量动态预报模块分为河西、陇中陇东、陇南三个区域。

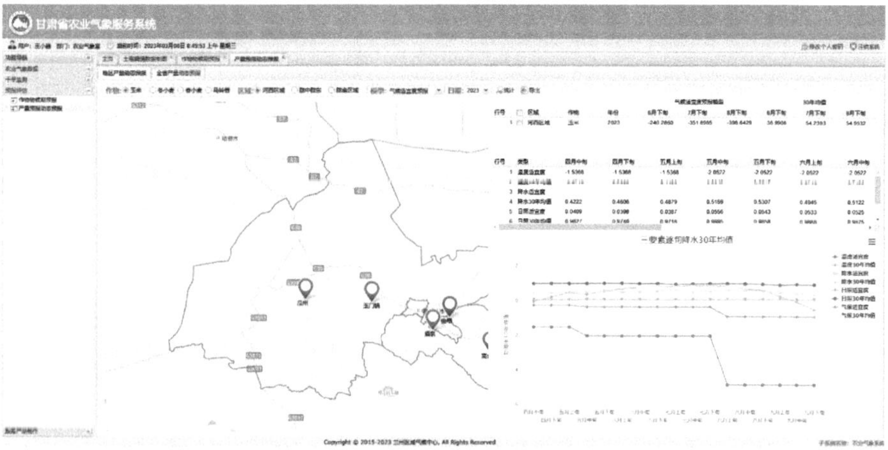

图 4.12　作物产量动态预报界面

4.8.4　服务产品制作

该模块为关键农事季节农事活动适宜度预报模块(图 4.13)。分为春耕春播、夏收、夏种、秋收、秋种 5 种关键农事活动。预报模型为中国气象局下发的格点化春耕春播、夏收夏种、秋收秋种预报技术方案。

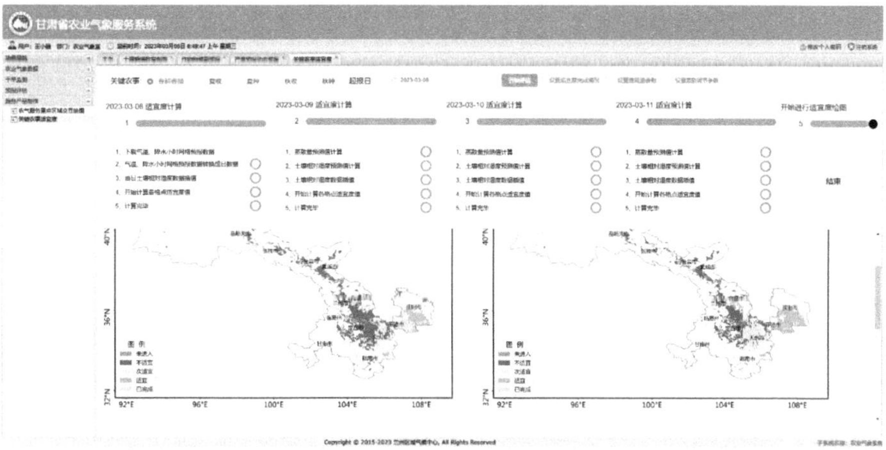

图 4.13　关键农事活动适宜度预报界面

4.9　主要农作物生育期气象指标

农作物生育期气象指标通常考虑光、热、水三个方面的气象因素[9-10]。光照指标用农作物生育关键期的日照时数来确定，热量(冻害)指标用作物全生育期的积温和三基点气温来确定，水分指标用全生育期的降水量(需水量)和需水临界期(关键期)对水分需求来确定(表 4.9)。

表 4.9　甘肃省主要作物不同生育期气象指标

作物	积温	气温	湿度、需水量	日照时数
玉米	早熟品种:春播 70～100 d,≥10 ℃积温 2000～2200 ℃·d;夏播 70～85 d,积温 1800～2100 ℃·d; 中熟品种:春播 100～120 d,≥10 ℃积温 2300～2500 ℃·d;夏播 85～95 d,积温 2100～2200 ℃·d; 晚熟品种:春播 120～150 d,≥10 ℃积温 2500～2800 ℃·d;夏播 96 d 以上,积温 2300 ℃·d 以上。	播种—出苗期:下限气温 10 ℃,适宜气温 25 ℃,上限气温 31.0 ℃; 出苗—抽雄期:下限气温 14.7 ℃,适宜气温 24 ℃,上限气温 33.0 ℃; 抽雄—吐丝期:下限气温 14.9 ℃,适宜气温 28 ℃,上限气温 33.0 ℃; 吐丝—成熟期:下限气温 12.7 ℃,适宜气温 25 ℃,上限气温 33.0 ℃。	玉米生育期耗水量 500～800 mm。 播种时耕作层土壤湿度要求达到田间持水量的 60%～70%。播种至出苗需水量 75m³/亩,占总需水量的 30.7%。 拔节—孕穗:适宜的土壤水分为田间持水量 70%左右,土壤含水量 17%以上。需水量占总需水量的 23.4%～29.6%。 抽穗—开花:空气相对湿度 65%～90%为宜。田间持水量 80%左右为最好。需水量占总需水量的 13.8%～27.8%。 灌浆—成熟:土壤含水量不低于 18%。需水量占总需水量的 19.2%～31.5%。	玉米是 C_4 作物,需日照时间长。春种全生育期日照时数为 900 h[11]。
冬小麦	冬小麦能否种植的热量指标为≤0 ℃的负积温 600 ℃·d,当负积温≤600 ℃·d 时,越冬期死苗严重,不能正常生长。营养生长期间(播种—拔节)≥0 ℃积温为 830～920 ℃·d,占小麦一生所需热量的 40%左右,生殖生长期间≥0 ℃积温 1200～1400 ℃·d,总积温为 2200～2400 ℃·d。	萌芽期:下限气温 3 ℃,适宜气温 20 ℃,上限气温 35 ℃; 出苗期:下限气温 4 ℃,适宜气温 16 ℃,上限气温 33 ℃; 分蘖期:下限气温 2 ℃,适宜气温 14 ℃,上限气温 30 ℃; 拔节期:下限气温 9 ℃,适宜气温 14 ℃,上限气温 31 ℃; 抽穗期:下限气温 10 ℃,适宜气温 16 ℃,上限气温 34 ℃; 开花期:下限气温 10 ℃,适宜气温 21 ℃,上限气温 31 ℃; 灌浆—成熟期:下限气温 11 ℃,适宜气温 20 ℃,上限气温 33 ℃。	全生育期需水量 450～520 mm;播种—停止生长,80 mm 左右;停止生长—返青,50 mm 左右;返青—拔节,63 mm 左右;拔节～抽穗,90 mm 左右;抽穗～成熟 220 mm 左右。拔节至乳熟期是小麦的耗水期, 土壤适宜湿度为占田间持水量 60%～80%[12]。	播种—苗期:日均日照 5～7 h;越冬期:日照 4～7 h;返青期:日照 5～7 h;拔节期:日照 7～8 h;抽穗期:日照 7～9 h;乳熟至成熟期:日照 7～10 h。扬花灌浆阶段如遇到阴雨寡照天气,影响灌浆造成千粒重下降而减产。如临近成熟阶段遇连阴寡照则会造成穗上发芽霉变,造成丰产不丰收。

续表

作物	积温	气温	湿度、需水量	日照时数注
春小麦	春小麦一生需要≥10 ℃积温 1600～1800 ℃·d。播种—出苗需要大约 100 ℃·d 的积温，出苗—抽穗需 700～1000 ℃·d 积温；抽穗—成熟需 600～800 ℃积温，其中灌浆期需 500～540 ℃·d 积温。	萌芽期：最低气温 1～2 ℃，最适宜 15～20 ℃，最高 35～40 ℃。气温过低，发芽缓慢且不整齐，也易感病；过高时，则因呼吸强度大，发芽受到抑制[9]； 分蘖期：最适宜气温 6～14 ℃。分蘖最快时的气温是 13～18 ℃，但容易引起徒长，气温超过 18 ℃，分蘖的速度反而又减慢。 拔节—孕穗期：10～15 ℃的中低气温对形成大穗、壮秆均比较有利，气温较高反而不利； 开花期：最低气温 9～11 ℃，最适气温 18～20 ℃，最高气温 30 ℃，高于 30 ℃且土壤水分不足或伴随干热风时，影响授粉而降低结实率。气温低时，开花慢而且不整齐，花期拖时较长； 灌浆期：适宜气温为 18～22 ℃，高于 22 ℃或低于 12 ℃都不利。气温过高，如最高气温在 30 ℃以上，会使灌浆期缩短，千粒重下降，出现高温逼熟现象。	春小麦全生育期需水 400～600 mm，降水 330～650 mm[13−14]。 开花期最适空气相对湿度为 70%～80%，低于 20% 则影响正常授粉，但湿度太大时，花粉粒易吸水膨胀破裂。	春小麦生长季总辐射量 272.0～313.0 kJ/cm^2，日照 950～1300 h。
马铃薯	马铃薯的有效积温[15]为 1000～1800 ℃·d；≥10 ℃积温为 1500～2500 ℃·d。	马铃薯只要播种适时，各地气温都较适宜幼苗及茎叶生长[16]。 播种—出苗期：下限气温 4～5 ℃，适宜气温 10～12 ℃，上限气温 28 ℃； 出苗—分枝期：下限气温 7 ℃，适宜气温 18～21 ℃，上限气温 25 ℃； 分枝—开花期：块茎形成期，易受高温影响，下限气温 10 ℃，适宜气温 16～21 ℃，上限气温 27 ℃； 开花—可收期：为块茎膨大、营养积累期，此时段越长，块茎积累越充分，淀粉含量愈高。此阶段如遇高温，块茎膨大受阻，影响产量。下限气温 8 ℃，适宜气温 18～21 ℃，上限气温 28 ℃。	马铃薯全生育期需水量为 400～500 毫米，当气温适宜，降水增加时易于晚疫病的发生发展[3]。 播种—出苗期：需水最少阶段，为 20～40 mm； 出苗—分枝期：随着茎叶生长，需水量逐渐增大，60～80 mm； 分枝—开花期：为需水临界期，对水分要求比较敏感，为 110～130 mm，水分不足，则形成畸形薯块； 开花—可收期：需水量达到高峰，220～250 mm。前期需水量大，块茎生长快，产量高。块茎膨大后期需水量减少，利于淀粉积累，过多的降水会引起湿腐病而减产。	马铃薯是喜光作物，属长日照及中间型，营养器官在长日照下生育最好，但块茎在短日照下容易形成，其光合强度随光强增强而加大。进入块茎膨大期，日照时数对马铃薯产量形成为正效应[17]。

续表

作物	积温	气温	湿度、需水量	日照时数注
苹果	全生育期≥10 ℃积温2600～4000 ℃·d[4]。	苹果喜偏冷凉气候，生长最适宜的气温条件为年平均气温7～14 ℃。冬季最冷月气温要求在－10～7 ℃，平均气温低于－15 ℃会发生冻害[5]。4月下旬至5月上旬开花普遍期，气温10～12 ℃，花期前后怕低温霜冻危害，导致减产或无收成。花蕾期遇－4.5～－2.8 ℃时，花芽受冻；开花时遇－1.7～2.5 ℃低温，花器受冻；幼果期遇－1.1～2.2 ℃低温易受冻[6]。 整个生长期(4—10月)要求平均气温12～18 ℃。3～4 ℃以上根系开始活动，根系生长适宜气温7～12 ℃，芽萌动期8～10 ℃，开花期15～18 ℃，果实发育和花芽分化期15～17 ℃。 红色系苹果成熟前适宜的着色气温为10～20 ℃，昼夜温差在10 ℃以上有利果实着色。	苹果全生育期适宜降水量为500～800 mm。生长期每年大约需水量120 t/亩，若生长期降水量在500 mm左右且分布均匀，可基本满足树体对水分的需求。若自然降水不足且分布不均，需要及时灌溉。一般春旱多增加灌水，秋雨多减少灌溉。一般土壤相对湿度低于40%出现重度干旱，需及时灌溉；当土壤相对湿度为40%～50%时出现中度干旱，需观察树体状态结合未来天气预报进行灌溉。	苹果是喜光树种，光照对果树的生长发育、品相品质有决定性作用。正常生长发育要求年日照时数不低于2000～3300 h，河东在2200～2800 h，河西在2600～3100 h，日照百分率一般要求为57%～64%，低于1500 h不利于果实着色。果实生长后期月平均日照时数低于150 h会明显影响果实品质[18]。6—9月的日照时数应达到800 h以上。
酿酒葡萄	不同品种需≥10 ℃积温分别为： 极早熟品种2100～2500 ℃·d； 早熟品种2500～2900 ℃·d； 中熟品种2900～3300 ℃·d； 晚熟品种3300～3700 ℃； 极晚熟品种大于3700 ℃·d。	萌芽期：日平均气温稳定通过10 ℃[19]； 展叶期：日平均气温13～16 ℃，10 cm地温12～15 ℃； 新梢生长期：日平均气温为15～18 ℃，平均每天日照时数8～10 h； 开花期：日平均气温为19～20 ℃，天气晴朗，气温高而稳定，有利于葡萄开花、坐果； 果实膨大期：日平均气温为22～23 ℃，当气温在23～24 ℃时果径增长最快； 果实着色期：日平均气温17～20 ℃，气温日较差在14～16 ℃时糖分呈线性递增。	酿酒葡萄主要分布在河西地区，以灌溉为主。根据生育期决定灌水方案，分别在出土—萌芽期、开花前10天左右、幼果出现期、果粒膨大期、果实成熟期等几个需水关键期进行灌水。灌溉量还需根据土壤墒情适当调整。 生长期(4—6月)每月降水量100 mm以下，浆果成熟期(7—9月)每月降水量75 mm以下的地区所产浆果品质良好。 果实着色期降水过多，低温寡照，糖分积累甚至会出现倒退现象。 成熟期间降水日数多会使成熟籽粒烂裂、脱落。	全生育期日照时数为950～3000 h，葡萄是喜光植物，对光的反应很敏感。光照的强弱、多少直接影响葡萄产量的高低、质量的优劣，还会影响到植株次年的生长和结果。

续表

作物	积温	气温	湿度、需水量	日照时数注
油橄榄	芽萌动≥16 ℃积温 280 ℃·d;萌动至开花≥16 ℃积温 594 ℃·d;全生育期≥10 ℃积温 3800～4500 ℃·d[20]。	油橄榄适宜生长在年平均气温 13～15 ℃以上,最冷月平均气温≥2.5 ℃,最热月平均气温≤25 ℃的环境下,当日平均气温稳定通过≥16 ℃以后,油橄榄植株体开始活动,进入树液流动期,随之芽逐渐开始膨大,萌发,当日平均气温稳定通过≥21 ℃以后,花期结束,转入果实形成阶段。开花期如遇低温或阴雨寡照的天气会使花粉发芽率降低,导致开花期授精不良,从而因落花落果造成减产。	油橄榄生长要求年平均降水量 400～600 mm,降水量过多湿度过大的地方不利于油橄榄的生长,相对湿度在 40%～60%以下,干燥度 1.3～1.8 最适宜油橄榄生长。	油橄榄生长日照时数在 1500～1900 h,天气晴朗,光照充足,果实品质较好[21]。
花椒	花椒各生育期所需≥0 ℃积温如下: 春季发芽萌动:140～160 ℃·d; 坐果期:320～340 ℃·d; 果实膨大期:770～800 ℃·d; 着色期:1050～1200 ℃·d。	春季气温上升到 5 ℃,花椒树芽开始进入萌动期,日平均气温稳定通过 12 ℃,进入开花期,果实膨大期日平均气温在 20 ℃左右最为适宜,若展叶期气温降至 9.2～9.4 ℃时,新梢即被冻死,若遇 9.1～9.2 ℃低温,花器和幼果均受冻害。着色期若气温超过 35 ℃日数过多,会影响色泽。	花椒生长所需的年平均降水量为 450～550 mm,降水量最大值不能超过 750 mm,但在年降水量 400 mm 地区也可以正常生长;花椒树在其生长的前期和中期需水要求较大,尤其是开花期相对湿度达 70%左右时最为适宜,收获期相对湿度小于 60%最为适宜。花椒开花至幼果座果期(5—6 月),如遇春末初夏旱会造成花椒大量落花落果,同时也会诱发椒蚜等病虫害。花椒成熟采收期(6—7 月)连阴雨是影响花椒产量与品质的另一种自然灾害,对花椒着色、成熟、采收晾晒影响很大,造成花椒产量品质大幅度下降[20]。	日照条件对花椒芽期和开花期影响不明显,座果及果实膨大期需要日照时数 400～500 h,着色期需要充足的光照。日照过少或雨量过多都会影响光合作用和有机物质的合成,造成落果和减产[22]。
当归	当归是多年生草本植物,移栽至采挖生长期需 200d 左右: ≥0 ℃积温为 2500 ℃·d; ≥10 ℃积温为 2100 ℃·d。	当归是喜凉耐寒作物,适宜种植在高寒凉爽气候区,在海拔 1500～3000 均可生长,抗寒能力强,怕高温酷热。当归种子发芽的最低气温为 6 ℃,在日平均气温 16 ℃左右时有利于培育壮苗。正常播期条件下播种到出苗约需 10～16 d;移栽至返青期适宜气温 6～7 ℃,叶生长期适宜气温 12～16 ℃,根增长期适宜气温 12～16 ℃[23]。	水分对当归产量的高低起着决定性作用。当归抗旱性和抗涝性均较差。土壤相对湿度在 80%左右最适宜当归生长。无论是育苗期还是成药期,充沛的降水是获得高产的条件之一。当土壤水分超过 90%,不仅会发生涝害,还易发生根腐病。土壤含水量在 60%以下会出现旱情,必须及时补充水分。	当归属高寒长日照药材,在长日照条件下生长好,发育快,易抽薹,为降低提前抽薹率,可在阴坡平地种植,且在幼苗期用草覆盖。

续表

作物	积温	气温	湿度、需水量	日照时数注
党参	党参≥10 ℃积温[24]为： 最适宜种植区：2500～2700 ℃·d； 次适宜种植区：2300～2500 ℃·d，2700～2900 ℃·d。	春季气温稳定通过 10 ℃时移栽。优质党参适宜生长区年平均气温 6.1～8.2 ℃，在各个生长期，对气温要求不同。日平均气温在 3～7 ℃时，开始萌芽；6～8 ℃出苗；18～20 ℃时，植株生长最快。最适宜的春化气温为 0～5 ℃。一般在 8～30 ℃能正常生长，气温在 30 ℃以上党参的生长会受到抑制。	年降水量需求为 400～600 mm。党参对水分的需求随生长期不同而异，参根膨大期为需水关键期[25]。播种期和苗期需水较多，缺水不易出苗，出苗后也易干死，土壤相对湿度要求在 80%左右。定植后对水分要求不严格，但不宜过于潮湿，一般要求在 50%～80%。	党参对光的要求比较严格，幼苗喜阴，成株喜阳。苗期忌日晒，育苗多选背阴处或覆草。定植地要选阳光充足的地方。
黄芪	黄芪≥10 ℃积温[26]为： 最适宜种植区：2300～2800 ℃·d； 次适宜种植区：2100～2300 ℃·d，2800～3100 ℃·d。	适宜移栽期： 气温稳定通过 10 ℃。 发芽期： 最适地温为 14～15 ℃，日平均气温为 15～18 ℃。 茎叶生长期： 最低气温 7～16 ℃，适宜气温 18～25 ℃，最高气温 26～30 ℃。 开花期： 最低气温 12～16 ℃，最适气温 17～19 ℃，最高气温 22～25 ℃。	年降水量为 400～500 mm 时较适宜。在整个生育期内，土壤相对湿度在 65%～85%为最适宜，≥85%后可能过湿，不利于黄芪生长发育；当 50%～65%时，土壤水分能基本满足黄芪生长发育需求；≤50%时，发生干旱，将严重影响黄芪品质及产量。	黄芪为喜光照药材，生长过程要求光照充足，缺乏光照则药材细弱，生长不良，产量降低。全生育期日照时数应大于 1200 h。

4.10 甘肃省农业气象业务发展展望

围绕农业气象服务业务的迫切需求和甘肃省"稳定面积、优化结构、主攻单产、稳定总产"的粮食安全总战略，抓好粮食生产和粮食安全气象服务保障工作，确保粮食生产活动有序开展，积极调研、了解农业重大工程项目及技术措施推广应用中气象服务需求，研发农业生产全过程、多时效、定量化的农业气象信息服务技术，引进改进农业气象模型。

4.10.1 近期重点六项工作

(1)加强监测能力建设。以"乡村振兴"气象服务为重点，完善现有农业气象观测站网，按发展需求合理增加观测站数量，布设专业观测设备，在主导产业优势区代表点建设农业气象自动观测系统；针对主要作物，根据需求完善观测项目，建成完整的作物发育期观测体系；加强气候变暖背景下干旱、洪涝、冰雹等农业气象灾害监测能力。

(2)努力提升智慧气象服务水平。以需求为导向，重点加强观测类别，完善特色产业农田小气候与实景观测系统建设；构建智慧农业气象综合数据库，凝练干旱、霜冻等农业气象灾害指标和作物生长关键期光、温、水等农业气象指标；着力解决观测资料的实际业务服务应用问题，完善智慧农业气象互联网服务平台，实现基于位置的平台自动定制和智慧服务，实现基于用户分类的个性化针对性服务。

(3)提升防灾减灾能力，积极推进农业保险气象服务。围绕干旱、霜冻、连阴雨、冰雹等重大农业气象灾害，建立特色优势产业灾害指标库，强化灾变相关的农情信息监测、经济有效的防御措施研究。进行复杂地形条件下的精细化灾害风险区划，及时做好预警评估服务。联合植保部门，开展重大农业病虫害发生发展气象等级预报，重点做好小麦条锈病菌源区综合治理，加强马铃薯晚疫病、玉米病害、二代黏虫等重大病虫防治。建立气象保险灾害信息服务平台，开展政策性农业保险天气指数产品设计和研发工作，加强粮食作物及特色作物的灾害评估，构建“农业气象”保险保障体系，积极开展农业气象灾害保险推广示范，有效减轻灾害造成的损失。

(4)着力做好粮、农种植结构调整气象保障服务。围绕“宜粮则粮、宜农则农”的总发展目标，以制种玉米、马铃薯等特色优势产业为重点，开展气候变化背景下精细化农业气候区划和农业气象灾害风险区划；开展荞麦等小杂粮适生种植区划，开发可种植区域，适当扩大种植面积，在粮食作物内部开展以市场为导向的种植结构调整农业气候区划。

(5)建设科技示范园基地、引导农户科学种植。在特色优势产业区，建立科技示范园基地，示范农业气象服务业务指导作用，引导农户科学种植，提高农业气象服务产品的应用能力。在主导产业优势区，联合相关部门，示范精细化农业气候区划和灾害风险区划成果应用效果，引导种植结构调整实施。在重点区域开展霜冻等重大农业气象灾害防御措施应用、旱作农业气象适用技术的推广应用示范。

(6)加强农业气象服务科研能力建设。积极调研粮食种植及特色产业发展气象服务相关瓶颈问题，联合农业部门开展试验研究，提升农业气象服务能力。重点开展全膜双垄沟播气象保障技术、雨水集流工程资源经济有效灌溉方案、精细化种植结构调整方案、农业气象灾害(病虫害)预警服务技术研究。

4.10.2　长远科研业务发展规划

远期重点实现两个目标。

(1)开展干旱、霜冻等重大农业气象灾害的形成机制与风险调控机制研究。明确不同强度农业气象灾害和病虫害及其持续时间对农业生产影响的过程与机制，研发不同农业气象灾害和病虫害影响的诊断与风险评估技术，建立农业气象灾害和病虫害的监测预警指标体系和实时动态监测灾损评估模型，完善农业气象灾害应对技术，服务于农业气象防灾减灾。

(2)开展气候变化背景下甘肃省主要农作物高效利用气候资源的过程与调控机制研究[10]。研究气候变化对农业生产过程与种植分布的影响机制，完善基于气候资源高效利用的农业适应气候变化措施，构建主要农作物生长关键期农业气象指标体系，引进改进面向主要农作物生长过程的农业气象模型，建立设施农业气象预报集成技术，服务于农业稳产高产与粮食安全。

参考文献

[1] 贾建英，刘一锋，彭妮，等．基于积分回归法甘肃省冬小麦产量动态预报[J]. 气象与环境学报，2016，32(2)：100-105.

[2] 甘肃省气象标准化委员会．河东地区小麦条锈病流行气象等级:DB 62/T 2757—2020[S]. 2020.

[3] 姚玉璧,万信,张存杰,等．甘肃省马铃薯晚疫病气象条件等级预报[J]. 中国农业气象,2009,30(3):445-448.

[4] 周嘉,王小巍,周安宁,等．平凉市苹果花期冻害政策性农业保险气象理赔指数设计[J]. 湖北农业科学,2017,16(56):3144-3148.

[5]陈盛伟,李彦．区域性苹果低温冻害气象指数保险产品设计——以山东省栖霞市为例[J]. 保险研究,2015(12):78-87.

[6] 屈振江,周广胜,魏钦平．苹果花期冻害气象指标和风险评估[J]. 应用气象学报,2016. 27(4):385-395.

[7] 安徽省气象标准化委员会．农业气象灾害现场调查规范:DB 34/T 1594—2012[S]. 2012.

[8] 河南省气象标准化委员会．冬小麦农业气象灾害野外调查技术规范:DB 41/T 1835—2019[S]. 2019.

[9] 邓振镛．高原干旱气候作物生态适应性研究[M]. 北京:气象出版社,2005:25-38.

[10] 张强,邓振镛,赵映东,等．全球气候变化对我国西北地区农业的影响[J]. 生态学报,2008,28(3):1210-1218.

[11] 徐玉秀,蒋姗姗,周福然,等．1981—2010 年锦州地区玉米生育期气象因子变化及其与气象产量的关系[J]. 气象与环境学报,2017,33(5):82-90.

[12] 邓振镛,张强,王强,等．黄土高原旱塬区土壤贮水量对冬小麦产量的影响[J]. 生态学报,2011,31(18):5281-5290.

[13] 孙世坤,蔡焕杰,王健．石羊河流域春小麦灌溉需水量时空分布研究[J]. 节水灌溉,2010,(5):22-28.

[14] 陈军武,吴锦奎．气候变化对黑河流域典型作物灌溉需水量的影响[J]. 灌溉排水学报,2010,29(3):69-73.

[15] 王全九,蔺树栋,苏李君．马铃薯主要生长指标对有效积温响应的定量分析[J]. 农业机械学报,2020,51(3):306-316.

[16] 云文丽,苗百岭．内蒙古马铃薯干旱等级指标研究[J]. 干旱地区农业研究,2021,39(02):220-226.

[17] 姚玉璧,王润元,邓振镛,等．黄土高原半干旱区气候变化及其对马铃薯生长发育的影响[J]. 应用生态学报,2010,21(2):379-385.

[18] 刘璐,王景红,张树誉,等．陕西红富士苹果气候品质指标及认证技术[J]. 中国农业气象,2018,9(39):611-617.

[19] 刘明春,张强,邓振镛,等．河西干旱区酿酒葡萄生长的气象条件[J]. 生态学报,2007(04):1656-1663.

[20] 肖志强,李小军,焦素慧,等．陇南山区特色农业气候适宜性区划研究[J]. 现代农业科技,2017,707(21):215-216+219.

[21] 尹东,张旭东．基于 GIS 的甘肃省油橄榄气候适宜性区划[J]. 经济林研究,2009,27(4):65-69.

[22] 余优森,任三学．陇南花椒品质气象条件和气候区划[J]. 中国农业气象,1995(6):32-34.

[23] 邓振镛,尹宪志,尹东,等．岷当气候生态适应性研究[J]. 中国中药杂志,2005(12):889-892.

[24] 张玲．甘草黄芪党参在甘肃的气候适应性及种植区域评述[J]. 甘肃农业科技,2020,532(5):50-55.

[25] 邓振镛,李栋梁,郝志毅,等．我国高原干旱气候区作物种植区划综合指标体系研究[J]. 高原气象,2004(6):847-850.

[26] 邓振镛,张强,王强,等．高原地区农作物水热指标与特点的研究进展[J]. 冰川冻土,2012,34(1):177-185.

第 5 章　生态与遥感业务

5.1　业务工作目的和意义

5.1.1　指导思想

坚持以习近平生态文明思想为引领，深入贯彻习近平总书记关于气象工作重要指示精神，落实《气象高质量发展纲要(2022—2035 年)》和中国气象局一系列有关文件精神，把建设气象卫星遥感综合应用业务体系作为实现更高水平气象现代化和支撑生态文明建设的重要抓手。充分发挥卫星遥感优势，切实提高气象卫星应用效益，针对建设“甘肃省国家生态安全屏障综合试验区”和祁连山、黄河流域等重点生态功能区生态保护的地方需求，依靠科技创新，健全体制机制，深化开放合作，依托地面定位观测和卫星遥感动态监测，建立一个覆盖全省的生态遥感监测业务体系，为甘肃省生态环境建设和可持续发展提供高质量气象服务。

5.1.2　基本原则

统筹布局，突出重点。做好顶层设计，从省级气象部门层面布局气象卫星遥感应用业务，与中国气象局和甘肃省政府的相关工作部署、规划和项目衔接；重点服务于甘肃地方生态保护修复和生态文明建设气象保障，充分发挥气象部门在生态安全重点区域综合治理、生态系统脆弱性评估和防灾减灾能力提升中的基础性业务科研保障作用，为各级地方政府提供及时、可靠的决策依据。

需求牵引，因地制宜。面向自然灾害和生态环境变化两大业务服务领域，针对大气环境和陆表生态环境开展生态遥感监测业务；为“甘肃省国家生态安全屏障综合试验区”建设提供决策依据，重点服务地域为甘肃省生态保护建设规划中“四屏一廊”为骨架的综合生态屏障重点地区，以高质量气象服务助推高质量发展。

基础支撑，分步推进。建立健全卫星遥感数据获取、预处理、产品加工制作、产品应用服务和反馈响应等业务流程；建立从数据获取、产品制作到应用服务全程的业务管理规章和考核评价制度；通过逐步建成甘肃省多源卫星数据资源池、长时间序列卫星定量产品数据集和省级生态遥感业务平台，提升生态遥感业务服务能力，实现对全省和重点生态功能区的精细化监测与评估。

科技先行，开放合作。确定生态遥感业务急需的关键技术和指标体系清单，积极主动开展多领域多层次、与国家级和省内外的交流合作学习，借鉴、引进先进技术与方法，培养和凝聚高水平团队，围绕关键科技问题攻关突破，推动科技创新，支撑卫星遥感业务持续发展。

5.1.3 主要目标

面向甘肃省生态文明建设和防灾减灾救灾需求，综合利用气象卫星、高分辨率卫星等多源数据，开展生态环境和各类自然灾害卫星遥感监测业务。开展大气环境、地表植被、水体环境、城市环境及发展等重要生态参数的遥感监测，尤其针对甘肃省特定生态系统和重点地区的主要生态参数开展生态遥感监测业务，并依托特色生态与农业气象观测站(试验站)网进行真实性校验，形成覆盖全省的生态遥感动态监测产品评估业务，逐月、季、年定期发布卫星遥感监测业务产品和决策咨询报告。建立沙尘、雪灾、洪涝、干旱、森林草原火灾等重大灾害事件的实时遥感监测和快速评估业务，提高气象灾害多要素、高密度、精细化的卫星遥感立体监测能力。

围绕地方生态文明建设需求，强化省级卫星遥感应用能力建设和市县级遥感应用服务，制作针对地方需求的遥感应用增值服务产品，并提供应用服务；建设面向云服务的省级卫星遥感应用平台，推动卫星产品快速到达预报业务平台，实现省市县实时访问。到2025年，全面建成布局合理、分工明确、运转高效的省级气象卫星遥感综合业务体系；建立功能完善、技术先进、规范标准的气象卫星遥感应用业务，建立开展以生态遥感监测和遥感产品解释应用及服务为主的服务运行模式。

5.2 业务流程

5.2.1 卫星遥感监测综合业务流程

卫星遥感监测综合业务流程见图5.1。

5.2.2 卫星遥感火情监测业务流程

卫星遥感火情监测业务流程见图5.2。

5.2.3 卫星遥感植被监测业务流程

(1)对单时次(日)投影数据计算归一化植被指数，使用多通道阈值法判识云盖、水体，给出相应的标识，计算植被指数；

(2)以给定的时间周期(周/旬/月)进行植被指数合成；

(3)对合成后的植被指数时间序列进行平滑处理；

(4) 选择合适的植被监测方法，对不同时期的植被指数进行对比，提取植被变化信息；

(5)根据植被监测结果，确定植被长势等级。

5.2.4 卫星遥感积雪监测业务流程

卫星遥感积雪监测业务流程见图5.3。

5.2.5 卫星遥感沙尘暴监测业务流程

卫星遥感沙尘暴监测业务流程见图5.4。

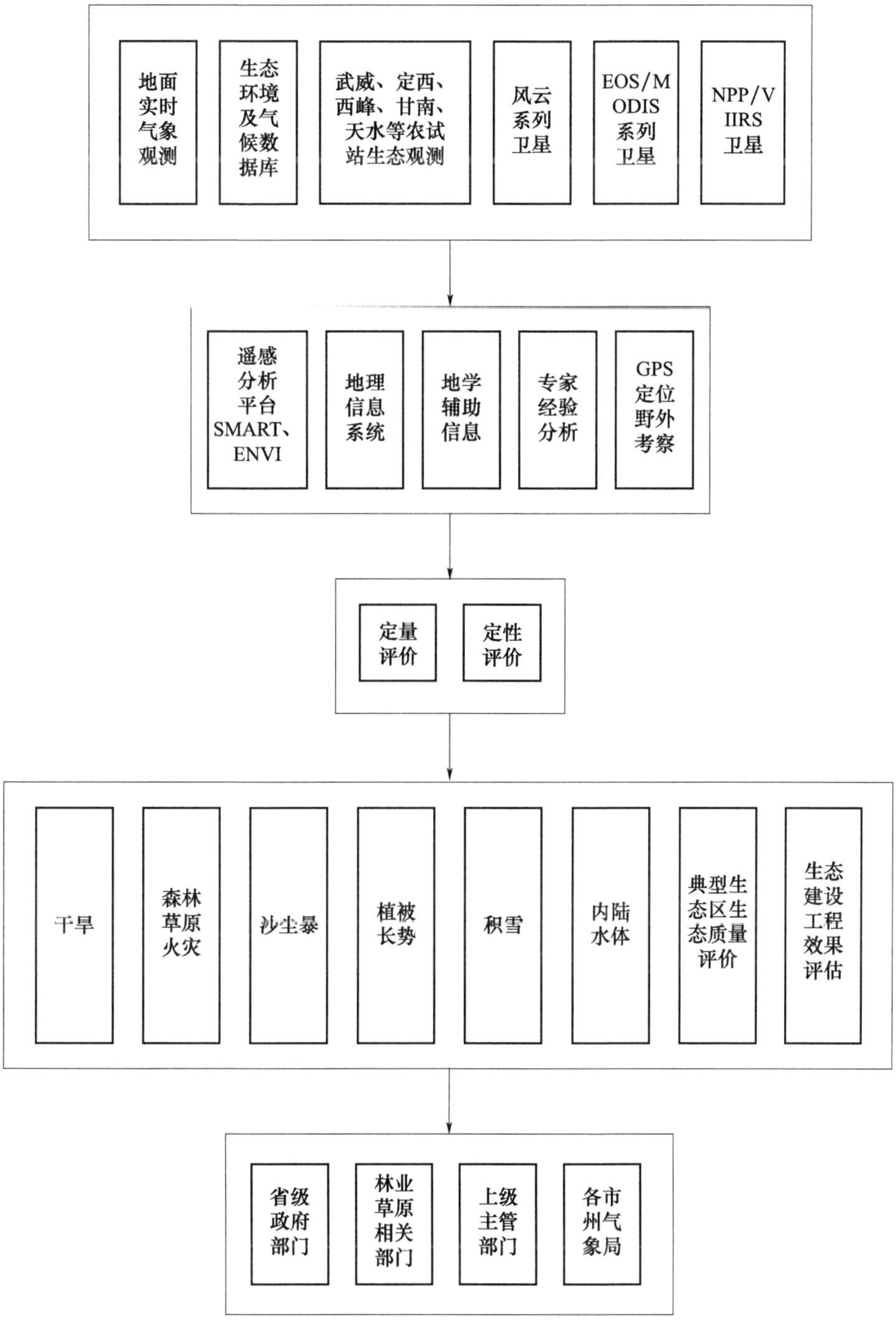

图 5.1　卫星遥感监测综合业务流程

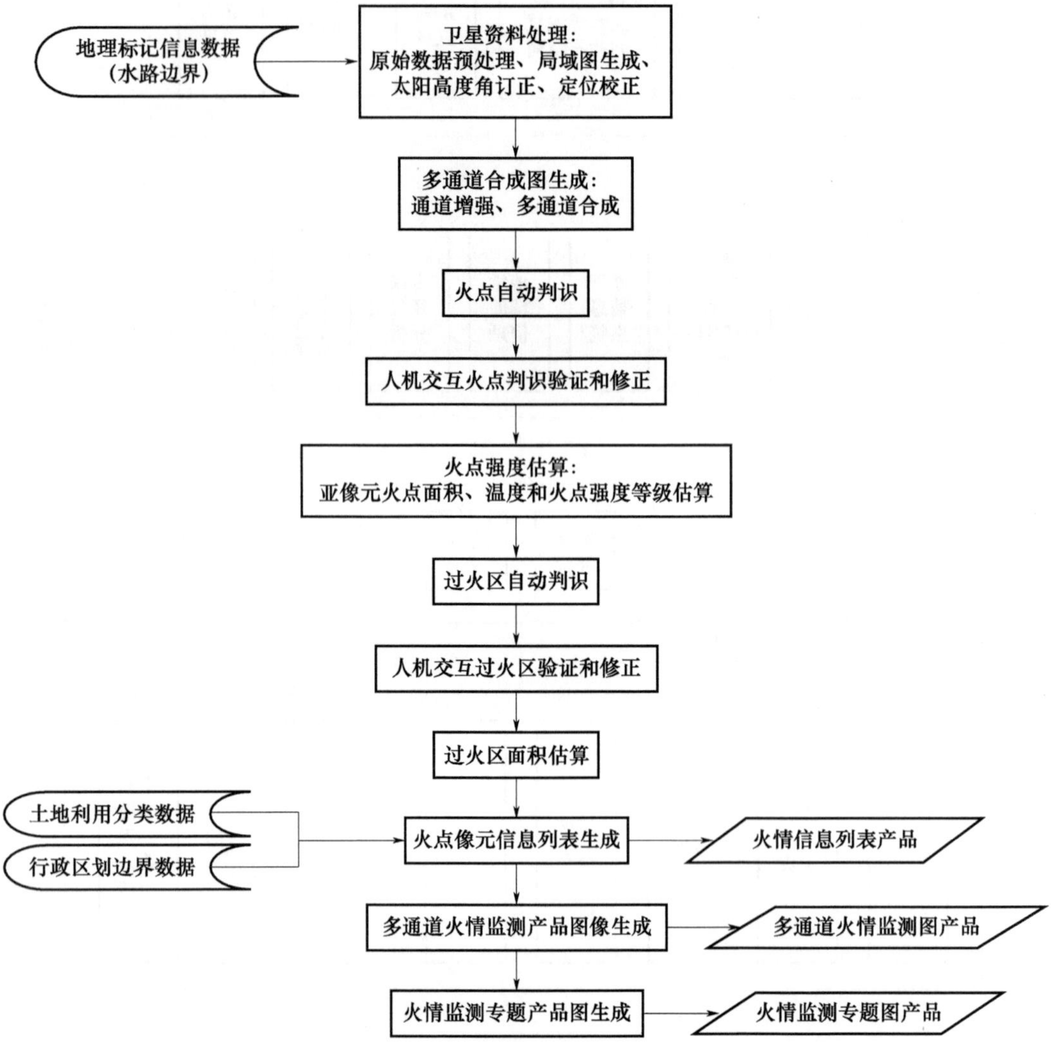

图 5.2 卫星遥感火情监测业务流程

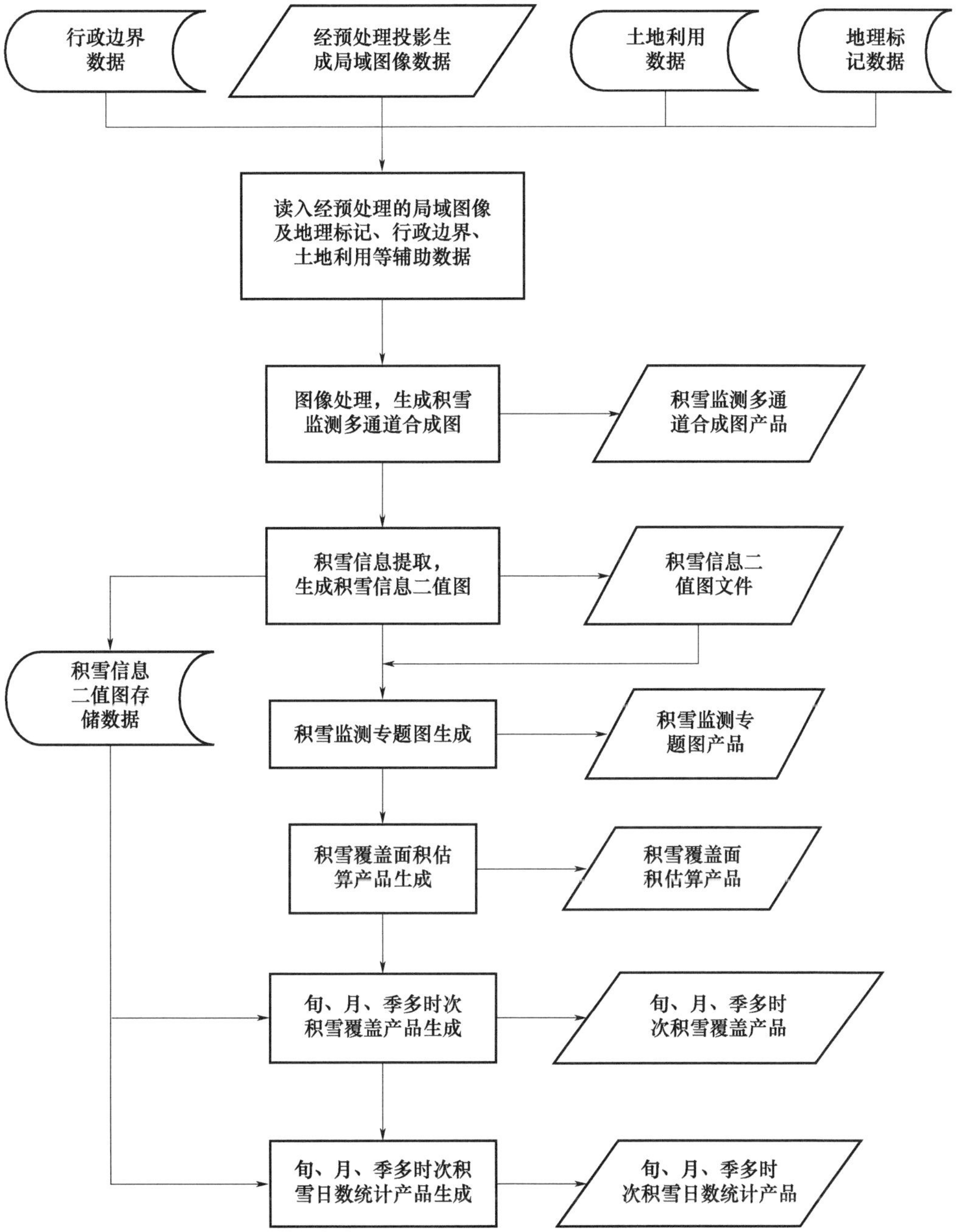

图 5.3　卫星遥感积雪监测业务流程

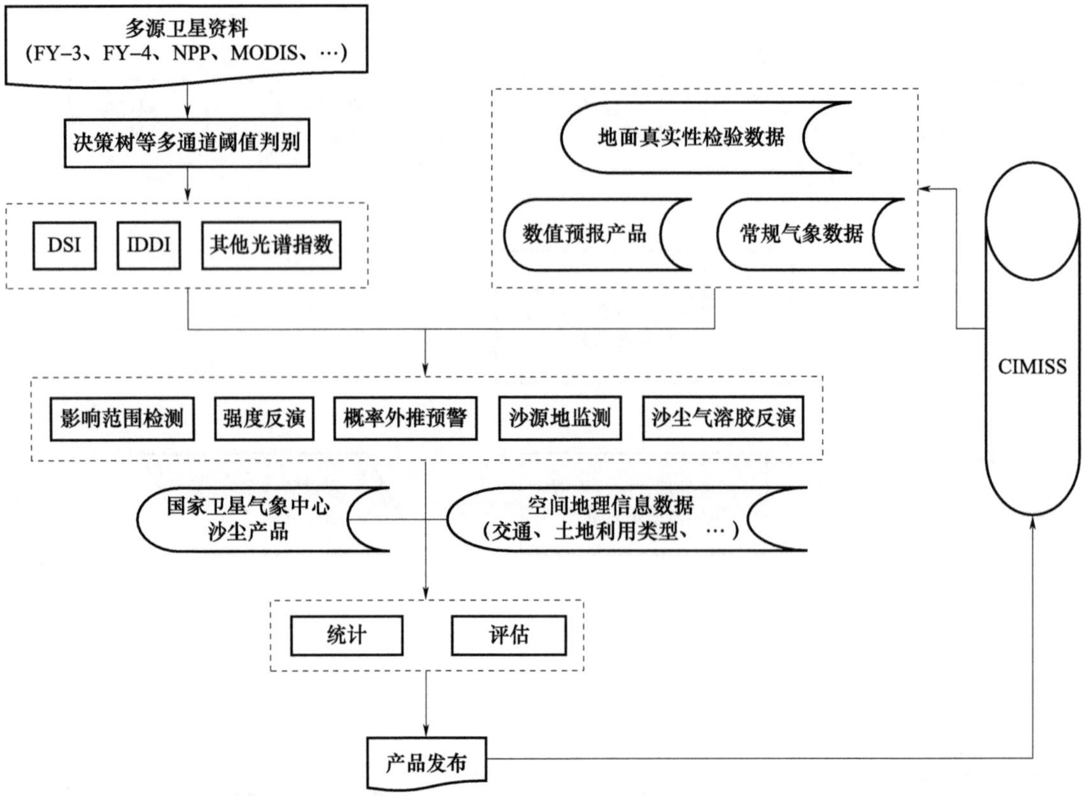

图 5.4 卫星遥感沙尘暴监测业务流程

5.2.6 生态气象监测评估业务流程

生态气象监测评估业务流程见图 5.5。

5.3 国家级、省级业务规定和管理办法

5.3.1 业务布局

负责卫星数据获取、处理、共享业务和遥感应用服务。

5.3.2 业务职责

(1)负责落实中国气象局《卫星遥感综合应用体系建设指导意见》,制定甘肃省生态气象和气象卫星应用业务发展规划;

(2)负责全省气象及高分辨率卫星数据的获取、处理和共享;

(3)负责对国家级和省级遥感指导产品的真实性检验、解释应用和反馈;

(4)组织收集各地需求集中开展全省生态遥感监测和制作全省卫星遥感业务产品,形成本省生态遥感动态监测和评估业务,向省政府及中国气象局编报有关生态环境和自然灾害等遥感监测信息,并对市、县级开展业务指导、技术支持和业务培训;

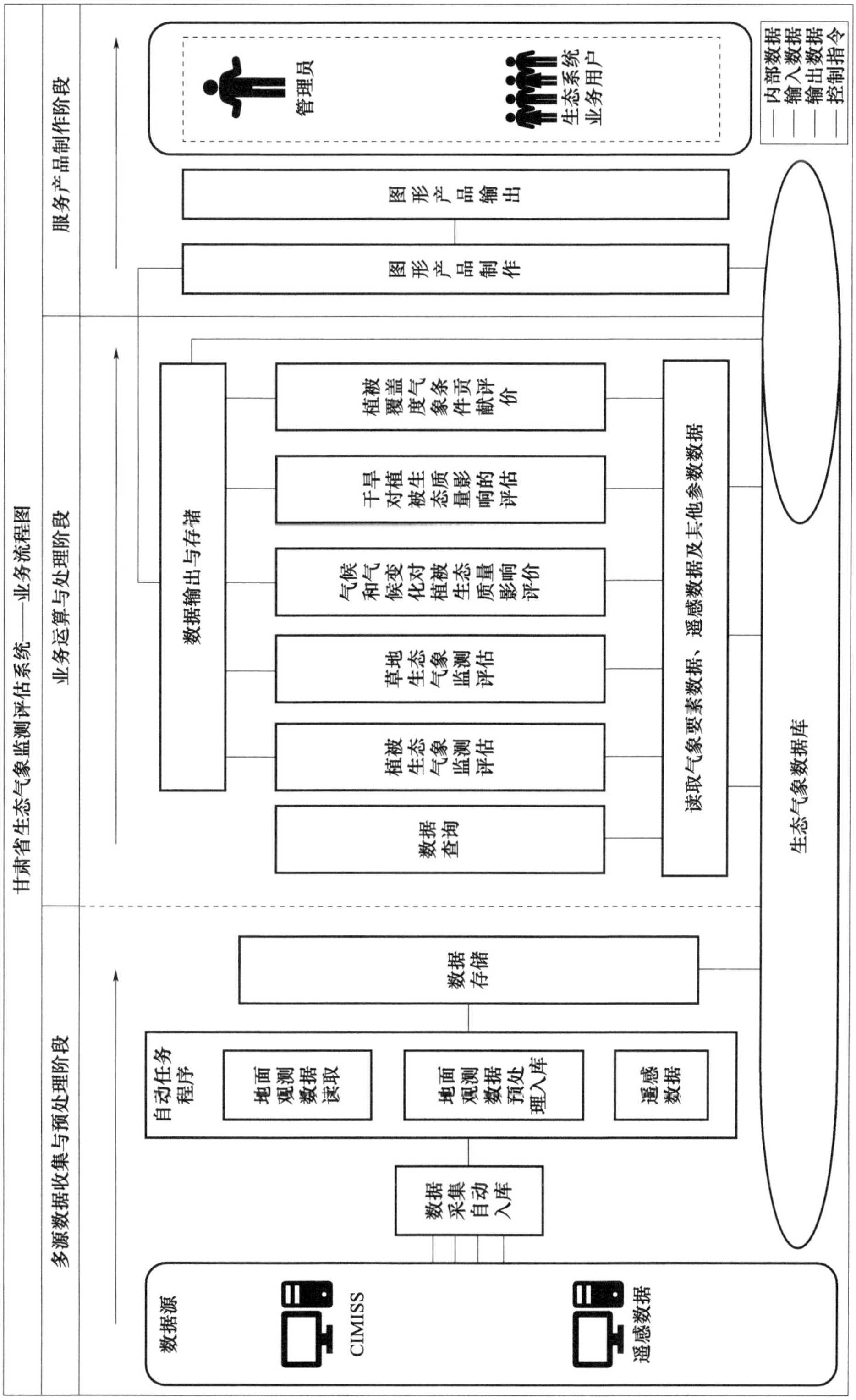

图 5.5　生态气象监测评估业务流程

(5)负责全省自然灾害遥感应急监测及其他遥感监测服务，并发布卫星遥感监测分析评估报告；

(6)促进气象卫星数据产品在气象核心业务(天气、气候、农业气象、人工影响天气等)中的深度应用和在国民经济各相关领域中的广泛应用，组织开展气象卫星遥感相关技术的科研工作；

(7)负责全省气象及高分辨率卫星数据的获取、处理和共享；全省自然灾害遥感应急监测、灾后评估和产品制作；全省大气环境遥感监测产品制作；大气环境和自然灾害遥感产品的真实性检验、解释应用和反馈；

(8)负责组织收集各地需求集中制作全省生态遥感动态监测和评估产品；向省政府及中国气象局编报生态环境专题遥感监测评估报告；对市、县级开展业务指导、技术支持和业务培训；生态环境遥感监测评估产品的真实性检验、解释应用和反馈。

5.3.3 火情遥感监测业务服务规定

(1)为了充分发挥卫星遥感监测在森林、草原火情防灾救灾工作中的积极作用，更好地为社会经济服务，根据《森林火险气象等级：GB/T 36743—2018》[1]和《卫星遥感火情监测方法 第一部分：总则：QX/T 344—2016》[4]规定，依据火情的强度、范围制定火情等级标准及相应的服务规定。

火情等级标准

一级火情：火点面积 $S \geqslant 10\ km^2$，温差 $\Delta T \geqslant 27$ K

二级火情：$5 \leqslant$ 火点面积 $S < 10\ km^2$，$12 \leqslant$ 温差 $\Delta T < 27$ K

三级火情：$1 \leqslant$ 火点面积 $S < 5\ km^2$，$5 \leqslant$ 温差 $\Delta T < 12$ K

四级火情：火点面积 $S < 1\ km^2$，温差 $\Delta T < 5$ K

注：温差为火点气温与环境背景气温之差。

服务规定

1)出现火点位于林区、草原区或距离林草区 10 km 以内的边缘地带时，按火情等级服务规定(表 5.1)处理。

表 5.1 林区和草区火情等级服务规定

火情等级	服务规定
一级	通报森林草原防火部门和中心领导，建议中心领导向省局领导汇报；增加周末节假日守班和小夜班，跟踪监测，及时服务，直到确定火点熄灭。
二级	通报森林草原防火部门和中心领导，增加周末节假日守班；跟踪监测，及时服务，直到确定火点熄灭。
三级	通报森林草原防火部门，跟踪监测服务，直到火点熄灭；若火情发展，按上一级情况处理。
四级	跟踪监测，若连续两次发现火点存在且有发展，按上一级处理。

2)出现火点位于非林区、非草区时，按火情等级服务规定(表 5.2)处理。

表 5.2 非林区和非草区火情等级服务规定

火情等级	服务规定
一、二级	跟踪监测，连续两次发现火点存在且未减弱，通过省局向省政府办公厅通报火情。
三级及以下	做好记录，注意监测，视情况发展提供服务。

3)当火点遥感影像附近有异常高值干扰点(即出现可疑火点)或火点距离该轨影像边缘点 100 km 以内时,跟踪监测,采取多种方法,排除干扰,确定火情;若火点真实则按上述服务规定处理。

4)当火点面积和温差处在不同等级时,按较高的火情等级处理。

5)通报服务单位必须在(从接收影像时间算起)两小时内完成。

6)自发现火点后,进行连续监测(不同卫星轨道、时次);若火情有发展趋势,均按上一等级处理。

(2)植被遥感监测业务服务规定,根据《卫星遥感植被监测技术导则:QX/T 188—2013》[2]制定。

(3)积雪遥感监测业务服务规定,根据《卫星遥感监测技术导则 积雪覆盖:QX/T 96—2020》[3]制定。

(4)沙尘暴遥感监测业务服务规定,根据《沙尘暴天气监测规范:GB/T 20479—2006》[5]和《卫星遥感沙尘暴天气监测技术导则:QX/T 141—2011》[6]制定。

5.4　应用的数据与开展的业务服务内容

5.4.1　应用数据及来源

依托现有卫星地面直收站接收数据、中国气象局推送数据、中国资源卫星中心网站下载数据等数据源建设甘肃省卫星遥感数据资源池,实现气象卫星数据和遥感产品、其他卫星数据资源和成果的共享。

卫星资源包括:

风云气象卫星(静止):FY-2F、FY-2G、FY-4A;

葵花气象卫星(静止):Himawari-8;

风云气象卫星(极轨): FY-3C、FY-3D、FY-3E;

EOS/MODIS 卫星(极轨):TERRA、AQUA;

NPP 卫星(极轨);

NOAA/AVHRR 卫星(极轨):NOAA18、NOAA19、NOAA20;

高分卫星:GF-1(极轨)、GF-2(极轨)、GF-3(极轨、雷达)、GF-4(静止)、GF-6(极轨);

环境减灾卫星(极轨):HJ-1A、HJ-1B、HJ-1C(雷达);

陆地资源卫星(极轨):Landsat8/OLI;

哨兵卫星(极轨):Sentinel-2A、Sentinel-2B。

5.4.2　开展的业务服务内容

(1)利用实时接收的卫星资料,获取甘肃省各生态区的大范围生态环境监测数据;通过与地面生态气象观测站点的配合和相关研究开发,建立各生态区生态环境的卫星遥感监测模型,监测的目标有沙尘暴(范围、强度)、森林草原火灾、土壤水分、山区积雪(面积、雪深、积雪覆盖日数)和雪灾、植被(林、草、农田)长势、水资源、大气环境、干旱、洪涝等各种生态要素和自然灾害。

(2)通过常规地面气象观测站点和生态气象观测站获取各生态区生态环境细致的变化数据,分析各生态区的生态环境变化特征。

(3)将地面观测与卫星遥感有机结合,通过地面观测校验卫星反演模型,提高卫星监测精度。利用反演模型,将地面观测点上资料反演到面上,最终发布生态环境和自然灾害实时、动态监测产品和月、季、年评价报告,逐步实现对省市县重要生态要素的全覆盖遥感监测。

5.4.3 制作的监测评估业务服务产品

(1)陆面环境类

植被净初级生产力(net primary productivity,NPP)、植被指数和植被覆盖度、植被返青和枯黄日期、草地生产力及产草量、晴空区陆表反射比、陆表气温(白天、夜间)、积雪覆盖(面积、日数、雪深)、内陆水体面积、叶面积指数等。

(2)大气环境类

云分类、总云量、云顶气温、云检测、晴空大气可降水、陆上气溶胶光学厚度等。

(3)自然灾害类

森林草原火灾及灾后评估、沙尘覆盖范围强度和影响评估、干旱及其影响评估、洪涝及其影响评估等。

(4)生态综合评估类

甘肃省草地、森林、农田生态系统生态质量气象评价;针对"四屏一廊"(河西祁连山内陆河生态安全屏障、秦巴山地区长江上游生态安全屏障、甘南高原地区黄河上游生态安全屏障、陇东陇中地区黄土高原生态安全屏障、中部沿黄河地区生态走廊)的典型生态功能区遥感监测综合评估;流域综合治理、天然林保护、退牧还草等生态工程建设评估;其他专题生态遥感监测服务。

5.5 产品发布的种类与时间节点

5.5.1 基于NPP祁连山生态质量气象评价

监测对象:植被净初级生产力(NPP),指绿色植物在单位时间、单位面积上由光合作用所产生的有机物质总量中扣除自养呼吸后的剩余部分。根据《陆地植被气象与生态质量监测评价等级:QX/T 494—2019》[9]对祁连山区植被生长期内的NPP和气象评价指数(evaluation of meteorology index,EMI)进行遥感监测。

监测方法:在NPP的基础上,构建生态监测气象评价指数(EMI,表5.3),作为评价和判识指标。

表5.3 生态监测气象评价指数(EMI)

生态监测气象评价指数(EMI)分级	生态评价等级
EMI<-50	很差
-50≤EMI<-25	较差
-25≤EMI<25	正常

续表

生态监测气象评价指数(EMI)分级	生态评价等级
25≤EMI<50	较好
EMI>50	很好

5.5.2　甘肃省水体遥感监测

监测对象：对甘肃省境内主要水库(双塔、昌马、红崖山、刘家峡)和主要内陆湖(青土湖、尕海)进行全年水体面积遥感监测。

监测方法：水体指数计算公式为

$$WI=(B_{0.86}-B_{0.99})/(B_{0.86}+B_{0.99})$$

判识指标：$WI>0$。式中，B 表示卫星遥感波段数据，下标为其波段的微米数。

5.5.3　甘肃省植被长势遥感监测

监测对象：根据《卫星遥感植被监测技术导则：QX/T 188—2013》[2] 对甘肃省境内植被进行生长期(3—10 月)遥感监测。

监测方法：归一化植被指数计算公式为

$$NDVI=(B_{0.86}-B_{0.65})/(B_{0.86}+B_{0.65})$$

判识指标：$NDVI>0.3$

5.5.4　祁连山区积雪遥感监测

监测对象：根据《卫星遥感监测技术导则 积雪覆盖：QX/T 96—2020》[3] 对甘肃省境内祁连山区的东、中、西段进行全年积雪面积遥感监测。

监测方法：归一化积雪指数计算公式为

$$NDSI=(B_{0.55}-B_{1.64})/(B_{0.55}+B_{1.64})$$

判识指标：$NDSI>0.2$

5.5.5　甘肃省干旱遥感监测

监测对象：根据《北方草原干旱评估技术规范：QX/T 183—2013》[8] 对甘肃省境内植被进行生长期(3—10 月)旱情遥感监测，利用土壤湿度干旱分级指标对遥感监测结果进行分级。

监测方法：植被供水指数(表 5.4)作为判识指标。计算公式为

$$\mathrm{VSWI}=\mathrm{NDVI}/B_{11}$$

表 5.4　植被供水指数(VSWI)

植被供水指数(VSWI)分级	干旱等级
VSWI<0.06	重旱
0.06≤VSWI<0.13	中旱
0.13≤VSWI<0.17	轻旱
VSWI>0.17	适宜

5.5.6 甘肃省森林草原火情遥感监测

监测对象：根据《卫星遥感火情监测方法 第一部分：总则：QX/T 344—2016》[4]对甘肃省境内森林、草原植被进行全年火情遥感监测。

监测方法：红外通道阈值。

判识指标：B_{11}火点亮度温度比环境平均亮温高 10 K 以上。

5.5.7 甘肃省沙尘暴遥感监测

监测对象：根据《沙尘暴天气监测规范：GB/T 20479—2006》[5]和《卫星遥感沙尘暴天气监测技术导则：QX/T 141—2011》[6]对河西走廊和陇中地区进行全年沙尘暴遥感监测。

监测方法：红外通道多阈值。

判识指标：

$B_{11} < 297$ K

$B_{12} - B_{11} > 0$ K

$B_{3.7} - B_{11} > 16$ K

5.5.8 甘肃省高温遥感监测

监测对象：根据《城市热岛卫星遥感监测评估业务管理规定（试行）》[7]对甘肃省境内进行夏季（6—9 月）高温遥感监测。

监测方法：红外通道阈值。

判识指标：$B_{11} > 273$ K

5.5.9 兰州市气溶胶光学厚度遥感监测

监测对象：气溶胶光学厚度（aerosol optical depth，AOD），是表征大气混浊度的重要物理量，是确定气溶胶气候效应的一个关键因子。对兰州市空气质量进行冬季气溶胶光学厚度遥感监测。

监测方法：基于 MODIS 卫星的 Terra 传感器遥感资料，采用改进的暗像元算法，反演兰州市气溶胶光学厚度（AOD），并通过与空气质量指数（air quality index，AQI）的线性关系转换为兰州市空气质量。

5.6 业务系统框架和功能简介

5.6.1 甘肃省生态气象监测评估系统

甘肃省生态气象监测评估系统包括生态数据库模块、植被生态气象监测评估模块、草地生态气象监测评估模块、气候和气候变化对植被生态质量影响评价模块、干旱对植被生态质量影响的评估模块以及植被覆盖度气象条件贡献评价模块（图 5.6）。

遵循中国气象局数据规范，采用全国比较成熟的技术方法，采取插件式技术框架开发植被生态气象监测评估系统；基于地理信息技术的产品制作平台，制作、加工各种相关产品。

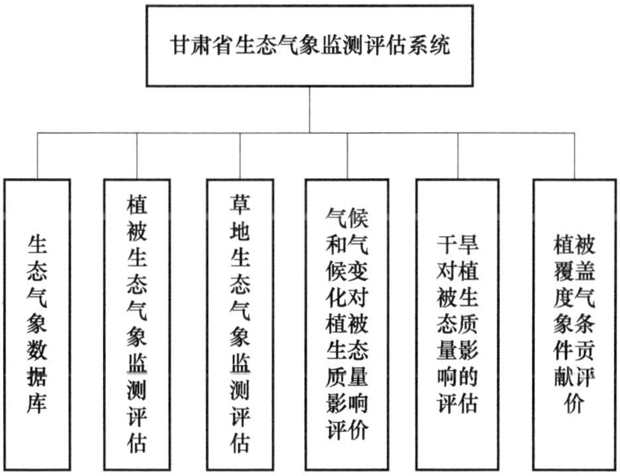

图 5.6　生态气象监测评估系统

5.6.1.1　生态气象数据库模块

(1)建设内容

建立生态气象数据库，将保障系统正常运行所需要的站点基本信息、地面气象观测数据、各个功能模块图形模板、系统配置管理信息等数据进行存储。

(2)主要功能

①数据自动入库

数据自动入库是为了满足系统所需要的地面气象观测数据而开发的数据自动采集功能，系统数据源采用甘肃省气象大数据云平台，每天定时读取甘肃省气象大数据云平台的地面气象日资料数据，按照生态气象数据库的标准规范，对数据进行加工处理后，保存到生态气象数据库地面气象日资料表中。

②数据手动补录入库

提供手工补录地面气象日资料数据功能，用户手动选择日期区间，将所选时间段内的数据补录入库。

③数据查询

数据查询功能主要是对生态气象数据库中的地面气象观测日资料进行查询，系统提供按时间、按站点、按要素查询的功能，方便用户查询数据入库情况。

(3)设计方案

生态气象数据库是对所有相关系统生产的数据及产品进行统一存储的载体，各业务系统数据存储设计与实施都应遵循生态气象数据库提出的各项规范。

在系统建设过程中，按照中国气象局相关的数据库建库规范要求，提交元数据。

生态气象数据库遵循五个“统一”，即统一设计规范、统一应用接口规范、统一开发规范、统一部署、统一运行和维护支持。

5.6.1.2　生态气象监测模型库模块

模型参数、阈值修改：包括植被生态气象监测评估模块、草地生态气象监测评估模块、气候和气候变化对植被生态质量影响评价模块、干旱对植被生态质量影响的评估模块，以及植被覆盖度气象条件贡献评价模块中所有模型参数和阈值的手动修改功能。

5.6.1.3 植被生态气象监测评估模块

(1)植被 NPP 估算

利用甘肃范围内 MODIS 月 NDVI 数据，地面气象观测数据，结合土壤和高程等辅助参数数据，通过蒸散模型进行地表净辐射、植被蒸腾、陆地蒸发、地表蒸散计算；根据实际蒸散和潜在蒸散的结果数据，建立水分胁迫系数模型，通过模型计算出水分胁迫系数结果，采用光合利用率模型进行植被净初级生产力 NPP 计算。根据起止月份，对 NPP 进行合成，并以图形方式进行展示，同时计算生成 NPP 与上一年对比和近 5 年对比等结果。

(2)植被覆盖度估算

利用甘肃范围内 1 km 分辨率的 MODIS 月 NDVI 数据，结合 NDVI 极值参数，进行月尺度的植被覆盖度估算，根据起止月份，进行该时间段内的覆盖度结果合成，并以图形方式进行展示，同时计算生成植被覆盖度与上一年对比和近 5 年对比等结果。对 2000 年以来历史年份植被覆盖度进行估算，并对植被覆盖度的变化趋势率进行计算，结果以图形方式展示。

(3)植被生态质量指数估算

利用植被净初级生产力 NPP 和植被覆盖度构成植被生态质量指数，综合监测评估植被生态质量的优劣。根据所选时段，对植被生态质量指数进行估算，结果以图形显示；计算生成植被生态质量指数与上一年对比和近 5 年对比等结果。

(4)植被生态改善指数估算

利用植被净初级生产力 NPP 的变化趋势率以及植被覆盖度变化趋势率，对植被生态改善指数进行估算。根据所选时段，对植被生态改善指数进行估算，结果以图形显示。

(5)植被生态估算结果统计

基于遥感 NDVI 数据以及上述计算出的植被 NPP、植被覆盖度、植被生态质量指数、植被生态改善指数等数据，结合甘肃省地理信息数据，进行各类植被数据的按省、市、县以及分行政区域分土地覆盖类型的统计，结果以文本保存。

基于 NDVI 变化趋势率、植被 NPP 变化趋势率、植被覆盖度变化趋势率以及植被生态改善指数等数据，结合甘肃省地理信息数据，进行各类植被变化趋势数据的按省、市、县以及分行政区域分土地覆盖类型的统计，结果以文本保存。

(6)技术路线见图 5.7。

5.6.1.4 草地生态气象监测评估模块

(1)草地生态气象条件评价

利用旬平均气温、旬降水量和旬日照时数，根据《北方草原干旱评估技术规范：QX/T 183—2013》[8]计算评价时段的综合气象条件指数；计算综合气象条件指数的年际差以及与近 5 年均值的差值，然后进行空间插值，生成气象条件指数、年际差值、与近 5 年均值差值的空间分布图。

技术路线见图 5.8。

(2)产草量遥感估算

根据月 NDVI 遥感数据资料，利用遥感资料和地面产草量资料，构建产草量估算模型，估算像元的产草量(单产)。计算结果进行分县产量统计。

技术路线见图 5.9。

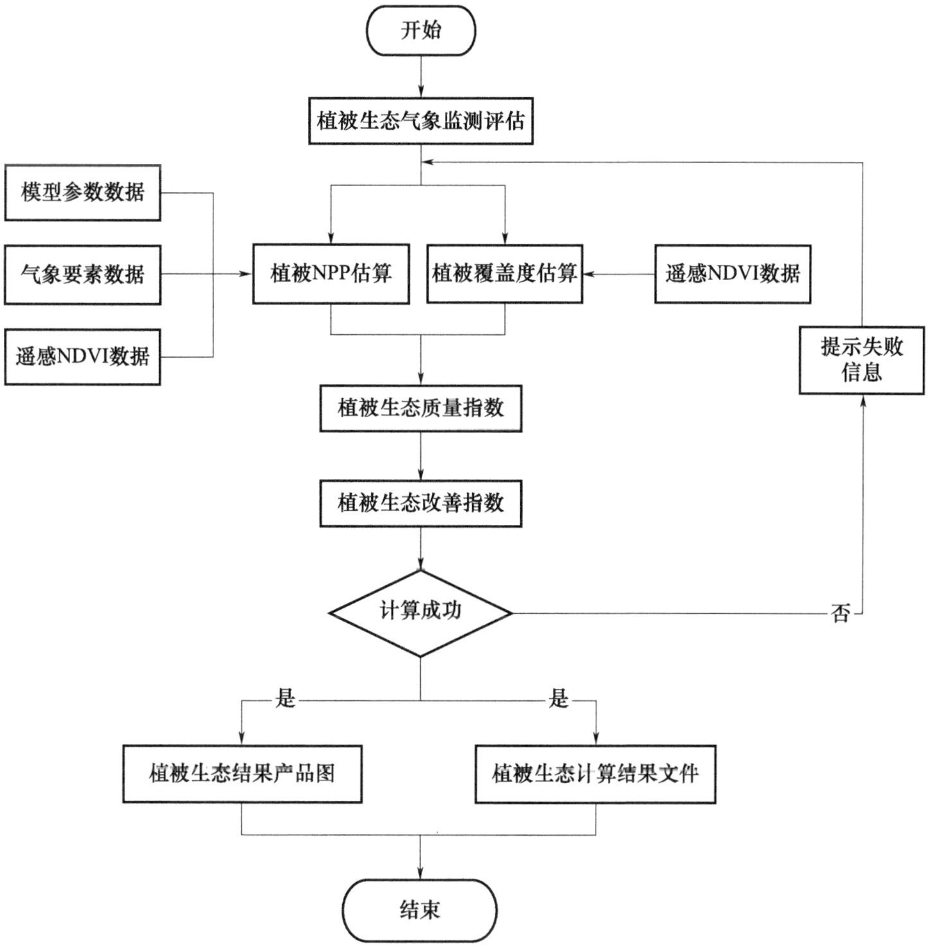

图 5.7　植被生态气象监测评估技术路线

(3)草地生态气象模式(AVIM)估算

利用逐日平均气温、最高气温、最低气温、降水量、平均相对湿度、总云量、平均风速、日照时数,用于驱动 AVIM－GRASS 模型,计算草地植被逐日 NPP,并计算 NPP 与上年和近 5 年平均值的比较。然后进行空间插值,生成 NPP、年际差值、与近 5 年均值差值的空间分布图。

技术路线见图 5.10。

5.6.1.5　气候和气候变化对植被生态质量影响评价模块

(1)生态气候要素统计分析

计算各年份中任意起始和终止月份的平均气温、积温(0 ℃、10 ℃界限气温)、降水量、日照时数结果,计算各气候要素多年平均值,制作区域空间分布图;计算任意起始和终止年份的气候要素变化趋势率,制作变化趋势率空间分布图。

(2)气候要素与植被生态相关关系计算

利用植被生态气象监测评估子模块生成的植被 NPP、植被覆盖度和植被生态质量指数逐年结果数据,计算逐年气候要素(平均气温、积温、降水量、日照时数等)与植被 NPP、植被覆盖度、植被生态质量指数之间的相关关系。

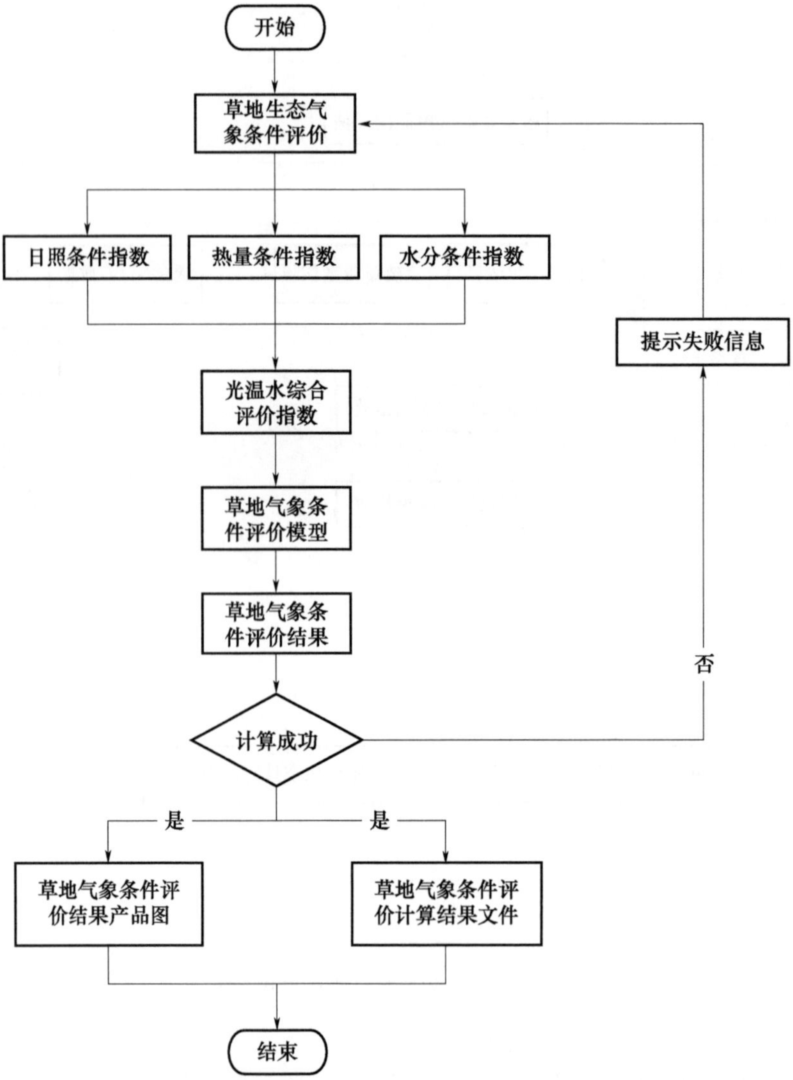

图 5.8 草地生态气象监测评估技术路线

(3)植被生态结果多年平均值计算

计算植被 NPP、植被覆盖度和植被生态质量指数自有资料以来的多年平均值。

(4)气候变化对植被生态影响评估

利用各气候要素变化趋势率和植被生态结果变化趋势率，确定气候变化对植被生态影响评估模型，根据模型生成结果，并制作空间分布图。

(5)技术路线见图 5.11。

5.6.1.6 干旱对植被生态质量影响的评估模块

(1)植被干旱指数

利用潜在蒸散和降水量，计算任意时段植被水分亏缺指数和植被干旱指数，制作空间分布图。

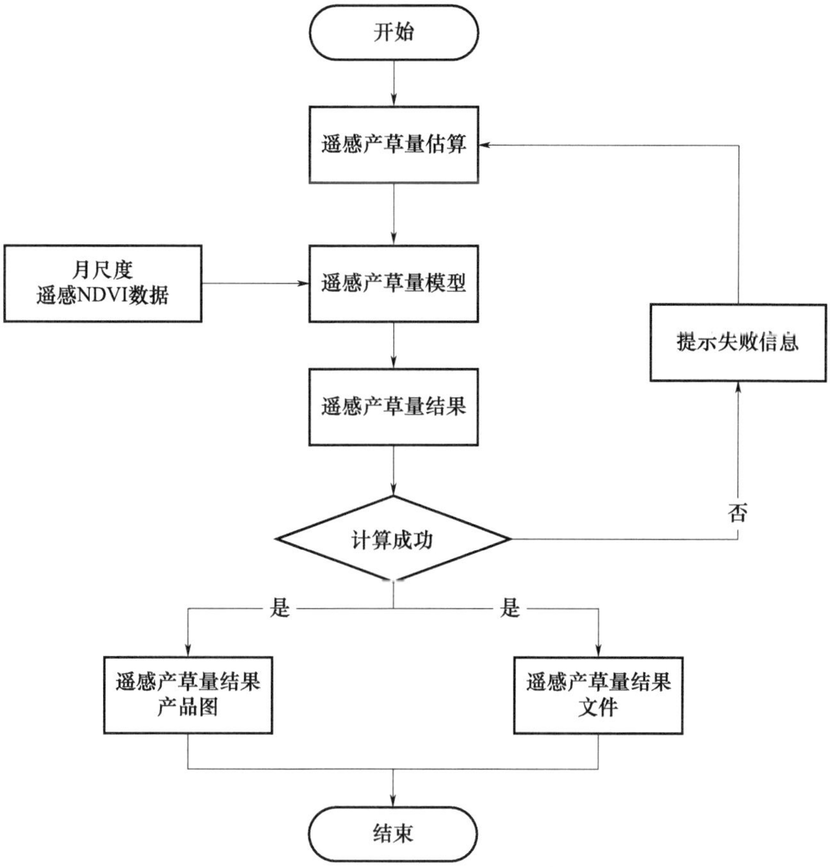

图 5.9　产草量遥感估算技术路线

(2)植被干旱指数变化趋势率

根据计算出的历年植被干旱指数结果,计算任意起始终止年份植被干旱指数变化趋势率,制作空间分布图。

(3)植被干旱风险评估

根据计算出的历年植被干旱指数,依据植被干旱分级阈值指标,计算各个干旱等级风险概率和植被干旱综合风险指数,制作空间分布图。

(4)十旱与植被生态相关关系

利用植被生态气象监测评估模块生成的植被 NPP、植被覆盖度和植被生态质量指数逐年结果数据,计算逐年植被干旱指数与植被 NPP、植被覆盖度、植被生态质量指数之间的相关关系,结果制作生成空间分布图。

(5)干旱对植被生态影响评估

利用植被干旱指数变化趋势率和植被生态结果变化趋势率,确定干旱对植被生态影响评估模型,根据模型生成结果,并制作空间分布图。

(6)技术路线见图 5.12。

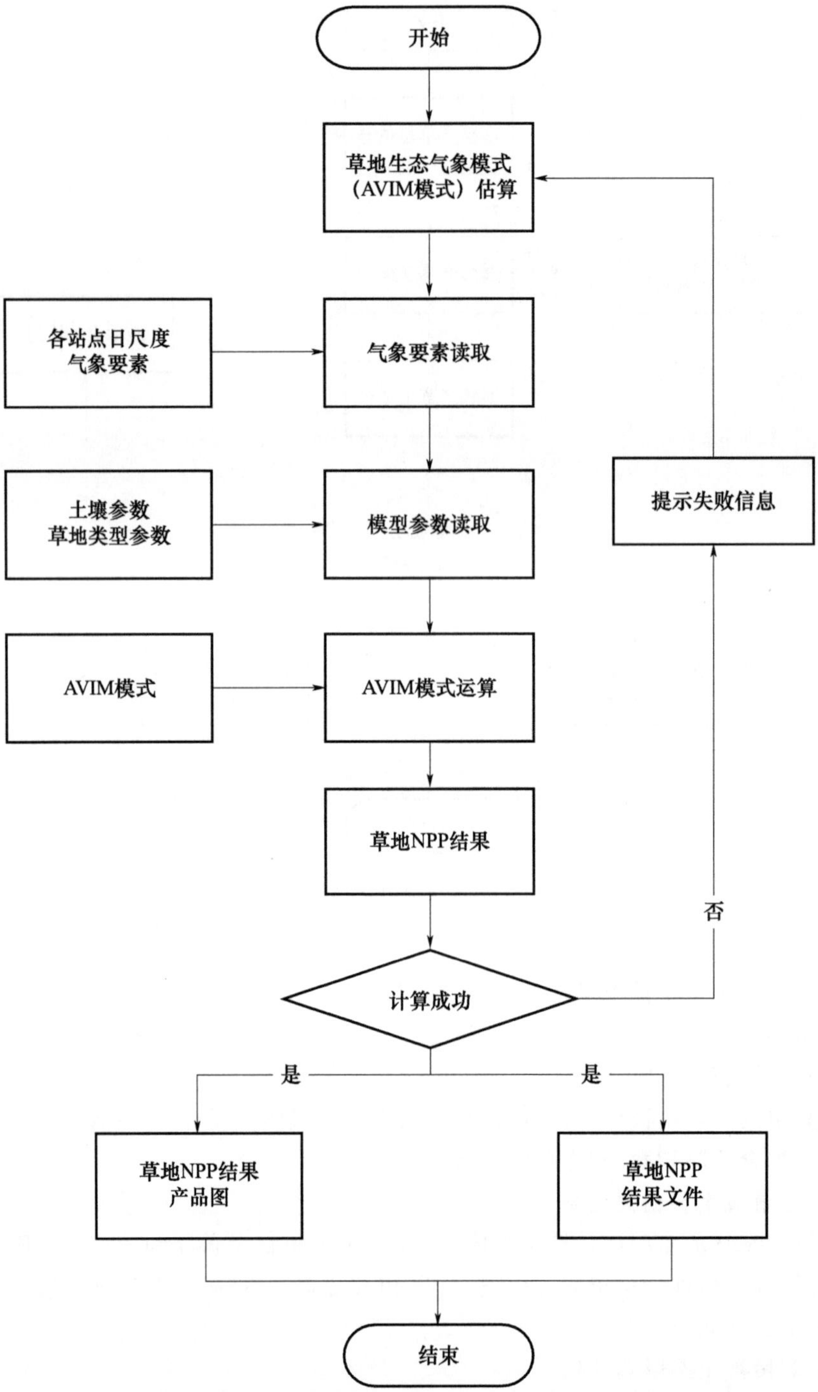

图 5.10 草地生态气象模式(AVIM)估算技术路线

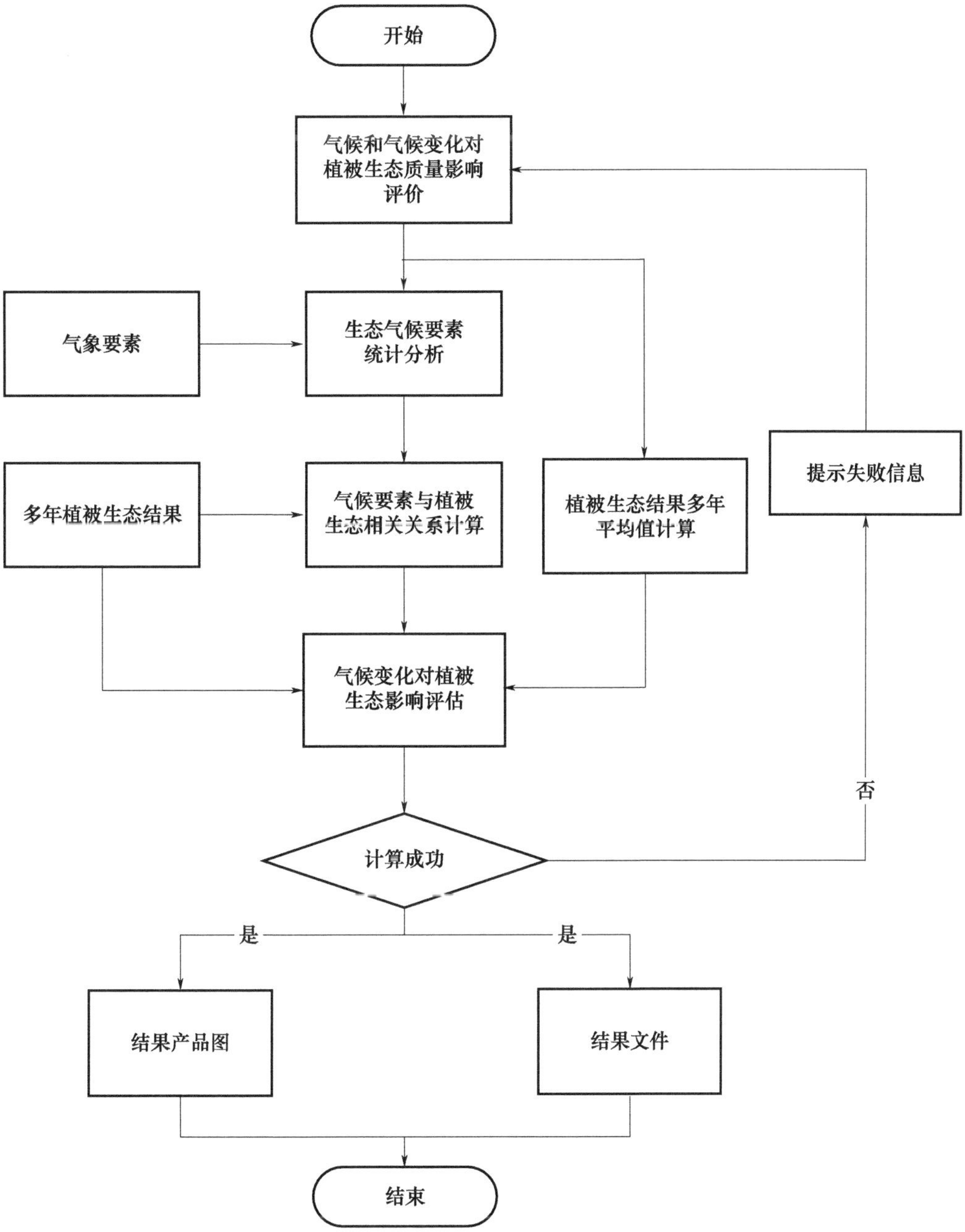

图 5.11　气候变化对植被生态质量影响评估技术路线

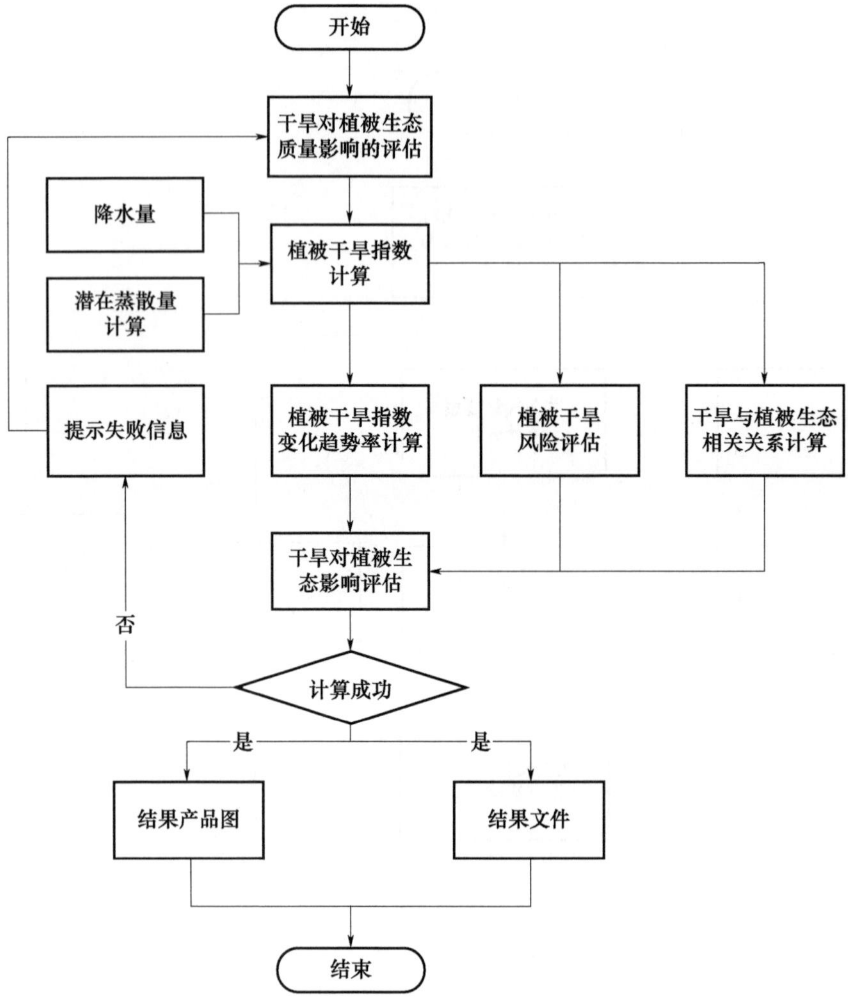

图 5.12　干旱对植被生态质量影响评估技术路线

5.6.1.7　植被覆盖度气象条件贡献评价模块

(1)气象条件下植被覆盖度

根据《陆地植被气象与生态质量监测评价等级:QX/T 494—2019》[9],利用日照时数、气温、降雨量等气象因子,建立适宜植物生长的气温模型、地表总辐射和净辐射模型,并由地表水分平衡构建地表水分因子模型。

基于光照、气温、水分气象因子,建立综合生态气象因子计算模型,并基于综合生态气象因子,建立植被覆盖度模拟模型,计算气象条件下植被覆盖度结果,并生成空间分布图。

(2)植被覆盖度气象贡献率

计算 2000 年以来的气象条件植被覆盖度变化趋势,结合植被生态气象监测评估模块生成的遥感植被覆盖度变化趋势,计算气象条件驱动下的植被覆盖度变化趋势占实际植被覆盖度变化趋势的百分比,用来表示植被覆盖度气象贡献率,生成空间分布图。

(3)技术路线见图 5.13。

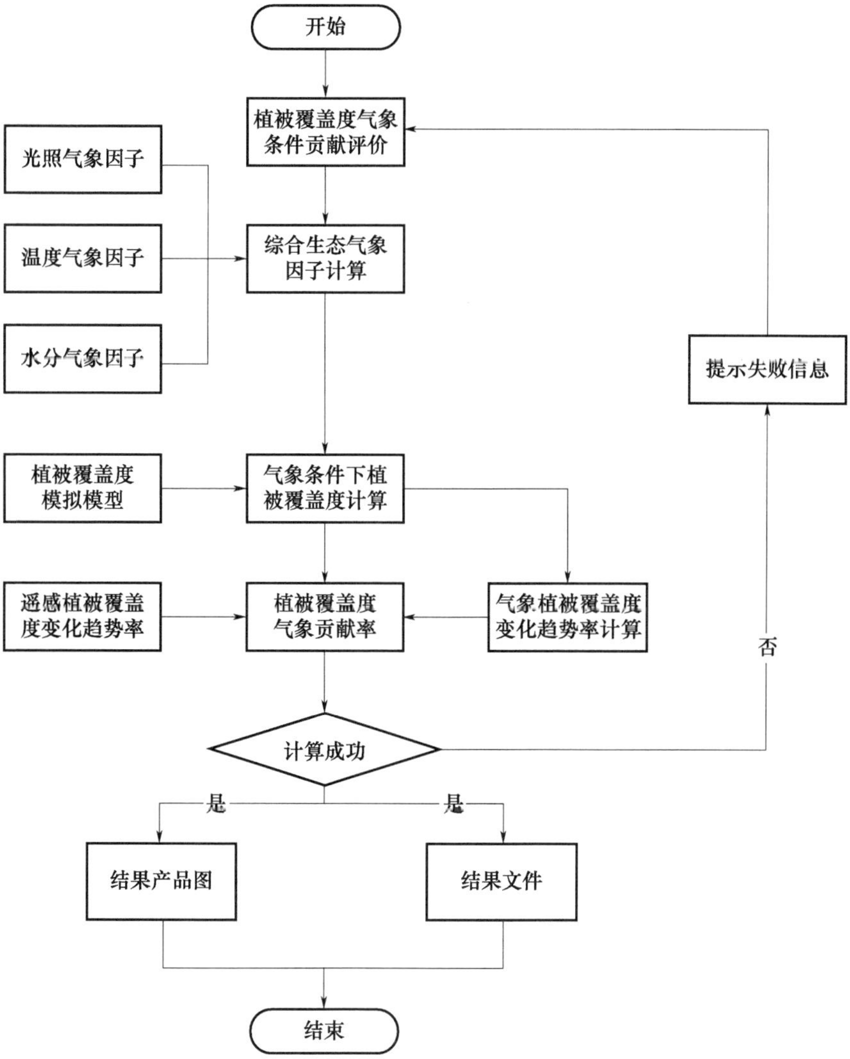

图 5.13　植被覆盖度气象条件贡献评价技术路线

5.6.2　甘肃省森林草原火灾遥感监测与火险预报预警业务系统

5.6.2.1　甘肃省森林草原火灾遥感监测模块

以气象卫星遥感资料接收系统、甘肃省森林草原火灾灾情信息和地面生态监测资料为基础，基于全球生态系统参数资料提供的土地覆盖信息、DEM 资料，结合高精度野外 GPS 定位调查，采用遥感数字图像处理技术和统计分析方法，确定甘肃省森林草原火灾的遥感监测指标，建立自动化判识火点的森林草原火灾遥感监测业务系统。

5.6.2.2　甘肃省森林草原火险预报预警模块

构建火险预报模型，将 TVDI 方法遥感反演的土壤墒情信息和火点监测信息作为预报因子，建立包含遥感反演的土壤湿度因子、欧洲中期天气预报中心(European Centre for Medium－Range Weather Forecasts，ECMWF)或 WRF(Weather Research and Forecast Model)数值预报要素等因子的 1 km 网格森林火险预报模式，实现森林草原火险精细化预报；应用天气学和统计学原理，结合 GIS 的空间分析，建立精细化森林草原火险预报预警模型和业务系统。

5.6.2.3 火灾产品自动制作发布和决策指挥模块

基于 WebGIS，建立森林草原火灾服务产品自动制作和自动发布系统，实现包括气温、风向、风速等气象要素、1 km 网格火险等级值、遥感监测火点位置及大小等信息的集成显示；基于 C/S、B/S 架构，建立集遥感实况监测、地面气象要素实况查询、火灾判断、火险预报、天气预报、现场指挥于一体的决策指挥系统。

5.6.2.4 技术路线图和系统流程图

甘肃省森林草原火灾遥感监测与火险预报预警业务系统技术路线图见图 5.14。

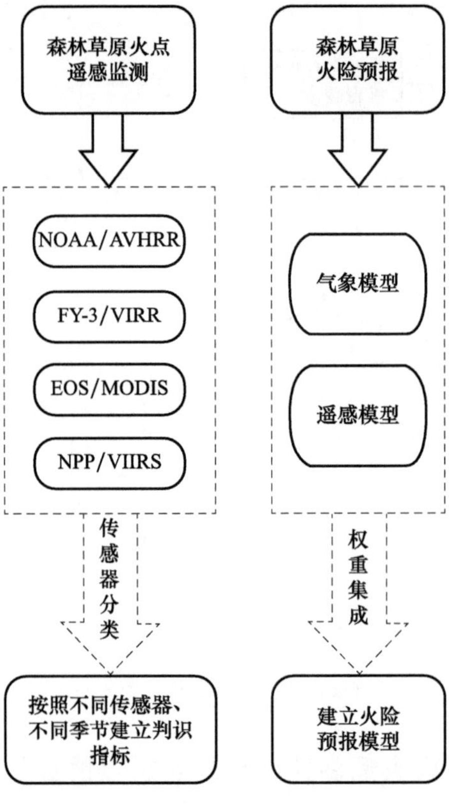

图 5.14 甘肃省森林草原火灾遥感监测与火险预报预警业务系统技术路线图

甘肃省森林草原火灾遥感监测与火险预报预警业务系统流程图见图 5.15。

5.6.3 祁连山生态环境气象综合服务平台

5.6.3.1 气象要素处理分析模块

自动接入并存储甘肃省祁连山区国家站和区域站气象数据，实现对气象数据的查询、处理、统计、修改、导入、导出功能；在祁连山区地图上展示实时气象数据；以多种形式保存气象数据及其变化的年、月、日等统计结果。

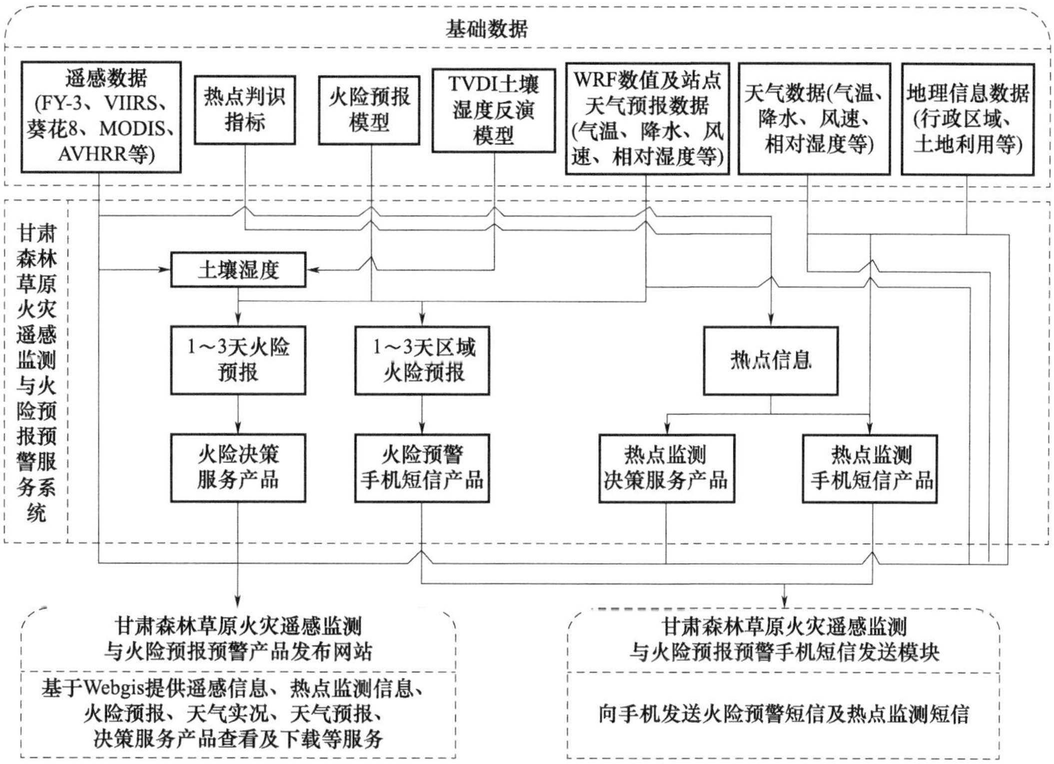

图 5.15　甘肃省森林草原火灾遥感监测与火险预报预警业务系统流程图

5.6.3.2　生态遥感要素处理分析模块

处理长时间序列祁连山生态遥感产品，建立祁连山生态遥感产品（植被、积雪、水体等）数据集；在祁连山区范围内实现对指定时间、指定区域的生态遥感产品图像展示；以多种形式保存生态遥感产品数据及其变化的年、月、日等统计结果。

5.6.3.3　生态恢复状况处理分析模块

处理有资料以来的祁连山高分卫星影像数据，建立祁连山生态恢复高分影像及产品（植被、积雪、水体、土地利用等）数据集；利用高分影像数据及反演的生态遥感产品，实现对祁连山指定地区多年生态恢复状况的动态展示，实现指定时间遥感影像及生态反演结果的对比分析；以多种形式保存高分影像生态遥感产品数据及其变化的年、月、日等统计结果。

5.6.3.4　完成祁连山生态环境气象评估报告

利用前三个模块生成的气象、遥感产品和图表，进行祁连山特定区域、指定时间的生态环境变化评估，完成祁连山生态环境气象专题评估报告。

5.7　遥感业务展望

5.7.1　现状与解决方案

（1）做到生态遥感各项业务岗位到人、责任到人。

(2)将生态遥感应用服务融入到甘肃省气象局决策和公共气象服务运行机制和业务流程中,建立有效的信息共享和协作互动机制。

(3)提升生态遥感监测数据与应用产品的传输与存储能力,依托气象信息化建设,优化地面广域网络,满足卫星监测和应用产品共享,建立部门内部资源共享和成果共用机制。

(4)科技创新引领,积极开展业务研发并申报或参与相关重大项目,建立并完善生态遥感业务与科研的创新机制,组建"生态遥感监测评估关键技术研究"科技创新团队。

5.7.2 未来展望

受全球气候变化的影响,与极端天气气候事件和灾害相关的农业、水资源风险加剧,生态安全风险升级,健康安全风险加大。甘肃省是典型的气候敏感区和生态脆弱区,生态气象灾害多发,亟需用 3S[遥感技术(remote sensing,RS)、地理信息系统(geography information systems,GIS)和全球定位系统(global positioning systems,GPS)]的统称]技术开展全方位、高质量的生态气象服务,以满足生态文明建设的新需求,提高气象为生态服务的质量和效益。

建立集约高效的地基、空基、天基一体化生态气象观测系统,发展一系列基于智慧化、大数据与云计算等现代高新技术的生态文明建设气象监测预警和评估技术,提高生态气象综合服务能力。

积极发挥气象在生态修复中的作用,面向甘肃省生态安全、祁连山和黄河流域生态保护、水资源战略和区域可持续发展,充分发挥气象在生态修复中的作用。开展人工增雨(雪)作业,加强人影防火、防雹、防旱等气象服务,提高生态保护和建设效益。基于天气气候趋势预测和气候资源分析,指导生态修复工作趋利避害,提高生态修复效益,降低生态修复成本,助力国家尽快实现"天蓝、地绿、水清"。

(1)建立和完善生态气象监测网络。强化生态气象综合监测能力建设,完善以遥感手段为主、地面人工和自动相结合的生态气象监测网络。充分利用现有农业气象试验站(含林业、牧业)和观测站,通过设备更新、系统改造、功能扩建等方式提升生态气象观测能力;在气象灾害多发区、地质灾害高易发区、气候变化敏感区以及重点生态功能区、生态环境脆弱区和敏感区新建和扩建生态气象监测站;利用静止、极轨和资源卫星,结合地面气象站点,改进完善卫星数据处理和生态灾害遥感监测平台,实现对农田、草地、森林、荒漠等生态系统植被长势、生态质量、气象灾害等全方位立体监测;加强生态气象观测标准体系建设,建立完善野外调查、监测评估规范。

(2)提升集约高效的综合立体气象观测能力。利用气象卫星、高分辨率对地观测卫星、全球二氧化碳监测科学试验卫星等监测生态环境变化。依托现有综合观测站网,补充和完善植被物候、覆盖程度、生产能力以及气溶胶和反应性气体等生态环境关键要素自动化观测。强化大气本底站综合气象观测能力,在典型生态功能区、人口稠密区等代表性区域增强对生态环境有重要影响的大气成分观测。进一步加强部门合作,强化天地空协同、融合多部门资料,实现对植被、土壤、水、大气以及气象灾害、次生衍生灾害影响的实时、立体观测。

(3)强化生态气象监测预测和评估服务。建立省级生态气象服务业务平台,形成生态气象基础数据库;完善生态质量气象影响评估方法、模型和指标体系。建立和完善影响农田、森林、草原、湿地等生态系统的重大气象及次生灾害监测预警服务业务,实现对生态系统受灾情况的动态监测预测和评估。对国家实施的天然林保护、退牧还草、草原生态补偿等重大生态建设工程，以及重点生态功能区、敏感区、脆弱区的生态功能进行动态监测评估和预测，为各级政府及相关部门提供专题专项监测评估信息。加强对重大生态保护和建设工程的气候可行性论证，减少工程实施的风险。

（4）完善生态气象地面观测与卫星遥感一体化的集约业务支撑能力。依托兰州区域气候中心现有集约化服务系统，开发生态气象监测评估与服务模块，实现生态气象地面观测与卫星遥感一体化服务，支撑应对气候变化对生态发展的业务需求。依托气象信息化工程建设，增强保障生态文明建设和生态安全的服务能力。

（5）推进生态气象大数据应用。研发针对生态、气象、环境、经济社会等数据共享、挖掘、应用技术，包括时空精细化、无缝隙对接的多源生态气象一体化格点数据集成技术，大数据存储、管理和人工交互智能化系统。推进“生态气象大数据＋互联网”分析应用技术研究。

（6）加强生态保护红线相关工作的气象业务技术支撑。升级专家团队，完善生态保护红线工作相关的技术方法和指标，在气象因子计算、气候承载力评价、气候变化影响评估、卫星遥感监测、生态气象灾害预警等方面，为参与生态保护红线相关工作提供技术支撑。除加强对生态保护区的空间格局、分布范围划定的技术支持外，还应注重在红线划定后的监测、评估、考核、保护和修复等工作中发挥部门优势，为生态系统格局、质量、功能、脆弱性动态评估、考核提供依据，完善相关方法和指标体系，提升技术能力，积极开展生态系统保护与修复的气象保障服务，为严守生态红线提供有力支撑。

参考文献

[1] 全国气象防灾减灾标准化技术委员会．森林火险气象等级：GB/T 36743—2018[S]. 北京：中国标准出版社，2018.

[2] 全国卫星气象与空间天气标准化技术委员会．卫星遥感植被监测技术导则：QX/T 188—2013[S]. 北京：气象出版社，2013.

[3] 全国卫星气象与空间天气标准化技术委员会气象遥感应用分技术委员会．卫星遥感监测技术导则　积雪覆盖：QX/T 96—2020[S]. 北京：气象出版社，2020.

[4] 全国卫星气象与空间天气标准化技术委员会．卫星遥感火情监测方法　第一部分：总则：QX/T 344—2016[S]. 北京：气象出版社，2016.

[5] 中国气象局政策法规司．沙尘暴天气监测规范：GB/T 20479—2006[S]. 北京：中国标准出版社，2006.

[6] 全国卫星气象与空间天气标准化技术委员会．卫星遥感沙尘暴天气监测技术导则：QX/T 141—2011[S]. 北京：气象出版社，2011.

[7] 中国气象局．城市热岛卫星遥感监测评估业务管理规定（试行）[M]. 北京：气象出版社，2019.

[8] 全国气象防灾减灾标准化技术委员会．北方草原干旱评估技术规范：QX/T 183—2013[S]. 北京：气象出版社，2013.

[9] 全国农业气象标准化技术委员会．陆地植被气象与生态质量监测评价等级：QX/T 494—2019[S]. 北京：气象出版社，2019.

第6章　气候可行性论证

6.1　工作概述

随着经济的高速发展，人类生产生活对天气、气候条件的依赖程度加深，气候异常导致气象灾害，灾害所造成的影响也不断加大。在全球气候变暖的背景下，极端天气气候事件发生的频率和强度呈增加趋势，给经济安全、国防安全、粮食安全、生态安全和环境安全等带来一系列挑战。为避免或者减轻规划和建设项目实施后可能受气象灾害、气候变化的影响，或者可能对局地气候产生的影响，对大型工程建设项目开展气候可行性论证和气象灾害风险评估，是防灾减灾的一项重要工作。

气候可行性论证是对与气候条件密切相关的规划和建设项目进行气候适宜性、风险性以及可能对局地气候产生影响的分析、评估活动，应当真实、客观、科学和完整，通常在项目选址规划或可行性研究阶段进行。国家把气候可行性论证纳入灾害风险范畴，通过气候可行性论证，充分利用气候资源、规避气候风险、保护气候，提高项目安全。《中华人民共和国气象法》《气候可行性论证管理办法》《气象灾害防御条例》《甘肃省气象灾害风险评估管理办法》等规定，重大建设及规划项目需要进行气候论证。根据《气候可行性论证管理办法》第四条规定，与气候条件密切相关的下列规划和建设项目应当进行气候可行性论证：

(1)城乡规划、重点领域或者区域发展建设规划；

(2)重大基础设施、公共工程和大型工程建设项目；

(3)重大区域性经济开发、区域农(牧)业结构调整建设项目；

(4)大型太阳能、风能等气候资源开发利用建设项目；

(5)其他依法应当进行气候可行性论证的规划和建设项目。

兰州区域气候中心成立以来，围绕着甘肃省城市规划和重点工程建设中防灾减灾和气候资源高效利用等问题，先后完成了80余项气候可行性论证评估报告。包括兰州新区气象灾害风险防范和气候环境评估、甘南夏河机场气候可行性论证、甘肃省多地风电场资源评估等技术报告、甘肃(兰州)国际港务园区气候可行性论证报告等；研发绘制了甘肃电网"冰区、风区、舞动区分布图"；开展多项风能资源选址和电厂空冷气象观测分析评估报告。

6.1.1　风能和太阳能

6.1.1.1　风能

甘肃省是我国风能资源丰富地区之一。通过建立覆盖甘肃省风能资源丰富区的专业观测网，进行风能资源观测、数据采集、质量控制和数据汇交，建成甘肃省风能资源数据库。利用风能资源观测网和参证站资料，应用中尺度数值模式MM5结合风场诊断模式CALMET对风能资源详查和评价区域开展数值模拟分析，给出水平分辨率 1 km×1 km、离地面 150 m 高度以下 10 m 间隔的风能资源参数立体网格分布，并结合该结果和气候调研信息，对详查区域的风能资源分布特征进行综合评价，确定风能资源等级和气象风险等级。利用计算出的 50 a 一遇最大风速、气象要素风险分析、风的垂直分布特征给出不同区域风机选型建议。通过该项工作全面清晰地认识了甘肃省风能资源的储量和时空分布，分析了甘肃省风能资源分布的气候学成因，并通过数值模拟结果得到甘肃省以前未知的风能资源较丰富区域。结合不同地区的风能大小、稳定程度、地形和电网条件等，有针对性地提出开发利用建议，为甘肃省风能资源精细化开发利用奠定了基础。利用这些技术成果，为确立甘肃省河西千万千瓦风电基地，为华能、大唐和三峡等风能开发企业及多地政府提供近 20 个风电场选址及资源评估服务。

6.1.1.2　太阳能

经估算，甘肃省年太阳总辐射达 704.5 万亿 kW，资源储量极为丰富。甘肃省太阳能资源丰富区和较丰富区面积达 20 万 km^2 以上，这些区域多为戈壁荒漠，地势平坦，基本无作物种植，在此开发太阳能不用占用农田，易于铺设道路，开发成本低。如果仅利用该区域面积的百分之一(以 2000 km^2 计)安装太阳能光伏发电系统，光电转化效率以 10%计，装机总量就能达到 1.2 亿 kW 以上，按平均每年额定功率运行 1000 h 计算，相当于 1.5 座三峡电站的年发电量(三峡 2008 年的发电量为 848 亿 kWh)；若按太阳能丰富区每年 2600～3000 h 日照计算，年发电量则可以达到 4～4.5 座三峡的发电量。

6.1.2　电力

开展了火电厂空冷气象观测及分析和低空探测逆温层分析，为电厂的总平面布置、设备选型、空冷设计提供气象参数依据。

持续为国网甘肃省电力公司开展全省电网“冰区、风区、舞动区分布图”绘制和修订工作。依据国家电网公司《冰区分级标准和冰区分布图绘制规则：Q/GDW 11004—2013》《风区分级标准和风区分布图绘制规则：Q/GDW 11005—2013》《舞动区域分级标准和舞动分布图绘制规则：Q/GDW 11006—2013》要求，分析绘制形成甘肃电网“冰区、风区、舞动区分布图”并形成图册，为全省各级电网公司在电网运行维护和设计中提供重要的气象参考依据。分析年降水量、日最大降水、最大连续降水量、最大连续降水日数等对电网运行的影响，进行危险性等级区划，完成《甘肃电网降水危险性等级区划图》。

6.1.3　机场建设

完成了夏河和成县机场两个支线机场的气候可行性论证报告，为机场设计建设、运行提供气象科学依据。其中夏河机场是甘肃省在少数民族地区建设的第一座民航国内支线机场，机场位于青藏高原边缘，地形条件复杂，气象条件复杂多变，近地面风切变、地面大风、雷暴、冰雹等灾害性天气多发。针对特定的气候环境和条件，按照高原机场设计对天气气候的要求，完成了甘南高原夏河机场建设的气候可行性论证工作。

完成了华池和民勤通用机场气候可行性论证服务，为机场设计建设提供气象保障。对完善甘肃省综合交通运输体系，提高当地应急救援和维护社会稳定保障能力，促进旅游产业发展，加快区域经济社会协调发展具有重要意义。

6.1.4 城市规划

兰州新区是国务院批复的第五个国家级新区。针对兰州新区风向复杂，局地性强，参证站风代表性差等特点，建立立体多点多要素观测网，在确定年主导风向的同时，还研究了风向、污染系数及逆温等要素时空变化特征，由点及面模拟了新区近地层 1 km×1 km 风场，建成前后气温场和风场的变化，定量计算了新区大气环境容量。形成《兰州新区规划建设应充分考虑其气候环境影响的技术和建议报告》，应用于新区规划和建设中，为总体规划修改、环境影响评价编制、石化片区选址提供重要数据支撑。

6.1.5 区域性气候可行性论证

区域性气候可行性论证报告是以园区周边国家气象站以及区域自动站等观测资料为基础，结合数值模拟资料、闪电定位资料、历史灾情资料、卫星遥感数据和现场测试数据对园区所在区域的气候条件开展论证分析工作，从气象防灾减灾、气候资源保护利用的角度对开发区规划、建设给予科学的指导意见。2019 年以来在全省先后开展甘肃(兰州)国际陆港物流园区、瓜州工业集中区柳沟煤化工产业园区、静宁工业园区、平凉工业园区、天祝金强工业园区、灵台县煤电化工循环经济园区、酒泉肃州新能源综合利用产业园、华亭工业园区、民乐工业园区化工产业园、张掖经济技术开发区循环经济示范园化工产业区、兰州西固区化工园区、兰州红古区化工园区等 20 余个工业园区气候可行性论证项目。

6.2 工作流程和技术方法

《中华人民共和国气象法》第三十四条规定："各级气象主管机构应当组织对城市规划、国家重点建设工程、重大区域性经济开发项目和大型太阳能、风能等气候资源开发利用项目进行气候可行性论证"。为了进一步加强对气候可行性论证的管理，2008 年 11 月 25 日，《气候可行性论证管理办法》颁布，并于 2009 年 1 月 1 日起正式施行。

气候可行性论证是一种科学方法和技术手段，要求采用的基础资料必须真实、可靠，对项目所在区域具有较好的代表性。根据论证项目所属行业的规范、导则、技术标准，确定需要收集的资料和数据的种类和范围。通过理论研究和实践检验不断改进、拓展和完善，为了正常开展甘肃省气候可行性论证工作，相关技术标准及指南的编制和应用就显得尤为重要。

6.2.1 工作流程

气候可行性论证工作通用流程一般分为三个阶段(图 6.1)。

第一阶段是论证前期阶段。根据项目特点，确定开展气候可行性论证的时间，通常应在项目规划、选址或可行性研究阶段进行；也可根据项目需求，在项目的其他阶段分别开展。根据项目特点、相关规范要求以及当地气象灾害特征，确定气候可行性论证关键气象因子和论证内容，编制工作大纲或实施方案，并征求项目委托方和项目总设计方意见。

第二阶段是论证阶段。根据论证项目所属行业的规范、导则、技术标准，收集气象资料、项目资料、相关行业资料等，并对所收集的资料进行处理等。进行区域气候特征分析、关键气象因子分析、工程气象参数计算、气象灾害风险性评估,也可根据需求开展规划和建设项目对局地气候环境的影响分析。综合以上内容编制气候可行性论证报告。

第三阶段是论证评审验收阶段。对气候可行性论证报告进行评审,确保结论可靠及科学。

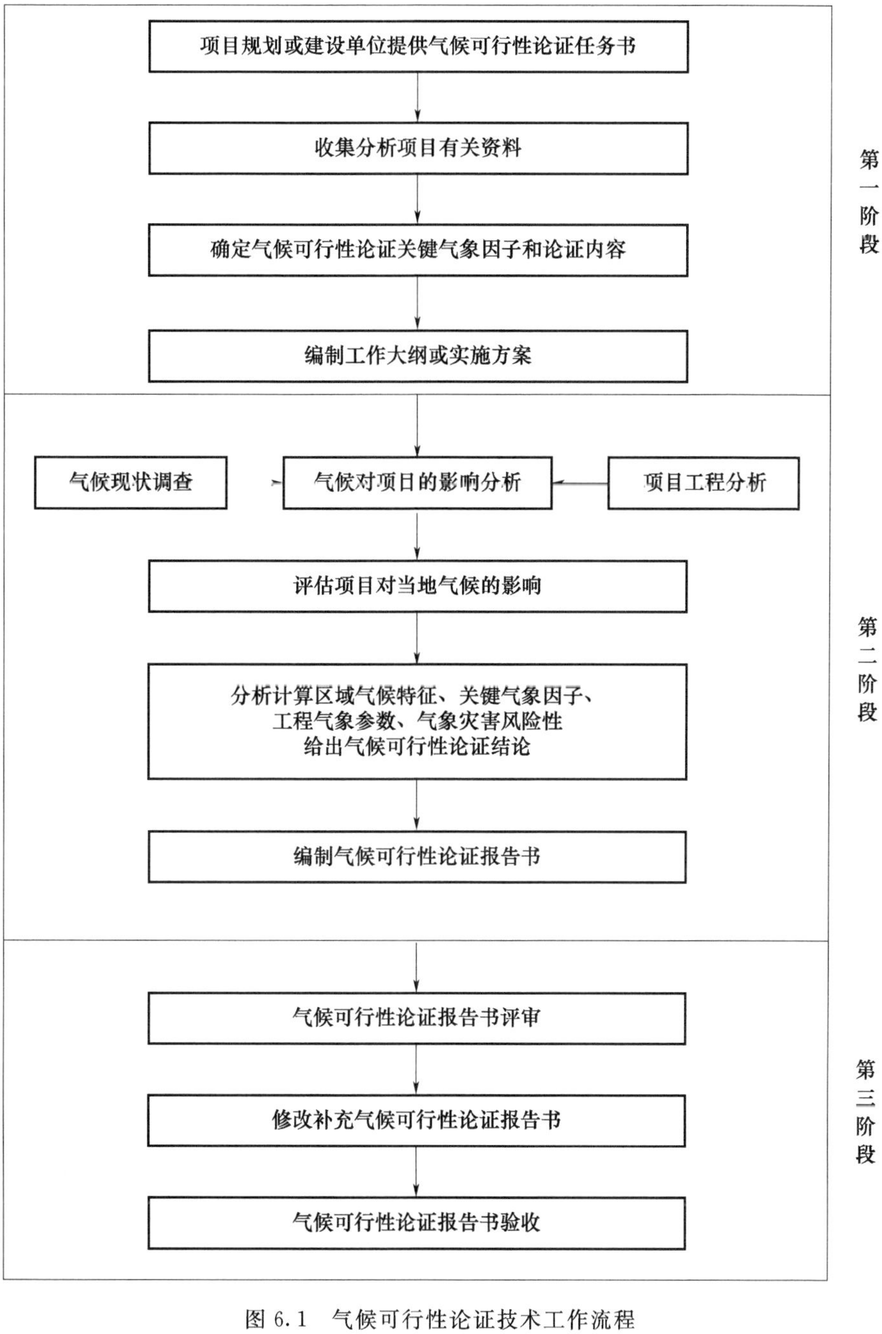

图 6.1　气候可行性论证技术工作流程

6.2.2　技术标准及指南

气候可行性论证工作需要统一的各项技术规范和技术要求,标准化的技术方案可以帮助气候可行性论证工作人员更快更好地投入到工作中来。

风能太阳能资源评估是气候可行性论证工作的重要组成部分，兰州区域气候中心曾经完成了数十项资源评估工作，但由于甘肃省对于新能源消纳和输出能力不足，“十三五”之后相关评估工作逐渐停滞。在风能太阳能资源评估工作中主要参考了《风电场风能资源评估方法：GB/T 18710—2002》[1]和《太阳能资源评估方法：GB/T 37526—2019》[2]以及相关的技术文档。

《气候可行性论证技术指南系列》共包含6个指南，分别涵盖了城市总体规划、核电项目、火电厂空冷、桥梁建设抗风设计和输电线路抗冰设计等多个气候可行性论证方向。对气候可行性业务起到了很大的支撑作用。

《气候可行性论证规范》系列气象行业标准是将部分相关技术指南进行了提升凝练形成了向社会发布的行业标准。其中，《气候可行性论证规范 总则：QX/T 469—2018》[3]主要规定了规划与建设等项目开展气候可行性论证的工作流程、方案编制、资料收集、参证气象站选取、现场气象观测、资料处理、论证内容与方法、报告编制与评审的要求；《气候可行性论证规范 资料收集：QX/T 426—2018》[4]规定了气候可行性论证资料收集的内容、流程和资料整理要求；《气候可行性论证规范 现场观测：QX/T 449—2018》[5]适用于现有气象站无法满足项目需求时，需要在项目地点开展现场观测，规定了现场专用气象站选址、设计和建设，仪器，竣工验收，数据采集和审核，运行管理等要求；《气候可行性论证规范 气象观测资料加工处理：QX/T 457—2018》[6]规定了气候可行性论证工作中气象观测资料加工处理的基本规定和方法。

除了以上通用性质的论证规范之外，还有一些按照项目性质制定的气候可行性论证标准以及技术导则和指南。《城市总体规划气候可行性论证技术：GB/T 37529—2019》[7]规定了城市总体规划气候可行性论证的需求调研与资料处理、方法、内容和报告书编制的要求；《气候可行性论证规范 机场工程气象参数统计：QX/T 424—2018》[8]规定了机场工程规划设计和选址的气候可行性论证气象参数统计的内容和方法；《气候可行性论证规范 抗风参数计算：QX/T 436—2018》[9]规定了工程建设项目抗风气候可行性论证中数据收集、风切变指数计算、湍流强度计算、阵风系数计算、重现期风速和风压计算的方法；《气候可行性论证规范 城市通风廊道：QX/T 437—2018》[10]规定了城市通风廊道气候可行性论证的资料收集与处理、论证内容和技术方法、报告书编制的要求；《城市暴雨强度公式编制和设计暴雨雨型确定技术导则》，为城市给排水提供了暴雨强度公式依据；《区域性气候可行性论证技术指南》，该指南适用于全国各类开发区、工业园区和其他有条件的区域开展气候可行性论证区域性评估工作。

兰州区域气候中心还编制了适用于甘肃省气候可行性论证工作的地方标准《重大建设项目气象灾害风险评估技术规范：DB 62/T 2629—2015》[11]。该标准适用于甘肃省国家重点建设工程、重大区域性经济开发项目、涉及公共安全的危爆场所、气象灾害易发区建设项目和大型太阳能、风能开发利用项目及法律、法规规定的其他需要进行气象灾害风险评估的项目的气象灾害风险评估，其他建设项目的气象灾害风险评估也可参照本规范所规定的原则和方法进行。

由于气候可行性论证工作所包含的研究对象涉及面比较广，除气象外相关专业还包括但不限于交通、能源、建筑、农业、水利水文等不同方向，所以在完成一个气候可行性论证工作时，还需要参考相关涉及行业的标准或指南。

例如在进行工业园区气候可行性论证时，除了要参照《区域性气候可行性论证技术指南》外，需要参考相关行业如《建筑结构荷载规范：GB 50009—2012》[12]进行风压、雪压等气象参数推算,《室外排水设计标准:GB 50014—2021》[13]用于暴雨强度分析,《规划环境影响评价技术导则　产业园区:HJ 131—2021》[14]用于区域性评估的流程参考,《雷电灾害风险评估技术规范:QX/T 85—2007》[15]用于区域性雷电灾害风险评估等。

在进行火电厂空冷气象条件分析时,除了参考《火电厂空冷气象条件分析论证技术指南》外,还需要参考《电力工程气象勘测技术规程:DL/T 5158—2012》[16]、《大中型火力发电厂设计规范:GB 50660—2011》[17]等电力方面的技术标准中关于低空逆温分析、气温场数值模拟和梯度观测风温联合分析的技术方法与规定。

在进行电网灾害分布图绘制时,需要参考国家电网企业标准《冰区分级标准和冰区分布图绘制规则》《风区分级标准和风区分布图绘制规则》《舞动区域分级标准和舞动分布图绘制规则》中关于不同电网气象灾害模型构建以及分布图绘制的方法和规则。

6.2.3　常用技术方法

在开展气候可行性论证工作时,应根据项目特点,采取相应的技术方法。采用的论证方法应科学合理,符合现行的国家或者行业标准、地方标准、规范和规程要求。合理选择技术方法开展规划和建设项目气候可行性论证时,应进行多种方法对比分析,确保结论的正确性和可靠性。

项目设计工程安全参数重现期计算时,应进行概率分析拟合验证,合理选择和推荐概率拟合函数。常见的概率拟合函数包括极值Ⅰ型函数(耿贝尔函数)、广义极值函数、皮尔森-Ⅲ型函数等。常用的函数参数拟合方法有矩法、耿贝尔法、极大似然法等方法[18]。不同的要素可能适用于不同的拟合函数。拟合后的函数一般需要拟合检验,常用的有剩余方差、拟合相对方差、柯尔莫哥洛夫拟合适度检验等方法[19]。

应用数值模拟资料时,应根据影响项目的关键气象因子及相应的天气气候特点,确定数值模拟的天气过程或代表性时间段;应采用资料同化方法,充分融合模拟范围内气象观测资料;应利用相应的实测数据对模式模拟数据进行检验分析,并明确数值模拟结论的适用性和可靠性。

在实际开展气候可行性论证的工作中,常需分析气候要素的平均状态、气候要素的稳定性和气候要素的极端状况[20],以及建设项目所在地的污染气象条件。对于短期气候考察所获得的超短气候序列,还要进行订正延长[21](表 6.1)。因此,工程项目的气候论证技术方法主要是关于气候要素的平均状态、气候要素的稳定性、气候要素的极端状况、污染气象条件分析、超短资料序列的订正延长等方面的分析方法。

表 6.1　气候可行性论证的主要技术方法

类别	分析方法
气候要素的平均状态	计算各气候要素的平均值,对平均值进行分析
气候要素的稳定性	计算变率,包括绝对变率和相对变率
气候要素的极端状况	采用皮尔森-Ⅲ型分布、极值Ⅰ型分布进行极值推算
污染气象条件分析	计算污染系数、大气稳定度、混合层厚度和联合频率
超短资料序列的订正延长	采用差值线性内插法、比值线性内插法、时联法、全概率法等进行超短资料序列的订正延长

6.3 典型案例介绍

6.3.1 甘肃省气候可行性论证典型案例分析

6.3.1.1 兰州新区建设规划气候可行性论证

兰州新区是第五个国家级新区，是甘肃乃至西北经济发展的重要引擎。新区距城区约 53 km，地处黄土高原、青藏高原和蒙古高原的交汇过渡地带，地形复杂，风向、风速受地形影响大、局地性特征明显，科学的气候可行性论证对新区建设规划至关重要。兰州区域气候中心先后开展了新区气象灾害风险防范与评估(2011—2012)，新区气候环境观测分析(2014—2016)及新区石化片区气候环境分析(2017—2019)等工作。

项目利用兰州中川机场、兰州市及各县气象观测资料，分析研究了兰州新区及周边地区近 30 年的气象要素变化特征，计算分析了大气环境容量，给出兰州新区气象灾害风险等级；在新区周边及城区建立 4 个 70 m 测风塔和 4 个区域气象站，开展测风塔建设、数据观测采集、自动气象观测、分析评估等工作。分析了兰州新区气候特点及主要气象灾害特征、新区盛行风向及成因、污染系数时空分布特征、预估了新区未来 30～50 年气候变化状况。

主要成果：

(1)兰州新区气候特征

兰州新区 1981—2013 年平均年降水量为 219.9 mm(兰州市区 293.4 mm)；新区年平均气温 6.8 ℃(兰州市区 10.4 ℃)；新区年平均风速为 1.9 m/s，约为市区的 2 倍；新区属于太阳能资源较丰富区。

(2)气象灾害等级分析

兰州新区主要气象灾害类型有干旱、冰雹、暴雨洪涝、低温冻害、大风、沙尘暴、雷电、雪灾、高温，干旱是最主要农业气候灾害。

(3)现场观测分析

①测风塔中高层(50～70 m)：新区全年风向均以东北风或相邻风向为主，出现频率为 25%～45%；②测风塔中低层(10～30 m)：各塔年盛行风向和污染系数有明显差异；③盛行风向日变化：各塔呈现出明显的日变化特征；④静风频率：新区风塔 70 m 高度静风频率最多为黑石川和平，达到 13.5%，秋冬季，静风频率较全年有所增加。

(4)新区建成前后气象要素变化模拟

新城建成使新城区范围内的地面气温升高 0～3 ℃，周边区域的地面气温变化不明显；新城建成后对周边环境的流场影响较小，建成前后的气流变化不明显；新城建成后风速略有减小，减小的范围在 0～2 m/s 内。

(5)未来气候变化及影响预估

未来 30～50 年平均气温、降水量均呈现上升趋势。

通过论证，形成“兰州新区气象灾害风险防范与评估技术研究技术报告”和“兰州新区建设应重视气象灾害风险防范的建议报告”。于 2011 年 8 月为甘肃省政府提交报告得到省政府办公厅批示；形成《兰州新区气候环境分析技术报告》和《兰州新区规划建设应充分考虑其气候环境影响的建议报告》。项目形成的建议经由环保局报省政府，在新区总体规划修改、新区总规环评编制、石化片区选址规划等工作提供了主要数据支撑，为新区重点建设项目提供了科学依据，甘肃省开展城市规划气象灾害风险评估积累了宝贵经验。

6.3.1.2　复杂地形机场建设气候可行性论证

甘肃目前有多个在建和筹建支线机场项目，机场地形复杂、极端天气事件频发，气象条件是机场安全、顺畅、高效运营的关键因素，对新建机场航空气象条件准确评估成为建设方的迫切需求。尤其甘南夏河、陇南成县两座机场，位于青藏高原边坡地带，境内沟壑交错，生态环境脆弱，极端灾害天气多且具有突发性、局地性等特点，近地层风切变严重于平原地区，机场的选址、设计、建设、运营受天气因素尤其是极端天气事件影响大，机场气象条件的科学论证尤为关键。

在复杂地形机场建设过程中，要更多地分析当地局地性或地形性的灾害天气特征，视程障碍天气现象、对流性天气以及风的特征都是项目组主要关注的方向；极端天气数值模拟方案，通过对复杂地形机场周围进行中尺度天气数值模式做极端天气敏感性实验可以得到极端天气的数值模拟方案；低空风切变观测分析方案，使用风廓线雷达对机场上空进行低空风切变观测具有良好的效果。机场建设气候可行性论证工作流程见图6.2。

主要成果(陇南成县机场气候可行性论证)：

(1)成县机场周围参证站高影响天气分析

最大日降水量发生的时间为每年的6—9月，雷暴在夏季7—8月发生最多。能见度低于800 m的天气现象有98%是由雾造成的，成县站能见度小于800 m的11月份最多为1.5 d。成县历年平均年雾日数仅为6.9 d。大风一般发生在冬春季节，偶尔发生在夏季。

(2)成县机场区域局地气象要素的变化特征

机场区域气压和气温变化比较规律，平均气温为11.9 ℃，与成县接近；日最大降水量也出现在7月份，分别为45.8 mm、83.2 mm和57 mm，介于成县和徽县之间，机场运营期间需加强夏季暴雨的预报与预警；成县机场区域各月平均风速均较小，平均速度为1.6 m/s，比成县气象站略大。盛行风向在东风和东南风范围内，与成县差距较大；各级低能见度均有出现但很少，1000 m以下能见度是99%由雾造成的；4—8月平均每个月出现积雨云1 d，最多年份月出现2 d。低云中积雨云占0.5%，积云占16.8%；机场区域降雪量和积雪厚度均很小，对成县机场的运营影响甚微。

(3)机场及周围参证站极端天气事件数值模拟技术研究

极端气温事件的数值模拟试验，成县机场最高气温为34.1 ℃，最低气温为－15.7～－15.3 ℃；复杂地形大风天气具有很强的突发性和局地性，WRF中尺度模拟方案有待进一步提高优化；在机场建设地暴雨事件的分析中，WRF模式有较强的模拟能力和参考性。

(4)基于风廓线雷达观测资料低空风切变分析研究

风切变强度具有典型的年内变化特征和日变化特征，夏季平均风切变强度最强，冬季最弱。一天中，午夜至中午，风切变较强，傍晚最低，春夏季的日变化比秋冬季要明显；不同天气背景下的风切变时空变化有明显差异。

通过项目论证和研究，形成了复杂地形机场建设气候可行性论证工作流程和技术示范，为以后开展该项工作提供技术方法和工作指南。

6.3.1.3　华家岭风电场风能资源评估

甘肃省清洁能源的资源储量较丰富，除多个黄河梯度水电站和黄河各支流流域水电站利

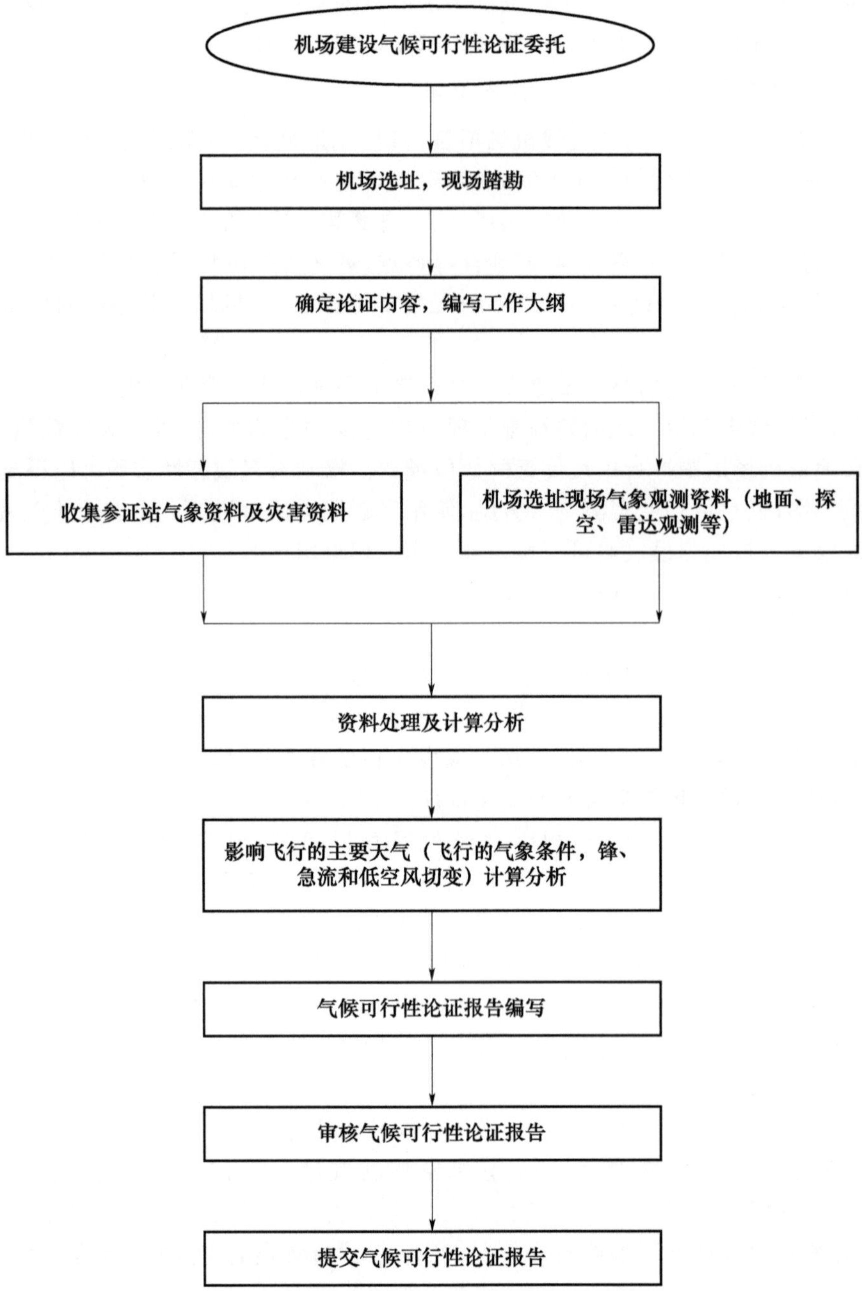

图 6.2　机场建设气候可行性论证工作流程

用水能外，风能和太阳能的贮量也很丰富，据甘肃省气象局对全省风能资源评估的结果，甘肃省属风能资源较丰富的省区之一，风能资源理论储量为 2.37 亿 kW，排名居全国第五位，风能资源空间分布由东南向西北逐渐递增，且季节性差异较大。2007—2010 年，通过开展全国风能资源详查和评价工作，进一步对甘肃省风能资源分布特点、变化规律和资源总量有了全面掌握。甘肃省主要风能资源分布在河西西部，那里地势平坦，可大面积地开发利用；而在河西东部及省内的部分山区也有较好的风能资源，通渭县华家岭地区就属于这一类。

鉴于通渭县华家岭风电场建设气候背景条件的基础性、特殊性、复杂性及关键性作用，2012 年，兰州区域气候中心依据《风电场风能资源测量方法:GB/T 18709—2002》《风电场风能资源评估方法:GB/T 18710—2002》规定和甘肃省水利水电设计研究院进行现场选址，对义岗二期(华家岭四期)风电场规划区域进行风能资源观测和气候可行性论证分析，以保证建设项目顺利实施。

项目通过在项目区域内踏勘选取了 4 个地点进行风塔布设，分别在 80 m 高度风塔的 10 m、30 m、50 m、70 m、80 m 架设了风速风向以及温度、湿度等气象要素观测设备。

经过一年观测，积累了现场数据，结合参证气象站长年代气象资料，完成了相关风能资源评估报告。报告内容主要包括项目概况、区域气候概况、观测年资料分析、代表年资料分析以及结论部分。报告最终给出了观测年和代表年风况及风资源，并给出了气候灾害防范建议和最终的风电场风资源等级。

6.3.1.4　甘肃省电网冰区、风区、舞动区分布图

为有效指导全省电网输电线路开展防冰、防风和防舞动工作，与甘肃省电力公司联合开展了全省电网气候可行性论证及冰区、风区、舞动区分布图绘制工作。

项目按照《国家电网风区、舞动区、冰区分级标准和分布图绘制规则》企业标准，利用甘肃省 81 个气象站 42 年(1971—2012 年)年气温、气压、湿度、风、天气现象等逐日气象资料，结合甘肃气候特征和电网灾情特点，采用逐步回归、神经网络等多种统计学方法和高分辨率数值模拟方法，分区域建立甘肃省冰区、舞动区、大风数学模型，运用极值Ⅰ型概率分布函数计算出甘肃省 15 a、30 a、50 a、100 a 等重现期基本风速和设计冰厚，采用 GIS 系统的微地形订正和地统计分析等技术绘制出甘肃省冰区、风区、舞动区分布图。

主要成果：

(1)电网冰区分布图绘制

利用甘肃省 7 个长期覆冰观测站(酒泉、民勤、西峰、榆中、岷县、乌鞘岭、华家岭)资料和宁夏回族自治区 1 个长期覆冰观测站(六盘山站)逐日覆冰资料，直接根据概率统计的方法确定不同重现期的设计覆冰厚度；建立覆冰厚度与海拔高程间的分段线性订正公式，计算不同高程内的微地形冰厚；通过微地形订正之后的结果，再根据 52 个短期覆冰观测站的资料以及电网线路运行经验数据，对发生覆冰的地区进行调整订正，使之符合甘肃省各地区电力公司掌握的实际电网覆冰情况；利用地形参数订正模型进行订正，获得最终的覆冰厚度模拟结果，并绘制出甘肃省电网 15 a 一遇、30 a 一遇、50 a 一遇、100 a 一遇的冰区分布图。

(2)甘肃电网风区图绘制

甘肃省基本风速风区分布图分为 15 a 一遇、30 a 一遇、50 a 一遇和 100 a 一遇四张图。基本风速风区分布图均采用了甘肃省 80 个气象台站 1971—2013 年 10 分钟最大风速(或通过经验公式换算的 10 分钟最大风速)资料，利用极值Ⅰ型概率函数计算了 15 a 一遇、30 a 一遇、50 a一遇和 100 a 一遇的最大风速；运用 GIS 软件对上述序列在甘肃省范围内进行克里金(Kriking)插值，得到简单插值基本风速风区分布图。大风区主要集中在河西地区和甘南高原，其中最大风速位于酒泉地区。河东大部地方为弱风区，其中华家岭、六盘山等山区风速较大。

(3)甘肃电网舞动区分布图

收集了甘肃省 81 个气象站冬春季(11 月至翌年 4 月)逐日最低气温、日平均相对湿度、日最大风速、主导风向等气象要素。统计各气象站同时满足四个参数阈值区间的天数总和，并将

其折算为10年舞动气象日数(天数总和×10/资料总年数);再采用反距离权重方法得到全部格点10年舞动气象日数;以数字高程模型(Digital Elevation Model,DEM)为底图,以2000 m为半径计算地形起伏度,得到地形起伏度分布图。

分布图自应用以来收到良好反馈。在应用过程中,能够有效指导电网设计、施工、生产单位日常工作,降低电网设备因冰、风、舞动因素发生故障的概率,降低电网设备及减供负荷损失,提高了省电力公司经济效益。仅电线覆冰灾害每年减损数千万元。该项目未来将形成每三年修订一次的常态工作,必将使全省电网在气候变化及极端天气气候灾害频发的情况下,增强其抵御能力。

6.3.1.5 大唐环县煤电一体化电厂工程空冷气象条件分析

大唐陇东能源有限公司在环县建设煤电一体化项目(2×600 MW发电机组),统筹考虑煤矿建设和电厂建设,通过高压线路向电网送电。根据环县煤电一体化项目建设的规模、工程特点及要求,综合考虑环县地理特征、气候特征,进行电厂空冷气象条件的观测、分析与论证。

在拟建电厂厂址处建设50m高的空冷气象观测塔,对不同高度层的风、温等气象要素进行为期一年的现场观测(包括连续完整的四个季节),观测内容包括1.5 m、10 m、30 m和50 m高度的气温,10 m、30 m和50 m高度的风速、风向以及厂址处的气压和相对湿度;考虑厂站距离及下垫面情况,选定环县气象站作为对比观测气象站,对厂址处实测资料与同期对比气象站观测资料进行对比和相关分析,建立相关关系,反演在建厂址的近10年的长序列气候资料序列;综合分析现场和参证站气象资料,计算得出厂址观测年、典型年及平均年大气扩散状况,包括气温、逆温、湿度、风向风速、风温联合等要素的时空变化,2016年10月提交完成《大唐环县煤电一体化电厂2×660 MW工程空冷气象条件分析》技术报告,供设计建设部门参考使用。

6.3.2 其他案例简介

6.3.2.1 大桥设计气候可行性论证

现代大桥跨度越来越大,主塔和主梁越来越高,建筑材质越来越轻,风压与风灾成为了现代大桥设计中最重要的限制因子,从而对抗风设计提出了更高的要求。开展桥位气候背景和风参数研究,对影响大桥安全的关键气象问题进行气候可行性论证,为大桥抗风设计对提供科学参考。

在确定基本风速或风压时,使用极值Ⅰ型分布函数或适合当地年最大风速的概率分布型来进行概率计算;而设计风速,要在基本风速基础上,考虑桥位局部地表粗糙度影响,进行适当订正得到;设计基准风速,则还要把设计风速以一定的规律(通常为指数规律)推算到桥梁结构或结构构件基准高度处,或通过订正系数进行修订(特殊地形)。

6.3.2.2 核电建设气候可行性论证

核电项目气候可行性论证分为三个阶段:一是工程项目初步可行性研究阶段的厂址选择,主要目的是在拟选的多个厂址中,通过核电敏感的气象条件对比分析,推荐出相对有利的厂址;二是项目可行性研究阶段,确定厂址的现场气象观测,主要工作内容是在已初步确定的厂址附近建立包括100 m气象观测塔在内的地面气象观测专用站,进行为期至少一年的气象观测,为该厂址的项目可行性研究提供基础资料;三是工程项目可行性研究阶段的极端气象条件和极端气象事件专题研究,主要目的是详细论证厂址区域的气候特征和极端气象事件风险。

6.4　创新团队

甘肃省是气候变化敏感区，甘肃气候变暖幅度高于同期全球和全国平均水平，气候变暖导致祁连山冰川退缩、雪线上升，极端天气气候事件趋多趋强，这些对甘肃省经济社会发展和人群生活带来了严重的挑战和威胁，对甘肃省已建与在建城市规划、排水设计、重大工程等造成影响与危害，使得甘肃省城市规划与重大工程建设气象保障任务更加迫切。

2019 年经甘肃省气象局科技处批准，建立了甘肃省气象局气候可行性论证创新服务团队。团队致力于研发适合甘肃省气候可行性论证技术，提升气候可行性论证服务水平；建设和培养甘肃省气候可行性论证人才队伍，拓展气候可行性论证服务领域，为甘肃省气象局气候可行性论证相关工作提供技术支撑和人力保障。

创新团队针对气候可行性论证的发展方向和关键技术问题，凝练了科研项目，开展涵盖甘肃省区域性气候可行性论证、气候标志认证、城市规划功能区划、农业保险指数等可行性论证技术方法研究；形成适用于甘肃省的气候可行性论证流程及技术指南；并与相关行业合作积极拓展气候可行性论证服务领域；以项目带动省市县人才建设，形成省、市、县合作研发机制。经过三年的努力工作，完成了团队总体建设目标，连续两年考核优秀。

依托创新团队，完成气候可行性论证报告十余项：甘肃省人工影响天气办公室祁连山及旱作农业区人工增雨(雪)体系建设项目中气候影响评价项目技术报告；华能正宁二期(2×1000 MW)空冷气象参数低空逆温观测分析报告；兰州国际港务园区气候可行性论证报告；甘肃省人工影响天气办公室祁连山及旱作农业区人工增雨(雪)体系建设 2020 年度气候影响评价项目；瓜州工业集中区柳沟煤化工产业园气候可行性论证报告；兰州市厨余垃圾无害化处理厂气候可行性论证；甘肃省武威民勤机场项目气候可行性论证报告；静宁工业园区区域性气候可行性论证；平凉工业园区(高新区)区域性气候可行性论证；武威天祝金强工业园区区域性气候可行性论证。

主持并完成省部级 4 项、厅局级项目 1 项：2020 年度气候变化专项——第二次西北区域气候变化评估报告编制；2018—2021 年甘肃省科技厅重点研发项目——服务于精细化功能区划的兰州新区近地边界层大气环境特征试验研究；2020 年度甘肃省科技计划项目——干旱半干旱区典型下垫面露水形成的物理机制及其凝结速率模型研究；2020 年度中科院西北研究院冰冻圈科学国家重点实验室基金项目——暖湿化背景下祁连山牧区雪灾监测及风险评估。

培养二级正研 1 名，正研 3 名，高工 3 名，气候可行性论证业务骨干 20 余名。

获得中国气象服务协会 AAA 信用等级认证。2020 年 3—6 月，创新团队组织开展中国气象服务协会信用等级申报工作，2020 年 11 月 6 日兰州区域气候中心荣获最高信用等级—AAA 等级。

6.5　未来展望

全球变暖背景下，极端事件趋多趋强，城市规划和现代工程建设对气候应用服务的技术发展提出了更高的要求。首先要完善气候可行性论证核心技术，逐步建立气候可行性论证标准和科学评价体系，持续提升气候资源保护利用和气候可行性论证服务生态文明、防灾减灾的能力。其次，研发相关技术的系统模块、气候可行性论证技术通用系统和业务支撑平台，实现优势技术共享，提升气候可行性论证服务能力。第三，研发面向生态保护和修复的气候可行性论证技术，加强重大规划与重大工程对局地气候影响的评估技术研究。

参考文献

[1] 全国能源基础与管理标准化委员会新能源和可再生能源分技术委员会．风电场风能资源评估方法：GB/T 18710—2002[S]. 北京：中国标准出版社，2002.

[2] 全国气候与气候变化标准化委员会．太阳能资源评估方法：GB/T 37526—2019[S]. 北京：中国标准出版社，2019.

[3] 全国气候与气候变化标准化技术委员会．气候可行性论证规范　总则：QX/T 469—2018[S]. 北京：气象出版社，2018.

[4] 全国气候与气候变化标准化技术委员会．气候可行性论证规范　资料收集：QX/T 426—2018[S]. 北京：气象出版社，2018.

[5] 全国气候与气候变化标准化技术委员会．气候可行性论证规范　现场观测：QX/T 449—2018[S]. 北京：气象出版社，2018.

[6] 全国气候与气候变化标准化技术委员会．气候可行性论证规范　气象观测资料加工处理：QX/T 457—2018[S]. 北京：气象出版社，2018.

[7] 全国气候与气候变化标准化技术委员会．城市总体规划气候可行性论证技术：GB/T 37529—2019[S]. 北京：标准出版社，2019.

[8] 全国气候与气候变化标准化技术委员会．气候可行性论证规范　机场工程气象参数统计：QX/T 424—2018[S]. 北京：气象出版社，2018.

[9] 全国气候与气候变化标准化技术委员会．气候可行性论证规范　抗风参数计算：QX/T 436—2018[S]. 北京：气象出版社，2018.

[10] 全国气候与气候变化标准化技术委员会．气候可行性论证规范　城市通风廊道：QX/T 437—2018[S]. 北京：气象出版社，2018.

[11] 甘肃省气象标准化技术委员会．重大建设项目气象灾害风险评估技术规范：DB 62/T 2629—2015[S]. 兰州：甘肃省质量技术监督局，2015.

[12] 中国工程建设标准化协会．建筑结构荷载规范：GB 50009—2012[S]. 北京：中国建筑工业出版社，2012.

[13] 中华人民共和国住房和城乡建设部．室外排水设计标准：GB 50014—2021[S]. 北京：中国计划出版社，2021.

[14] 生态环境部．规划环境影响评价技术导则　产业园区：HJ 131—2021[S]. 北京：中国环境科学出版社，2021.

[15] 全国雷电灾害防御行业标准化委员会．雷电灾害风险评估技术规范：QX/T 85—2018[S]. 北京：气象出版社，2018.

[16] 国家能源局电力规划设计总院．电力工程气象勘测技术规程：DL/T 5158—2012[S]. 北京：中国计划出版社，2012.

[17] 住房和城乡建设部．大中型火力发电厂设计规范：GB 50660—2011[S]. 北京：中国计划出版社，2011.

[18] 段忠东，周道成．极值概率分布参数估价方法的比较研究[J]. 哈尔滨工业大学学报，2004，36(12)：1605-1609.

[19] 屠其璞，王俊德，丁裕国，等．气象应用概率统计学[M]. 北京：气象出版社，1984：243-244.

[20] 魏凤英．现代气候统计诊断与预测技术[M]. 2 版．北京：气象出版社，2007：27-32，57-69.

[21] 屠其璞，翁笃鸣，武全，等．气候资料超短序列订正方法讨论[J]. 南京气象学院学报，1987，1(1)：59-67.

附录A　甘肃省月、季和年气温距平邮票图（1981—2020年）

图A.1—图A.12为1981—2020年逐年各月气温距平图；图A.13—图A.16为1981—2020年逐年各季气温距平图；图A.17为1981—2020年逐年年气温距平图。图中单位均为℃。

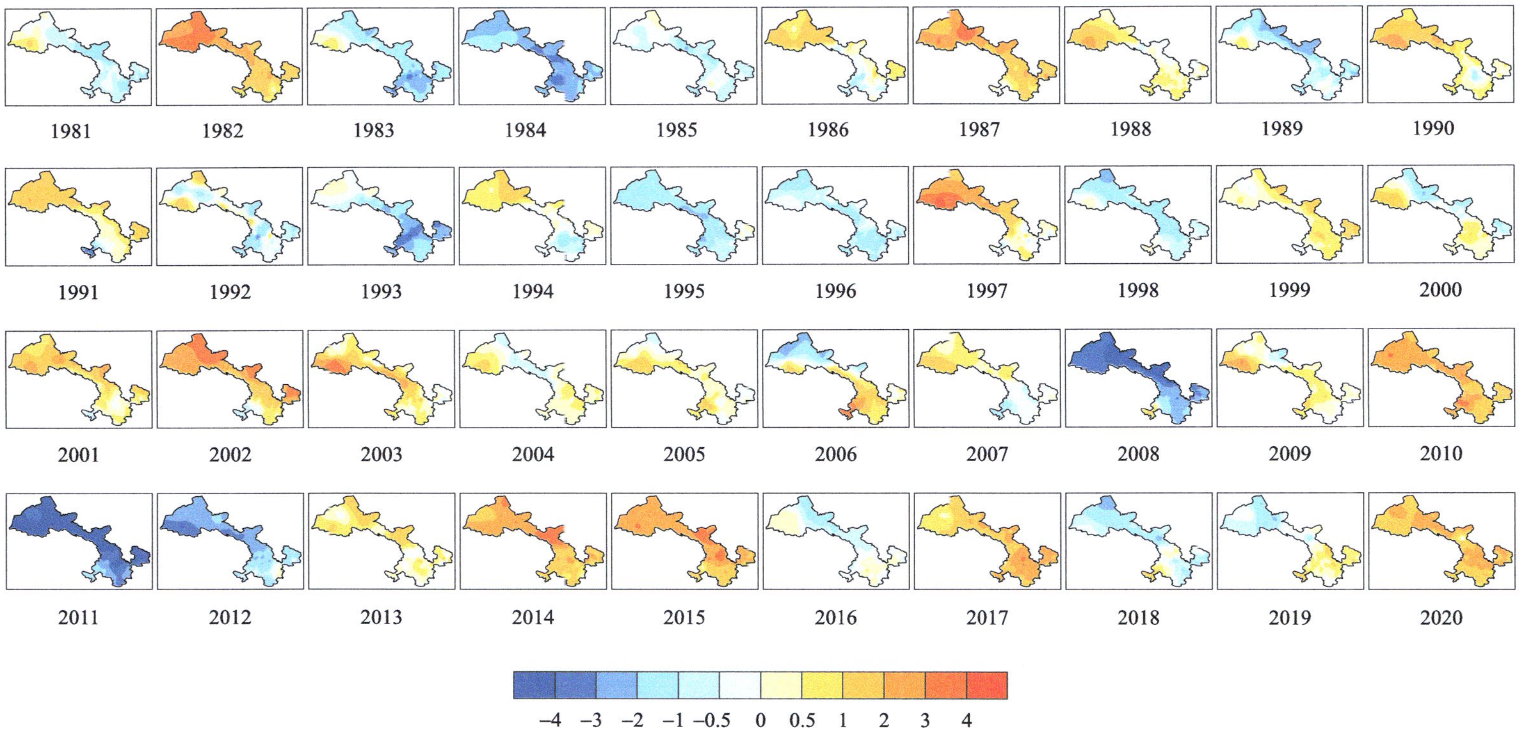

图A.1　1981—2020年1月气温距平图

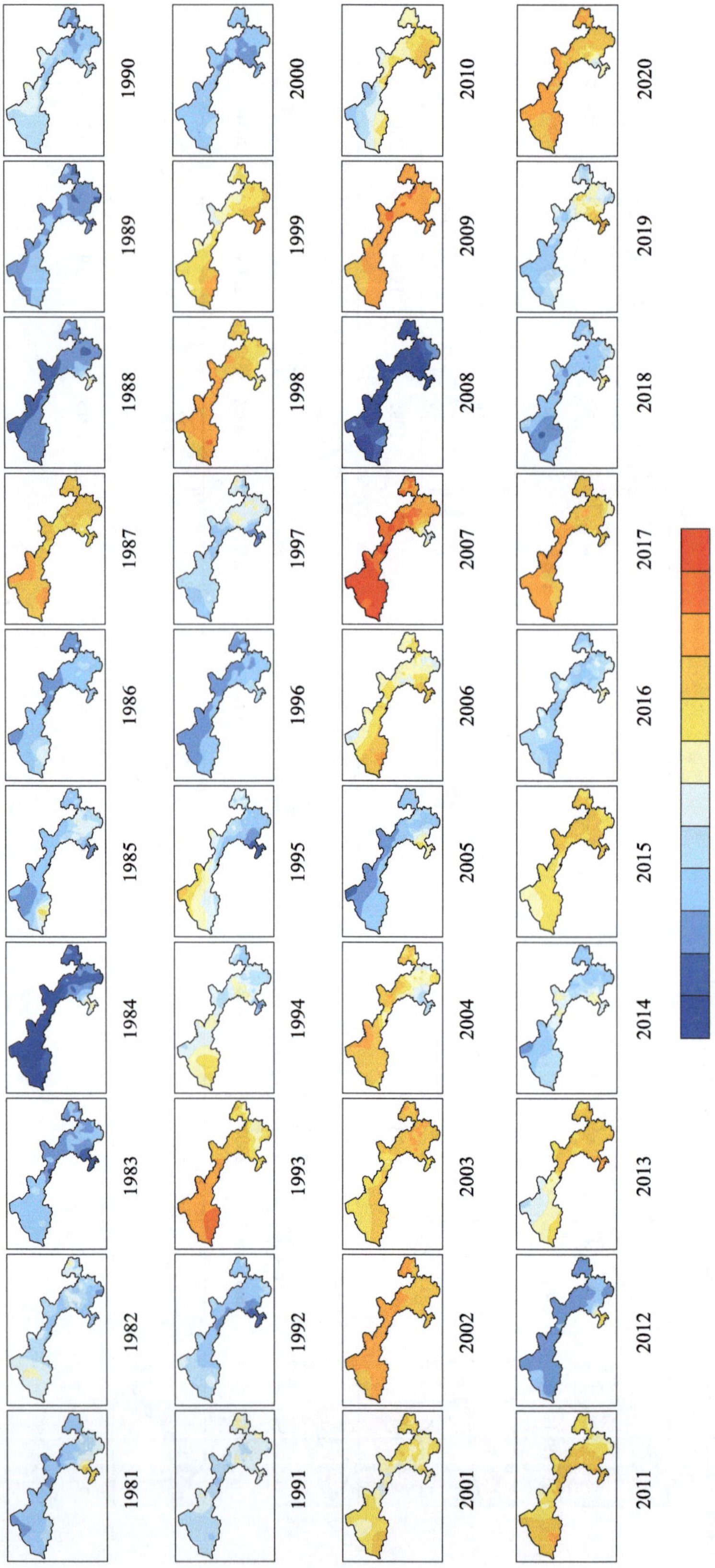

图 A.2 1981—2020 年 2 月气温距平图

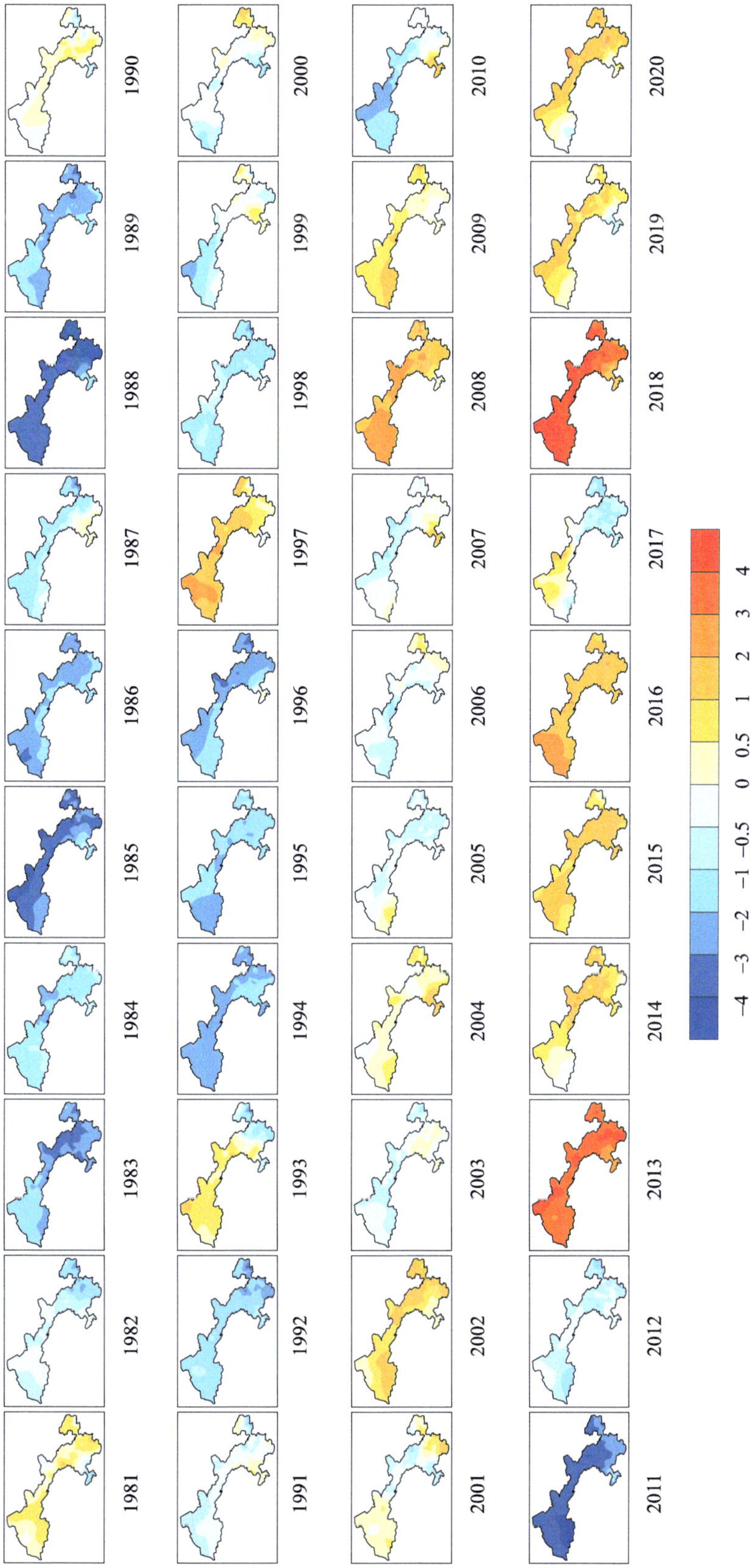

图 A.3　1981—2020 年 3 月气温距平图

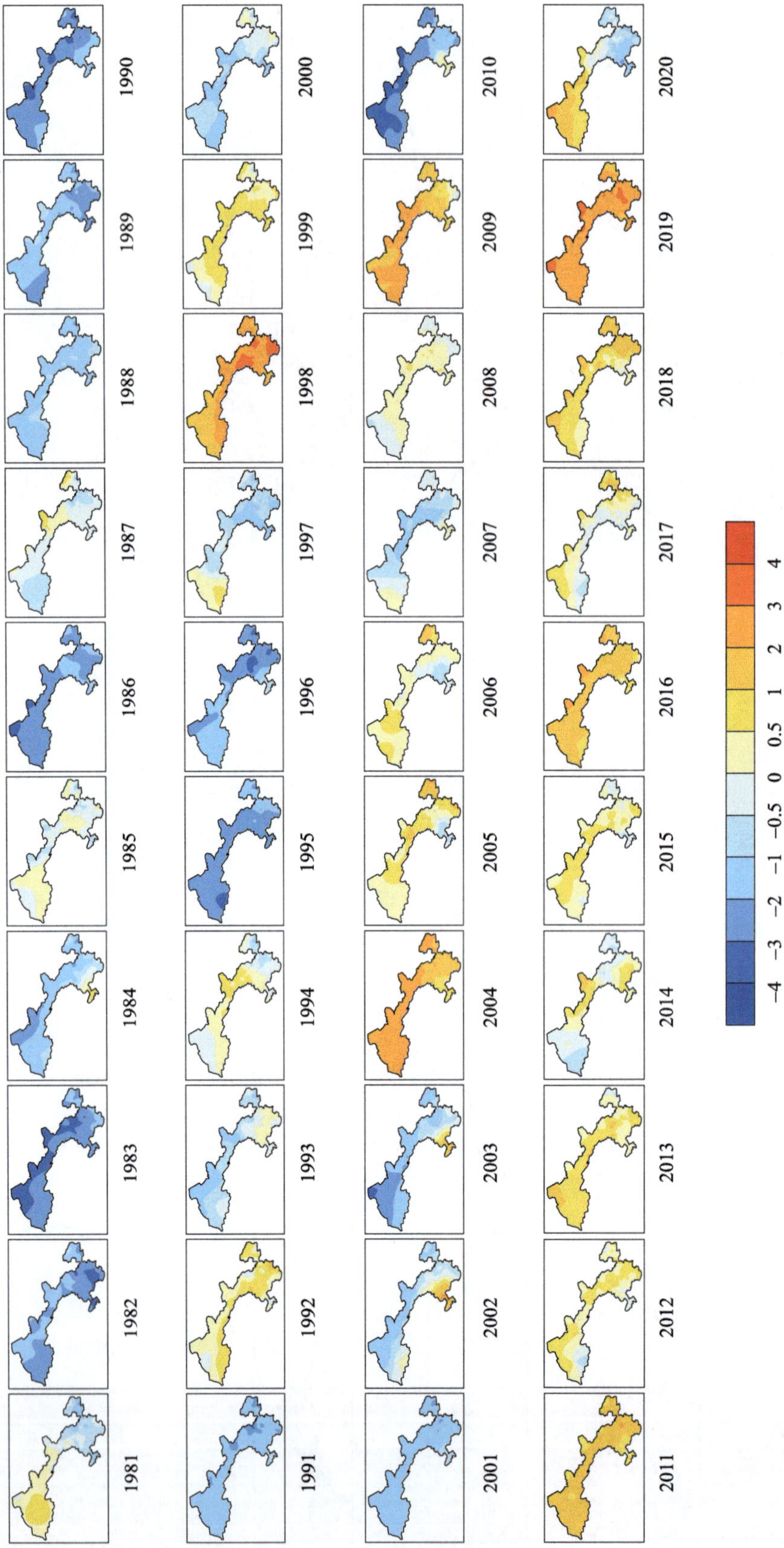

图 A.4 1981—2020 年 4 月气温距平图

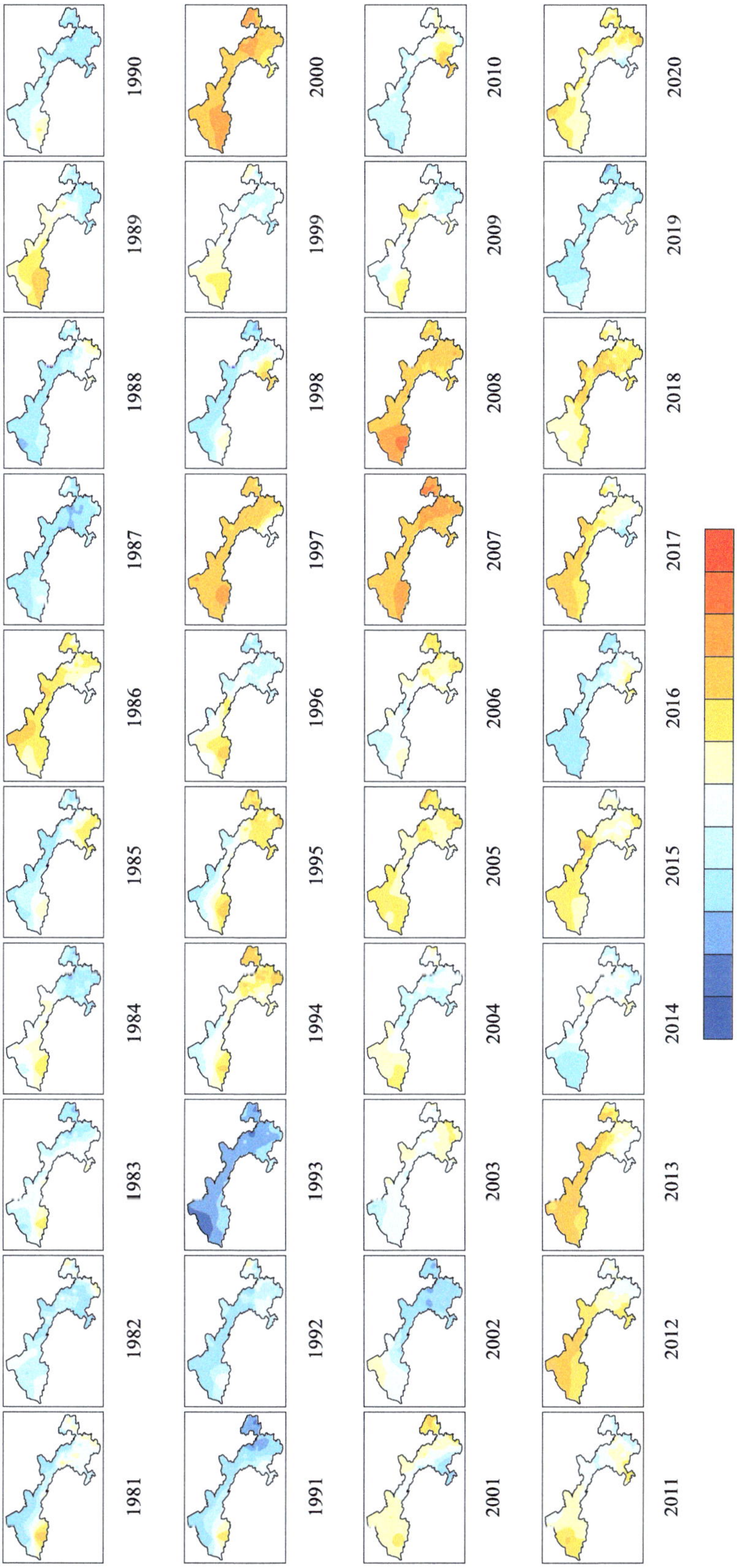

图 A.5　1981—2020 年 5 月气温距平图

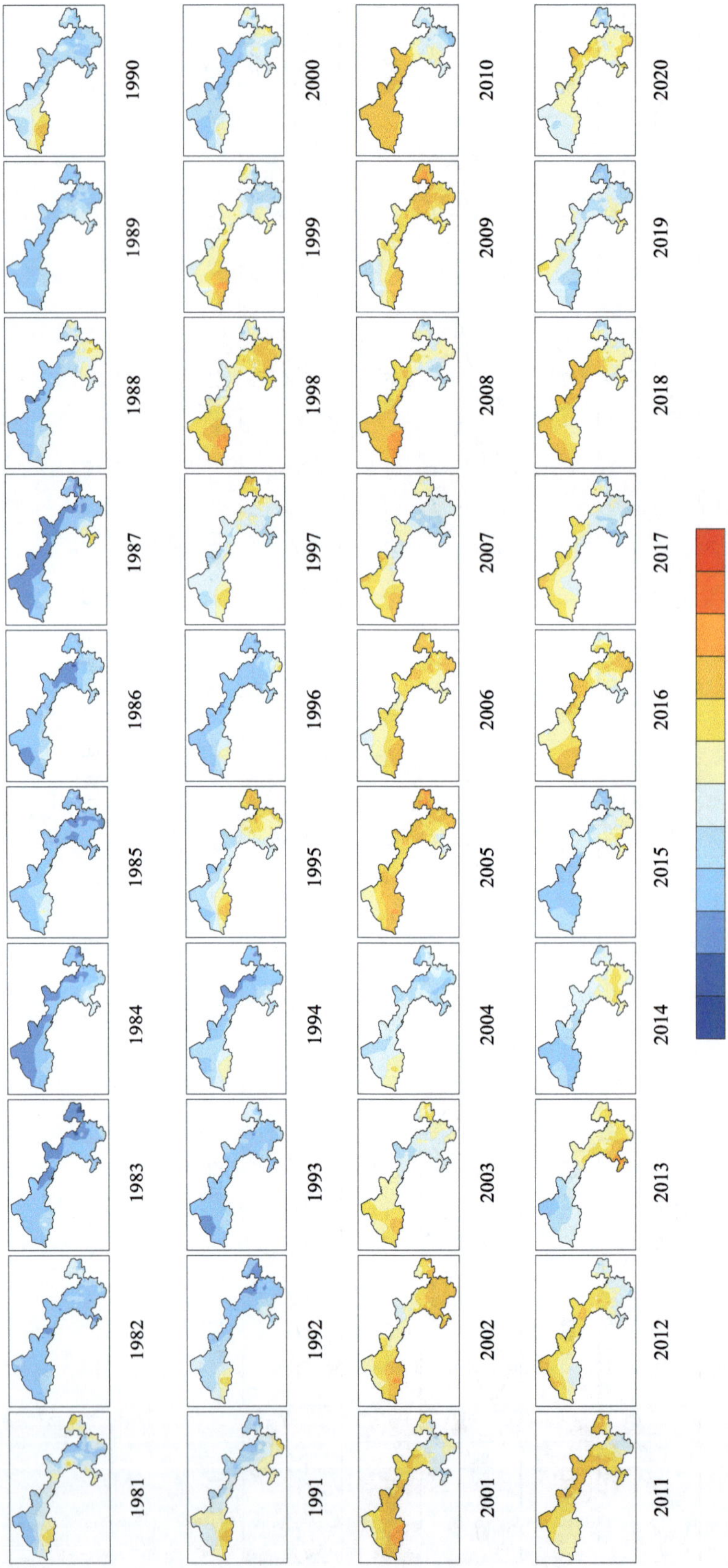

图 A. 6 1981—2020 年 6 月气温距平图

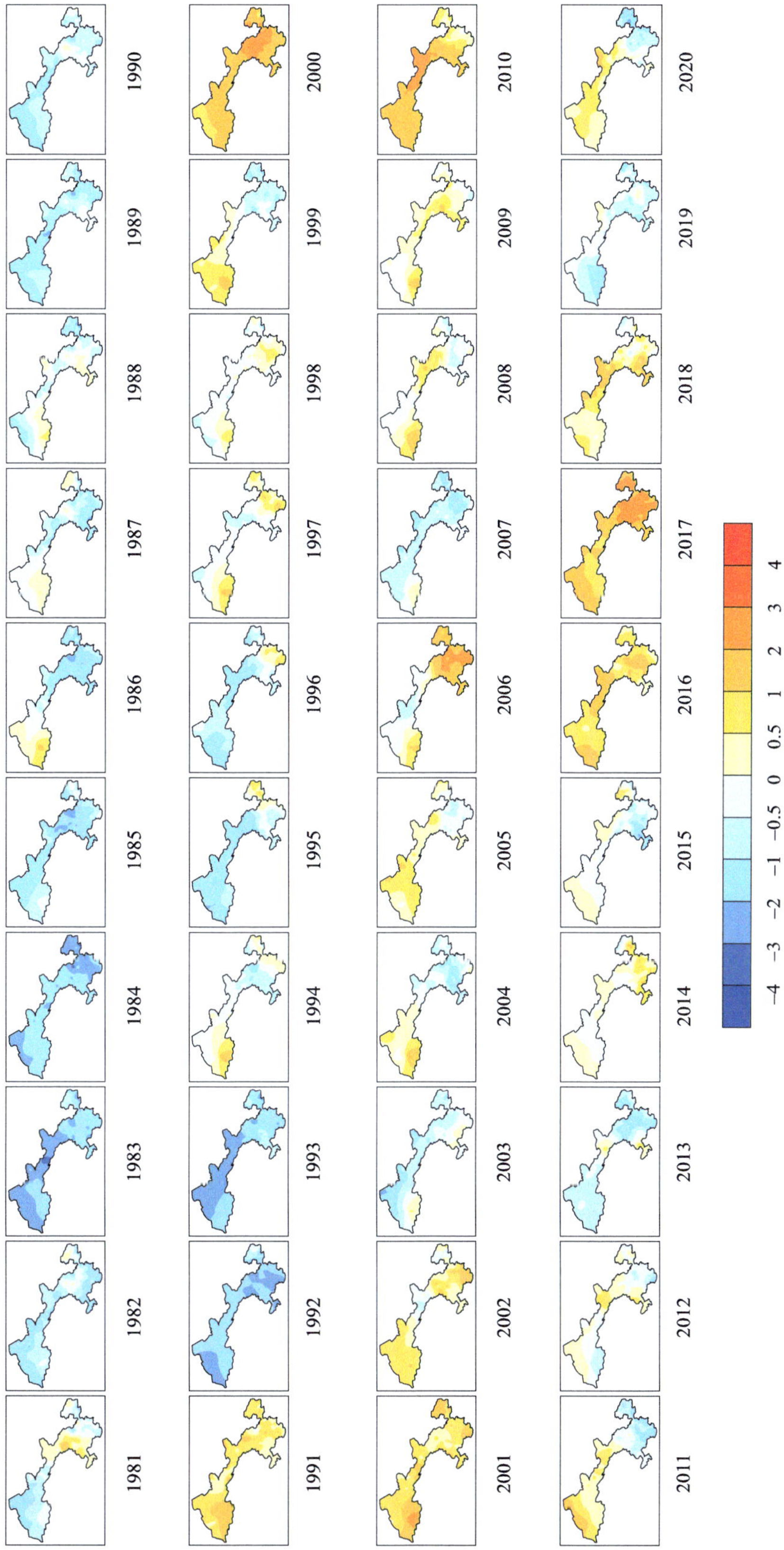

图 A. 7 1981—2020 年 7 月气温距平图

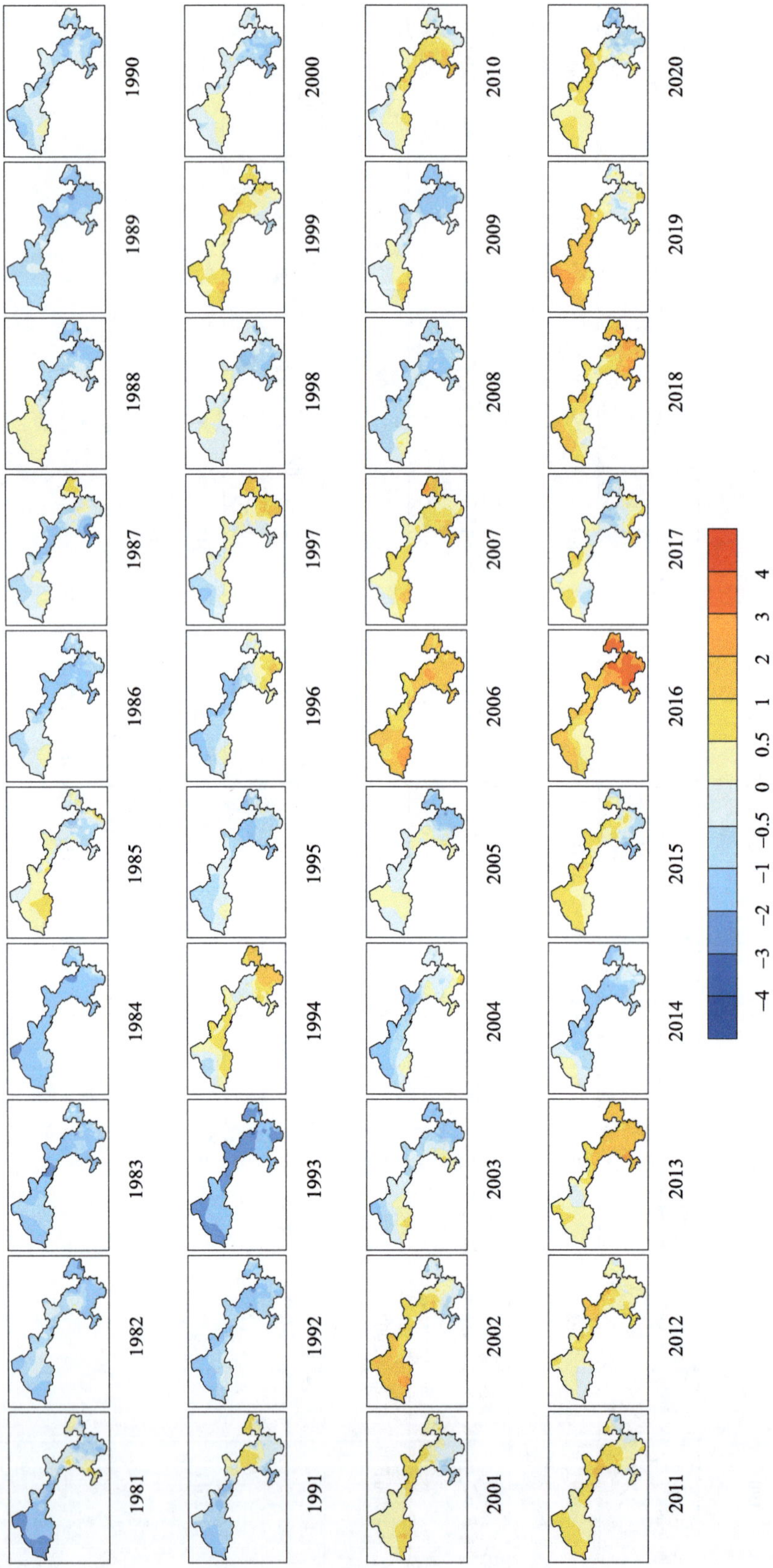

图 A.8 1981—2020 年 8 月气温距平图

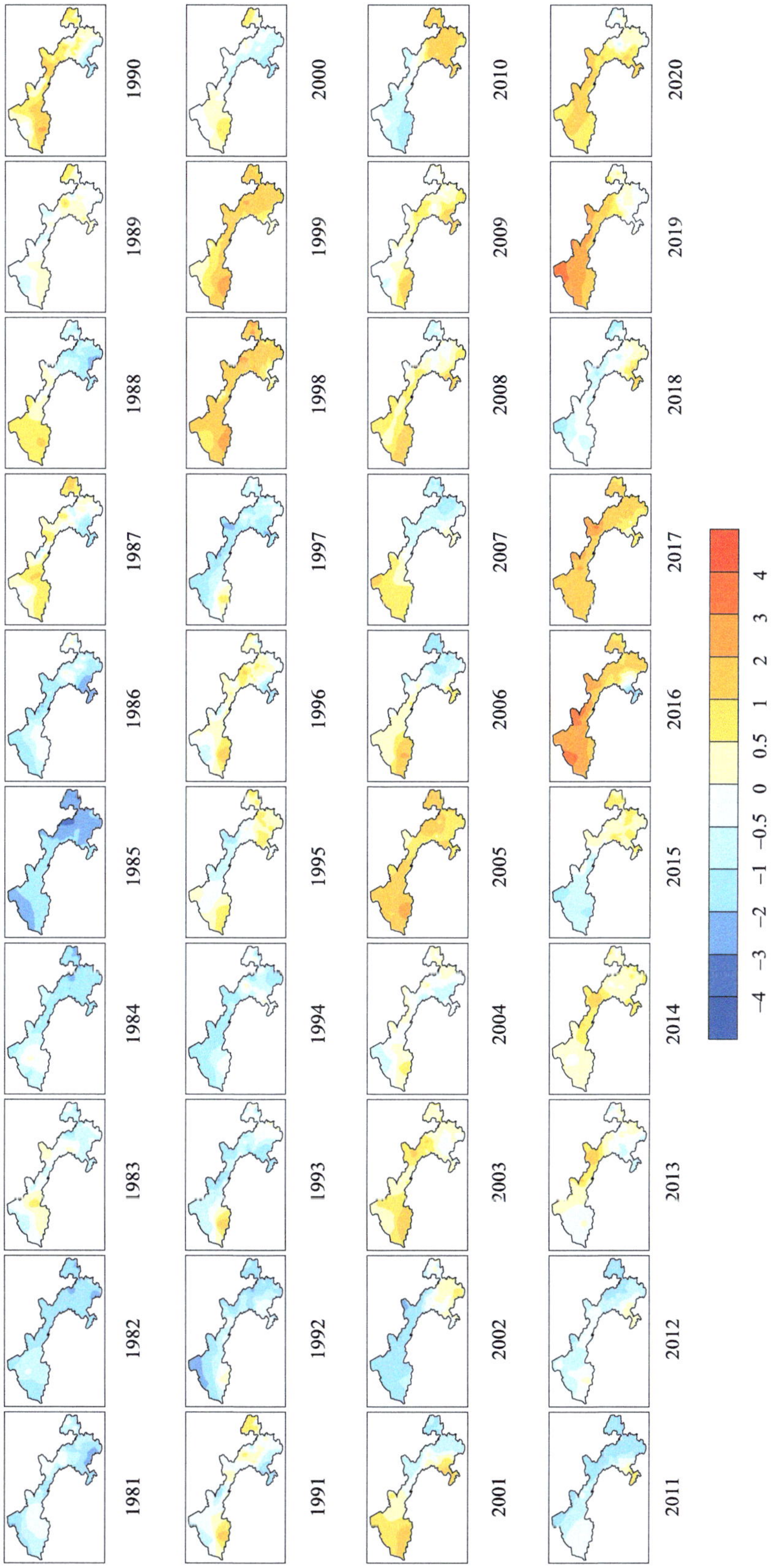

图 A.9 1981—2020年9月气温距平图

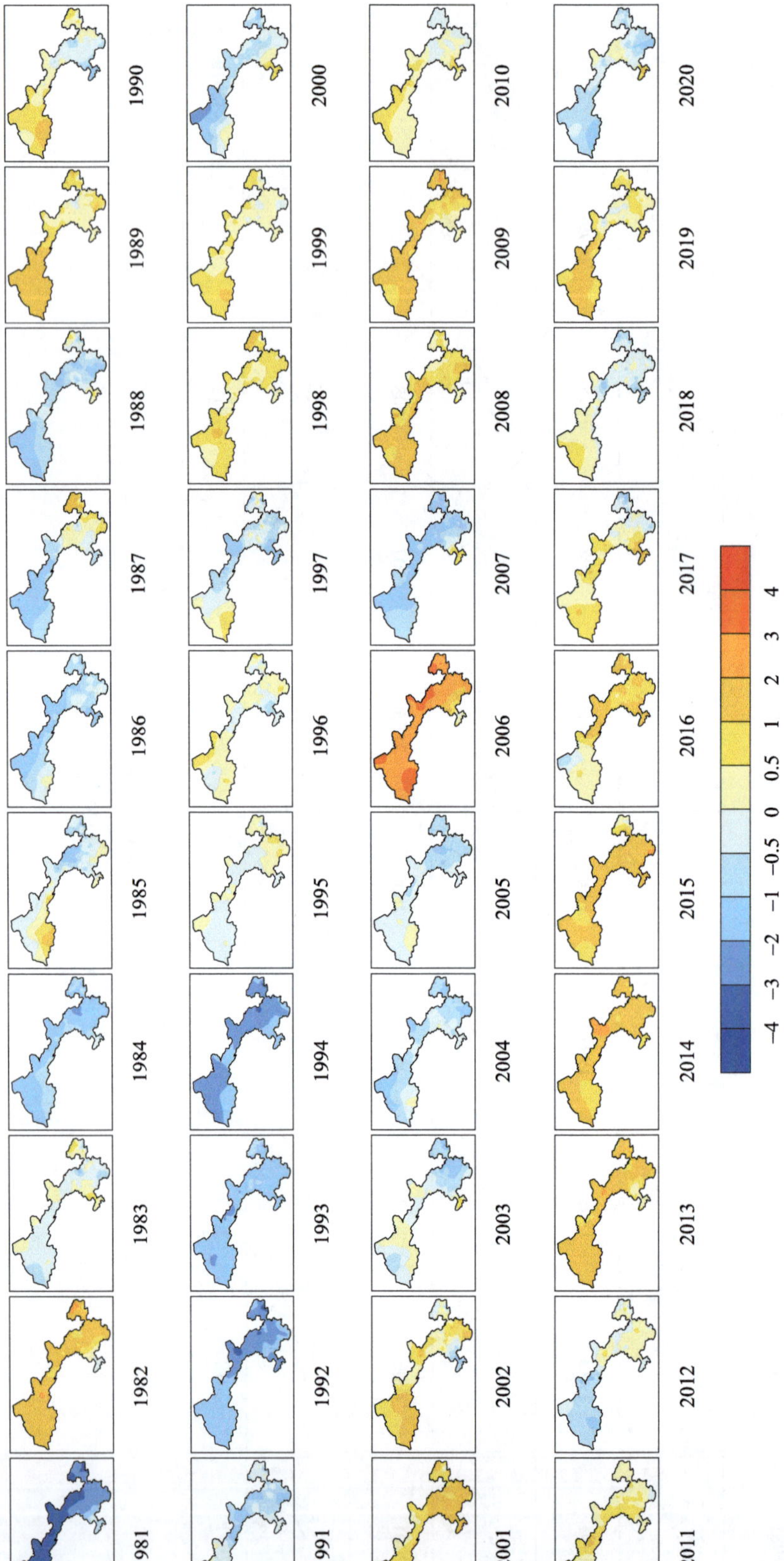

图 A.10 1981—2020 年 10 月气温距平图

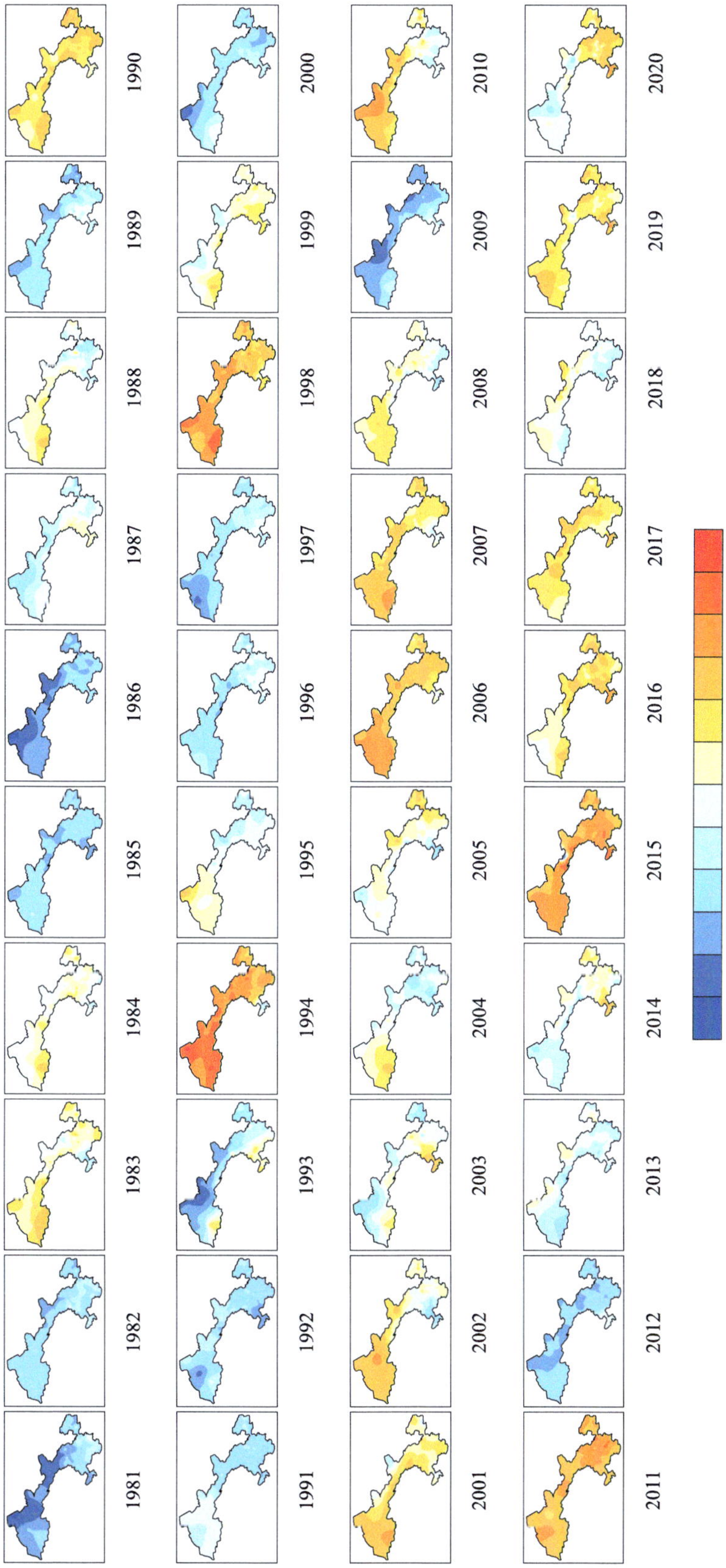

图A.11　1981—2020年11月气温距平图

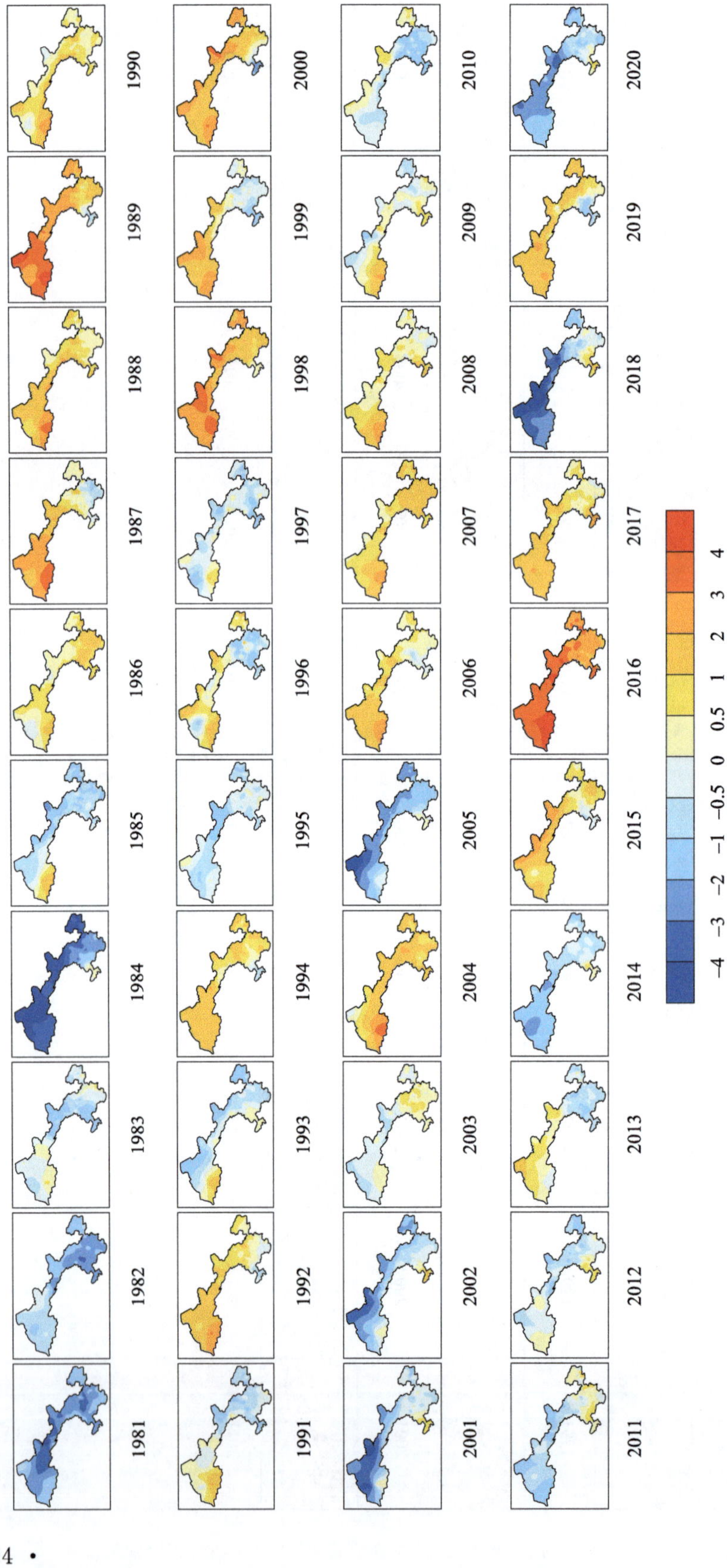

图 A. 12 1981—2020 年 12 月气温距平图

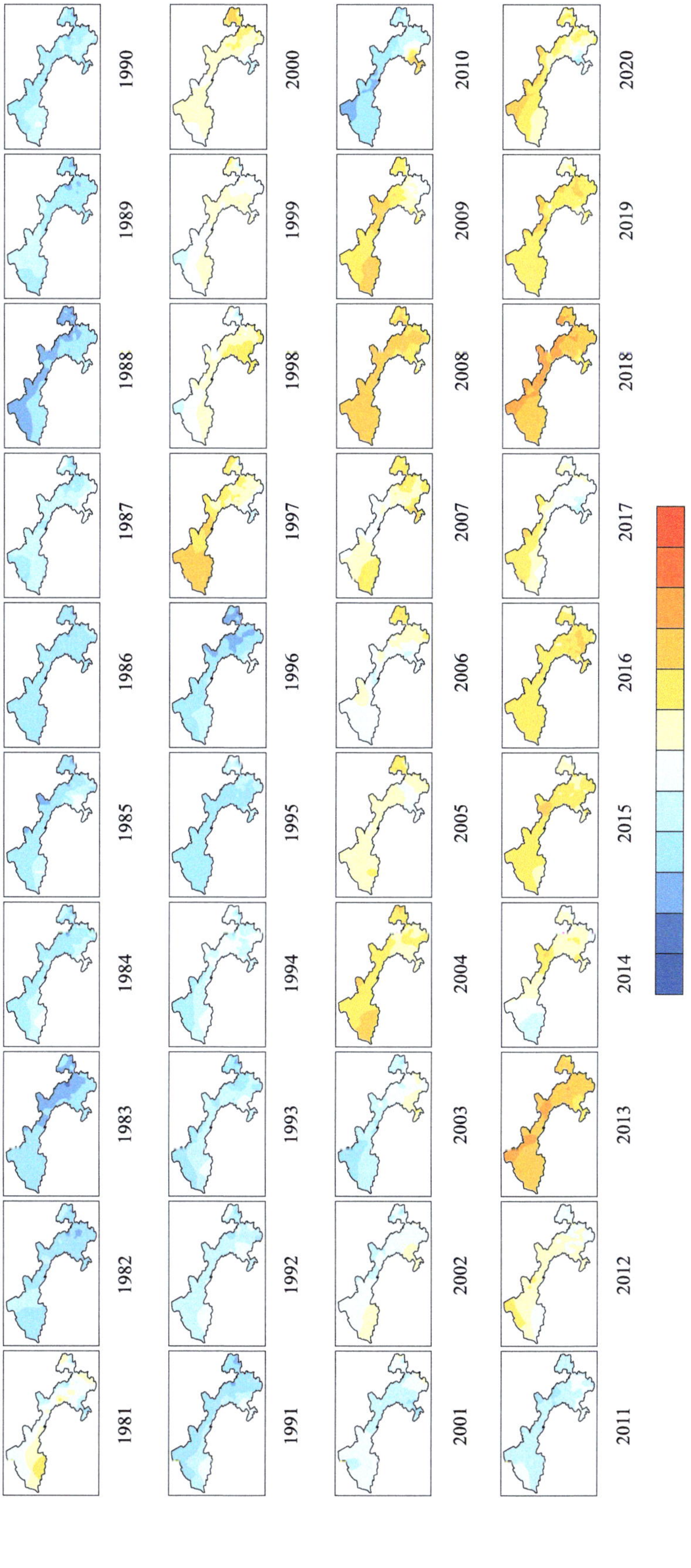

图 A. 13 1981—2020 年春季气温距平图

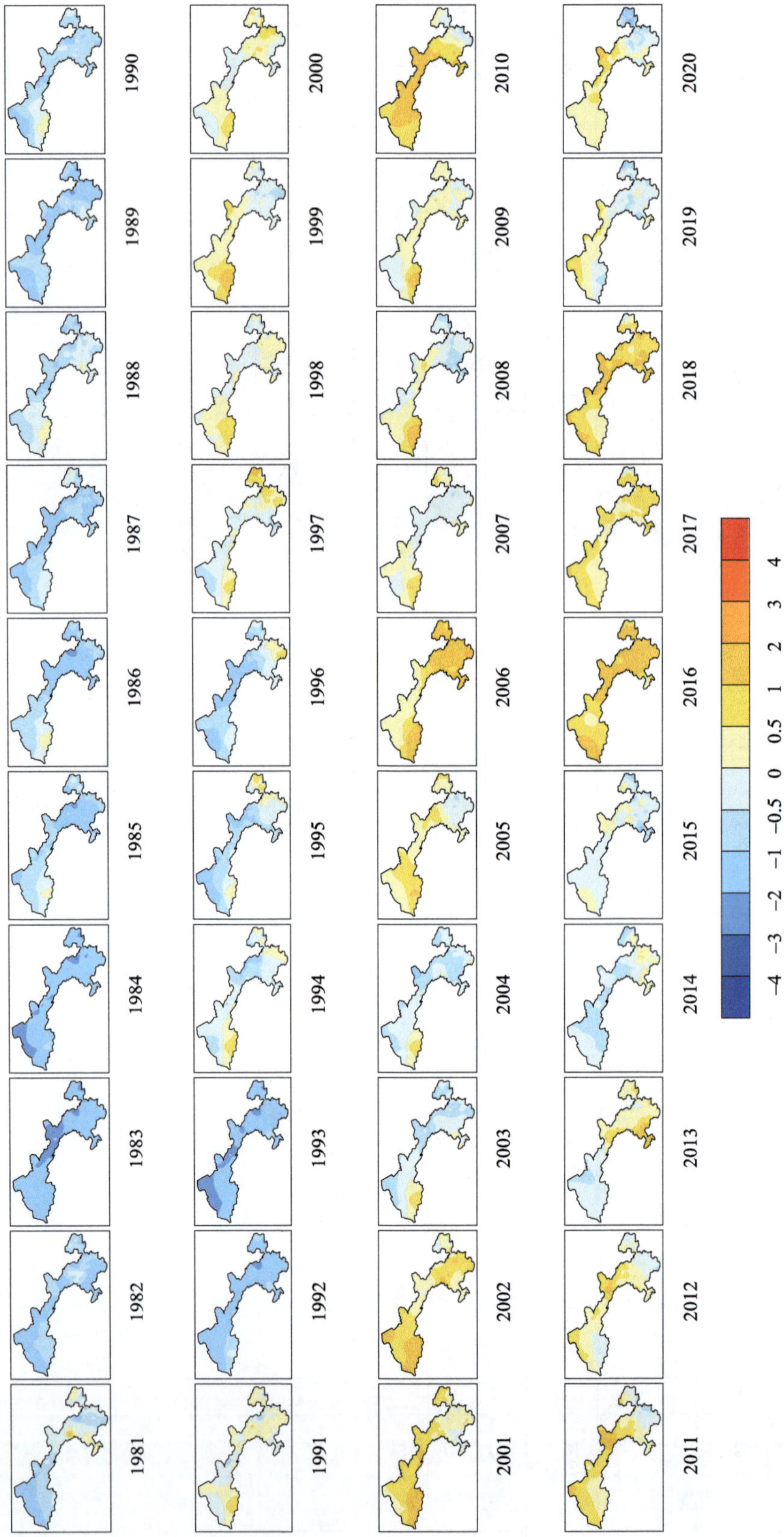

图 A.14 1981—2020 年夏季气温距平图

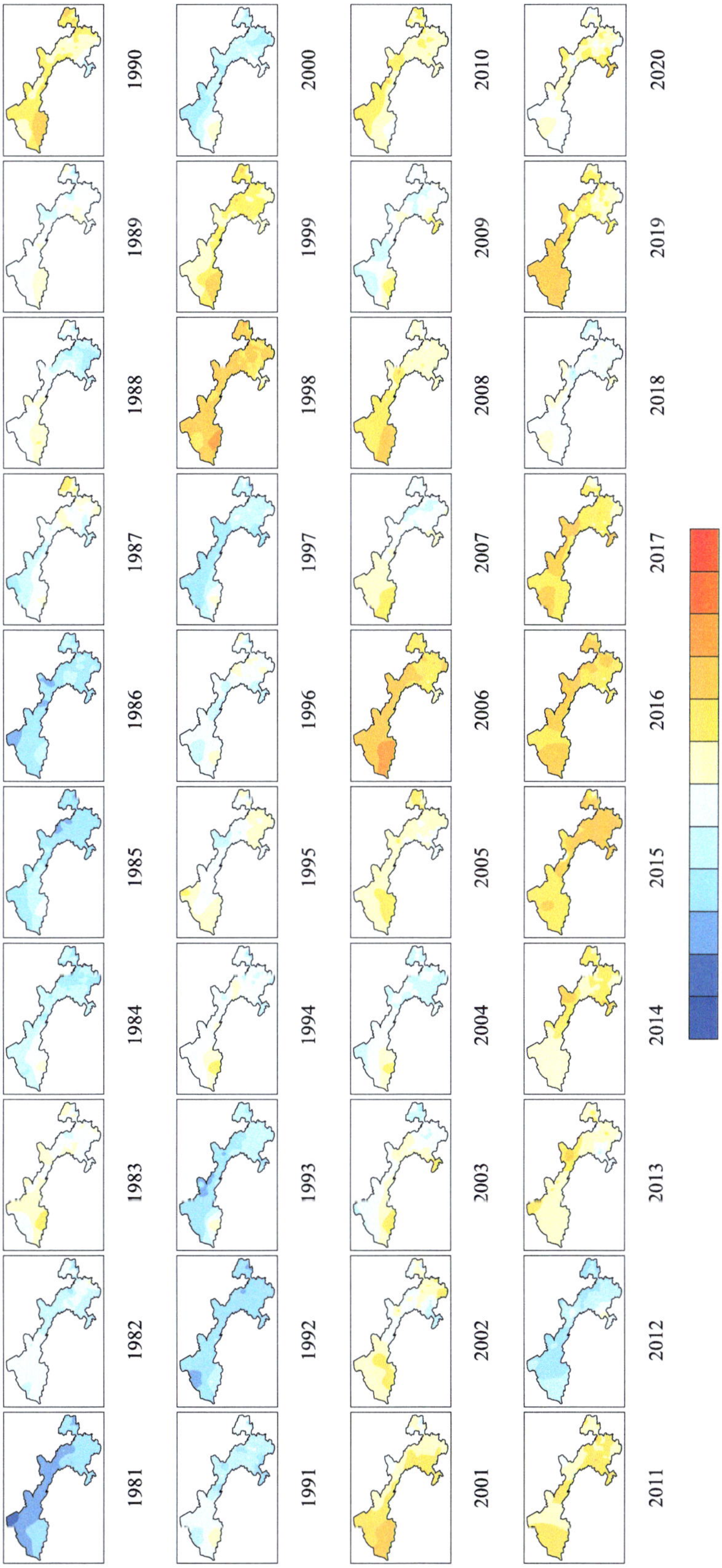

图 A. 15　1981—2020 年秋季气温距平图

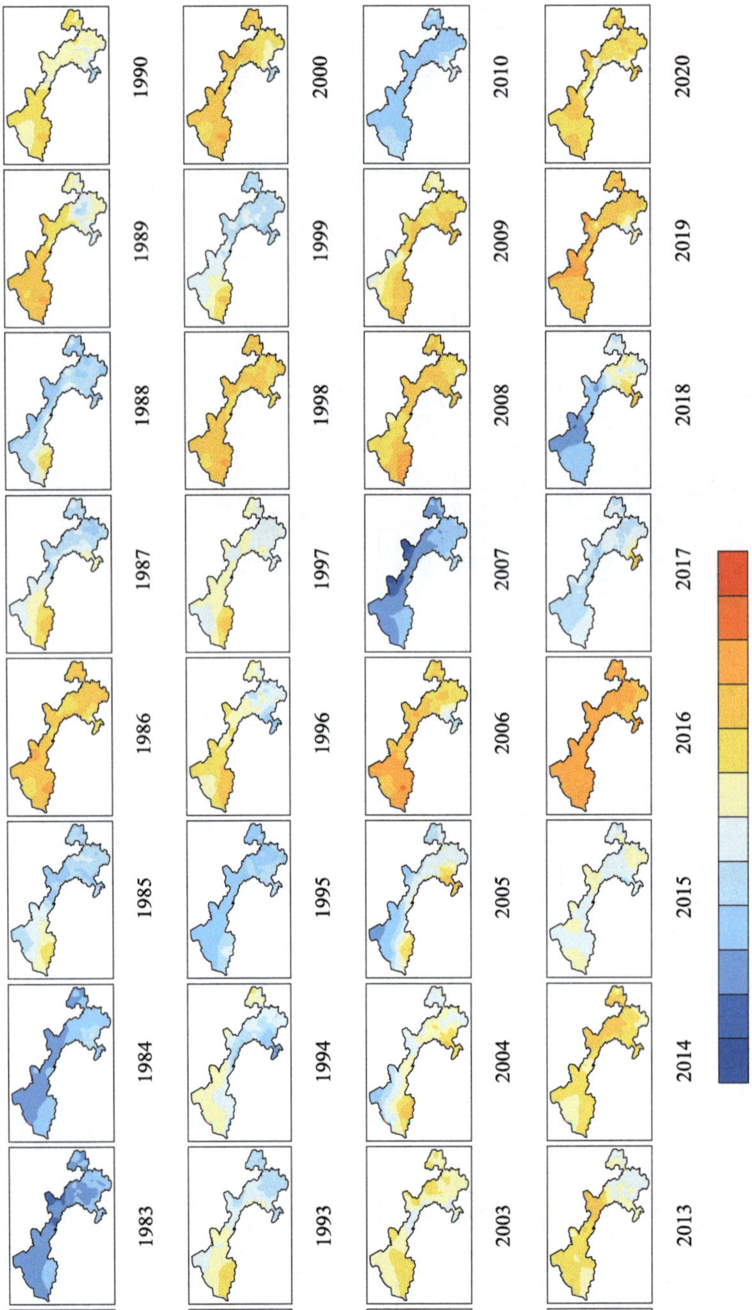

图 A. 16　1981—2020 年冬季气温距平图

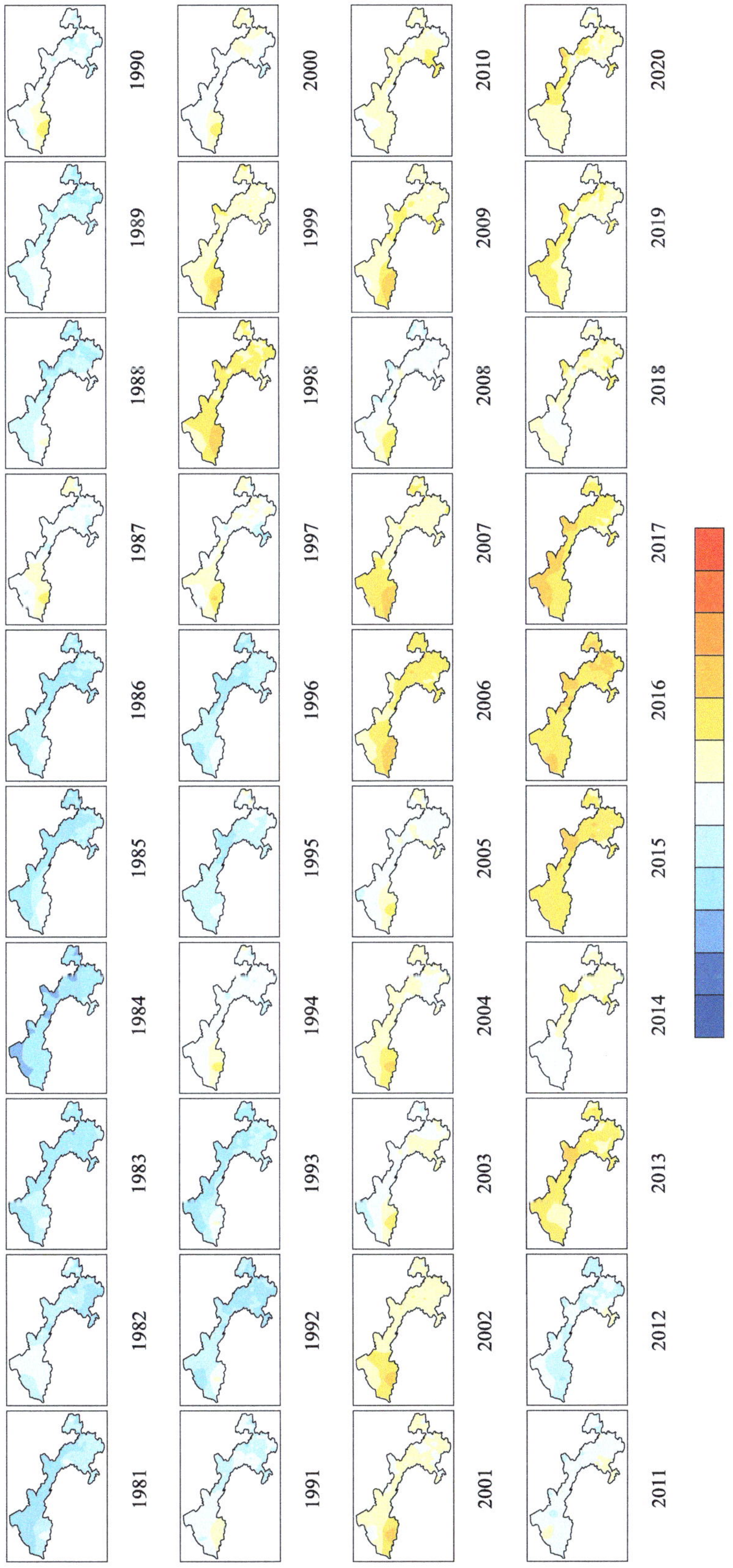

图 A.17 1981—2020 年年气温距平图

附录 B 甘肃省月、季和年降水距平百分率邮票图(1981—2020 年)

图 B. 1—图 B. 12 为 1981—2020 年逐年各月降水距平百分率图；图 B. 13—图 B. 16 为 1981—2020 年逐年各季降水距平百分率图；图 B. 17 为 1981—2020 年逐年年降水距平百分率图。图中单位均为%。

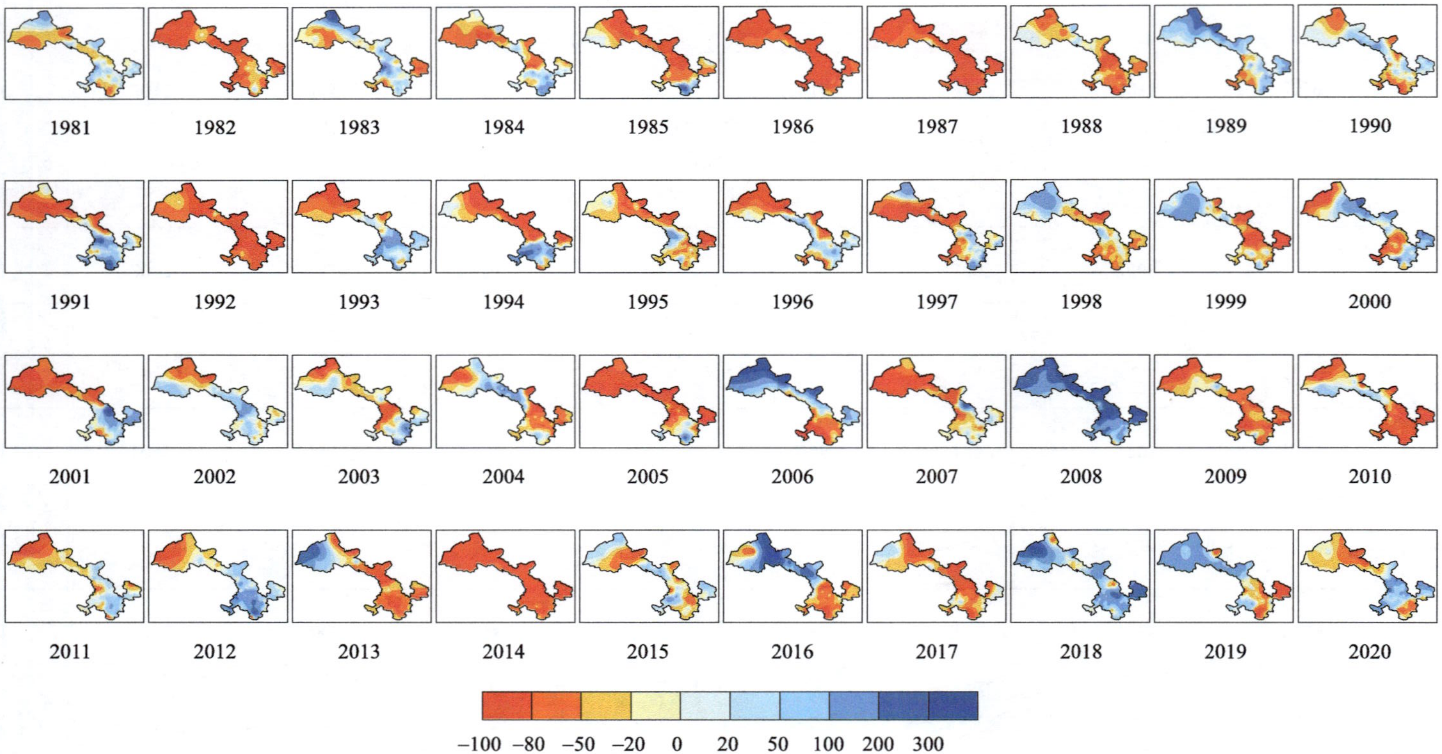

图 B. 1 1981—2020 年 1 月降水距平百分率图

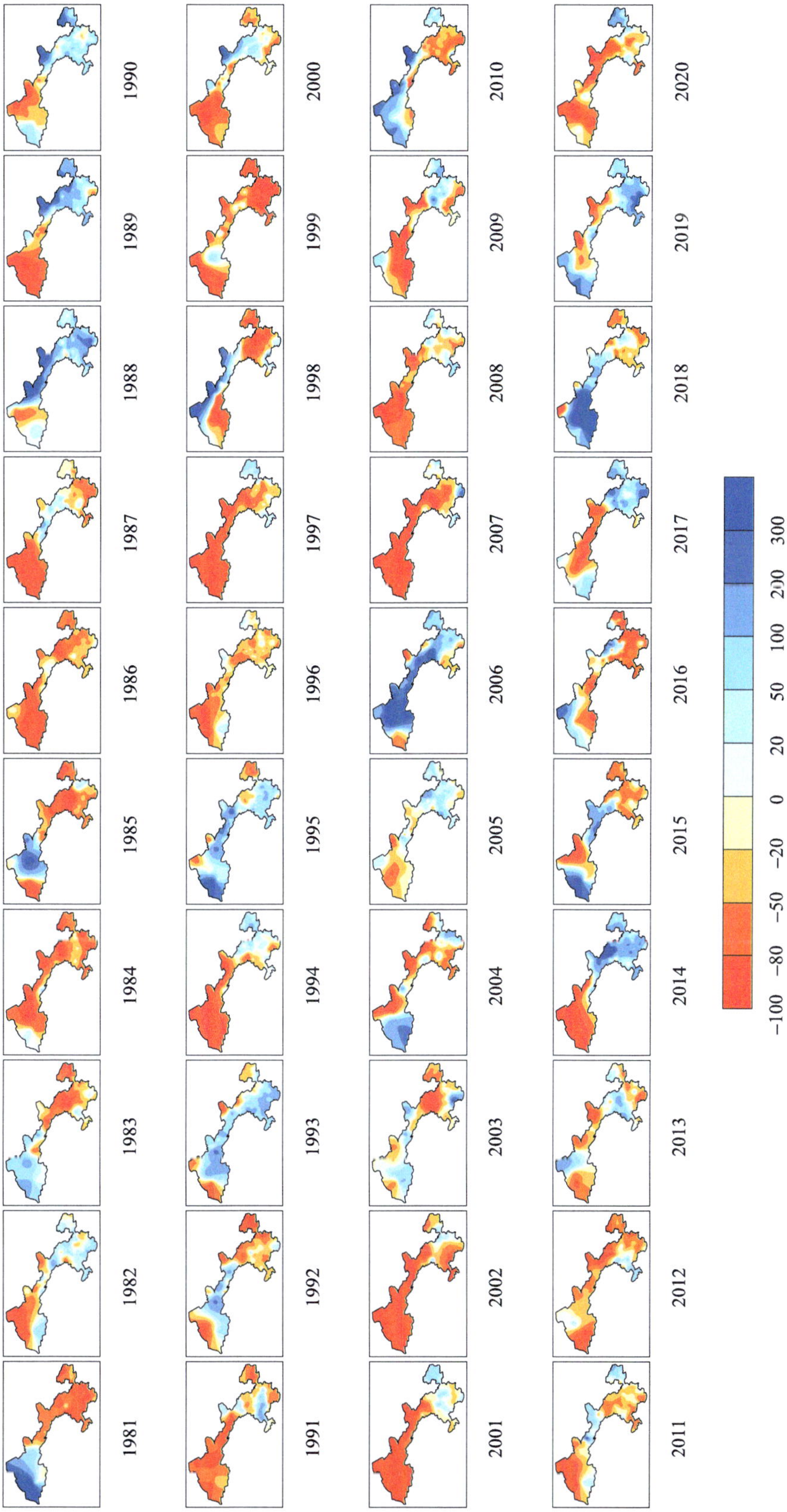

图 B.2　1981—2020年2月降水距平百分率图

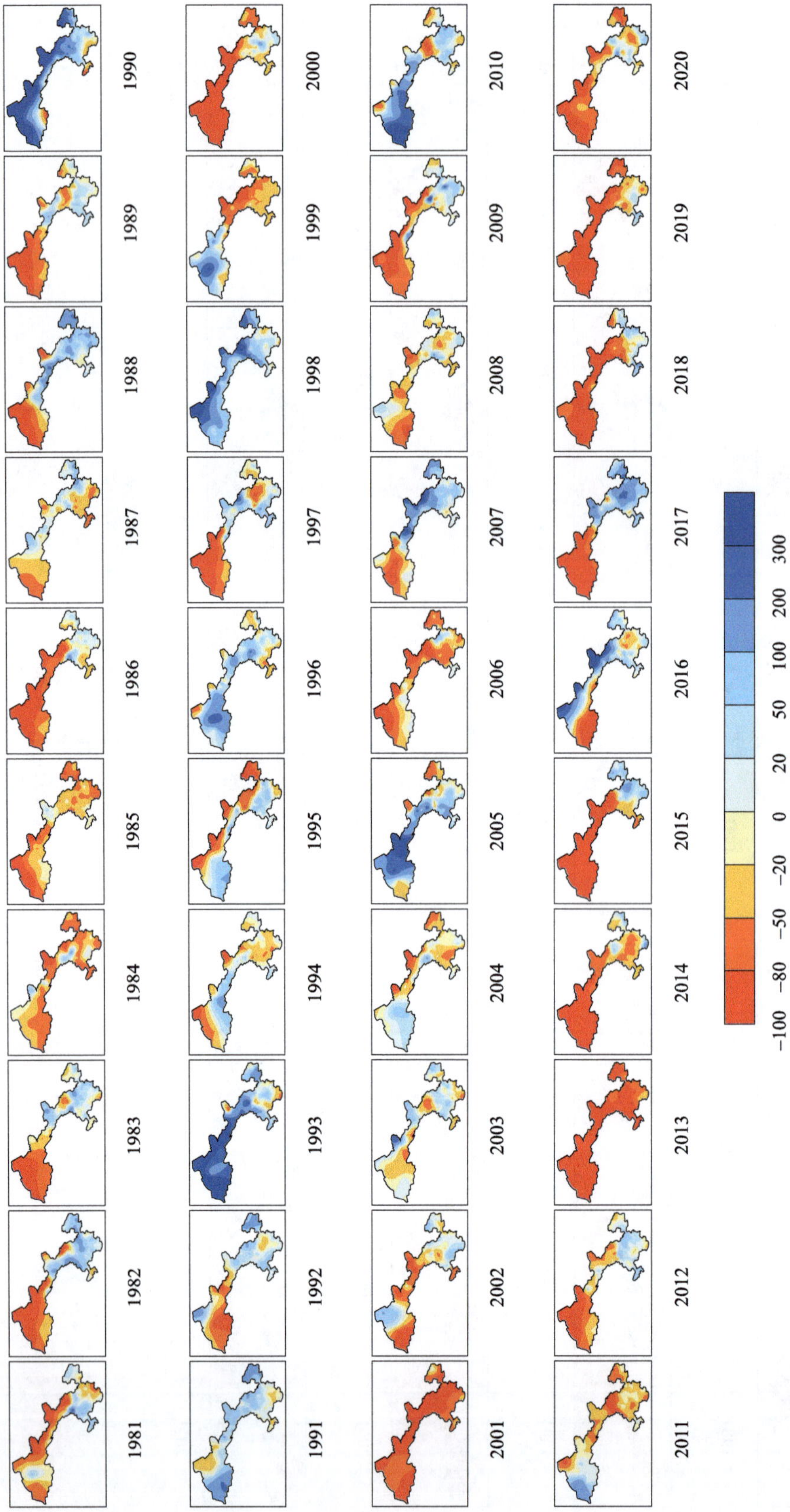

图 B.3 1981—2020 年 3 月降水距平百分率图

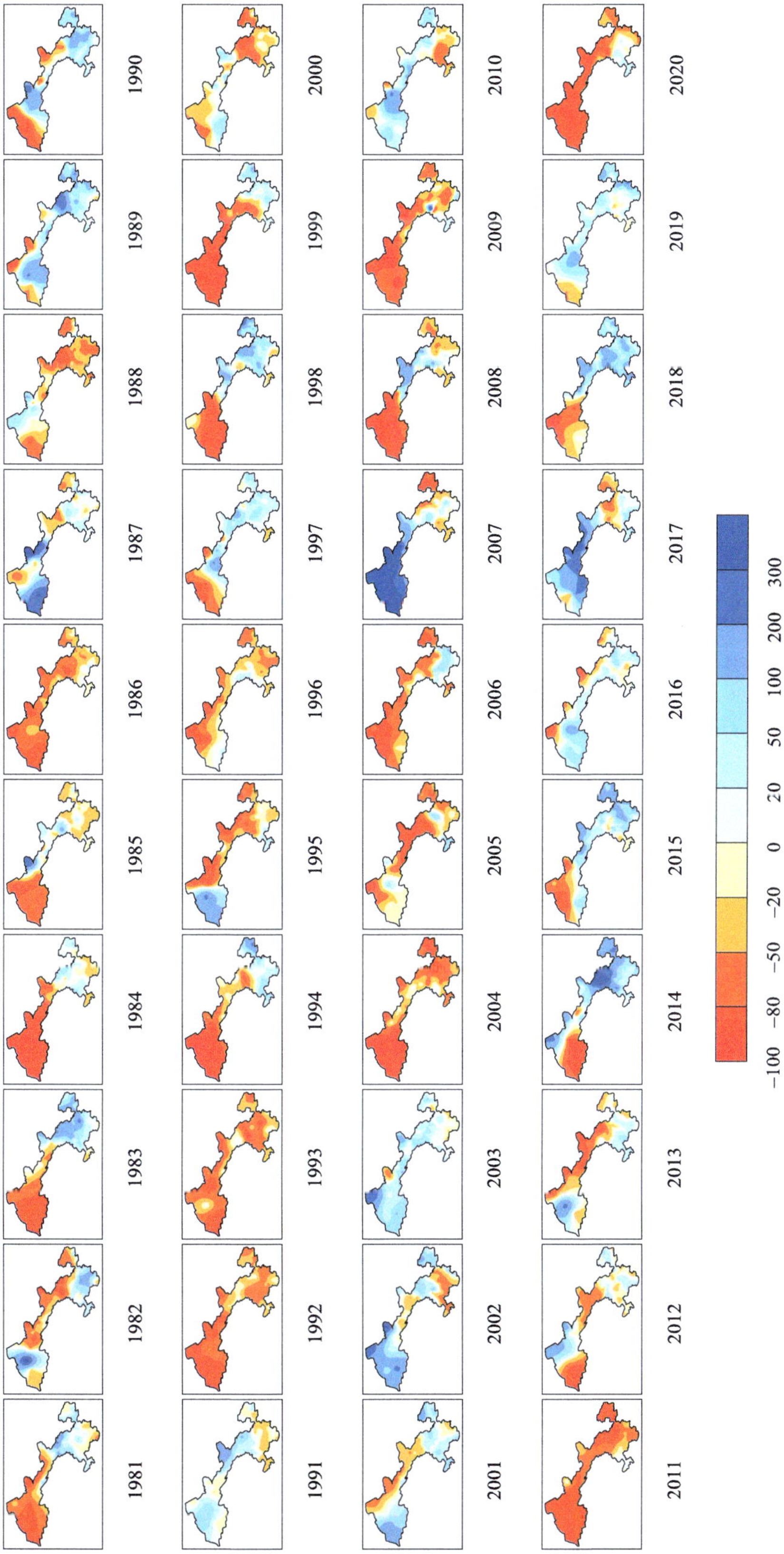

图 B.4 1981—2020年4月降水距平百分率图

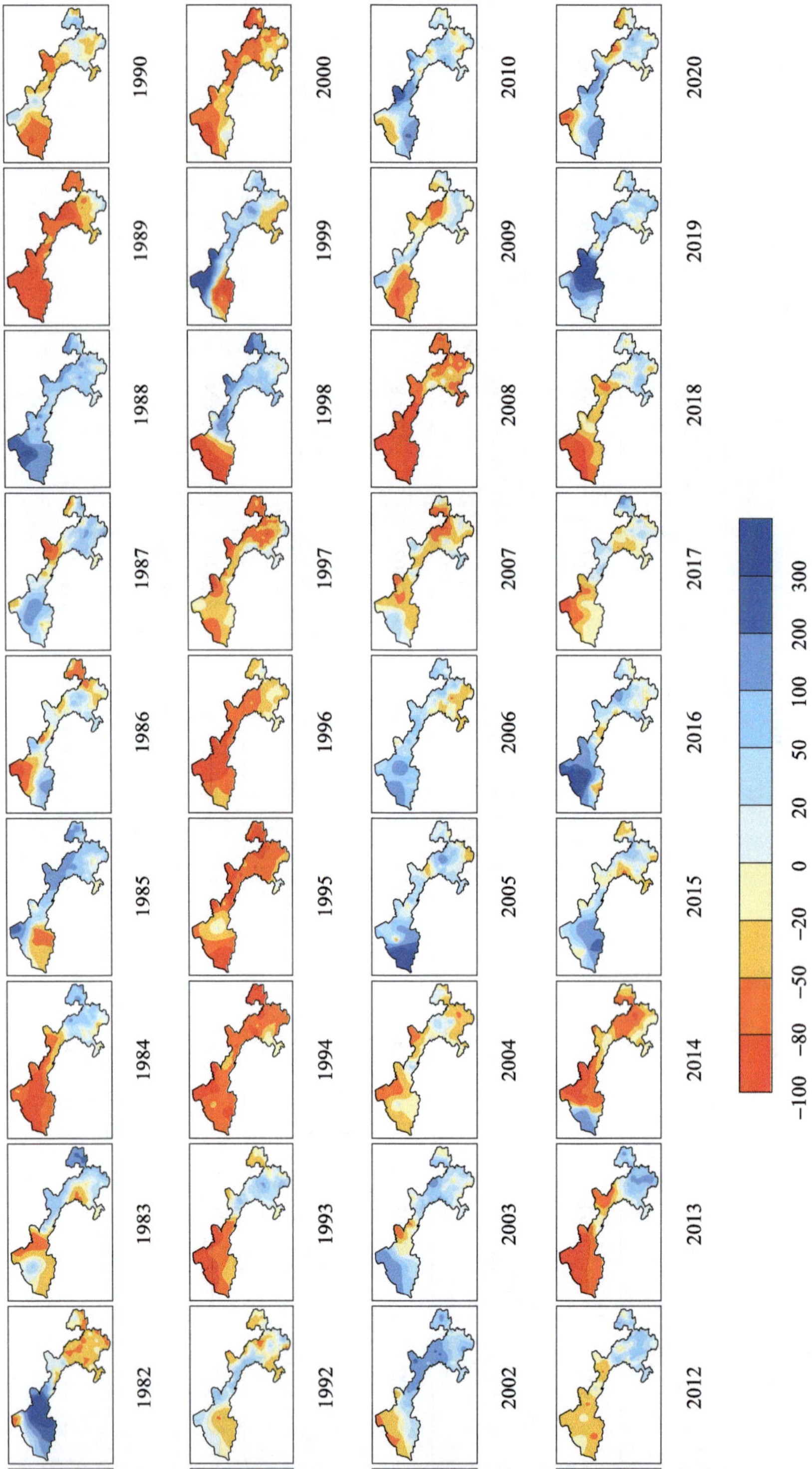

图 B.5 1981—2020 年 5 月降水距平百分率图

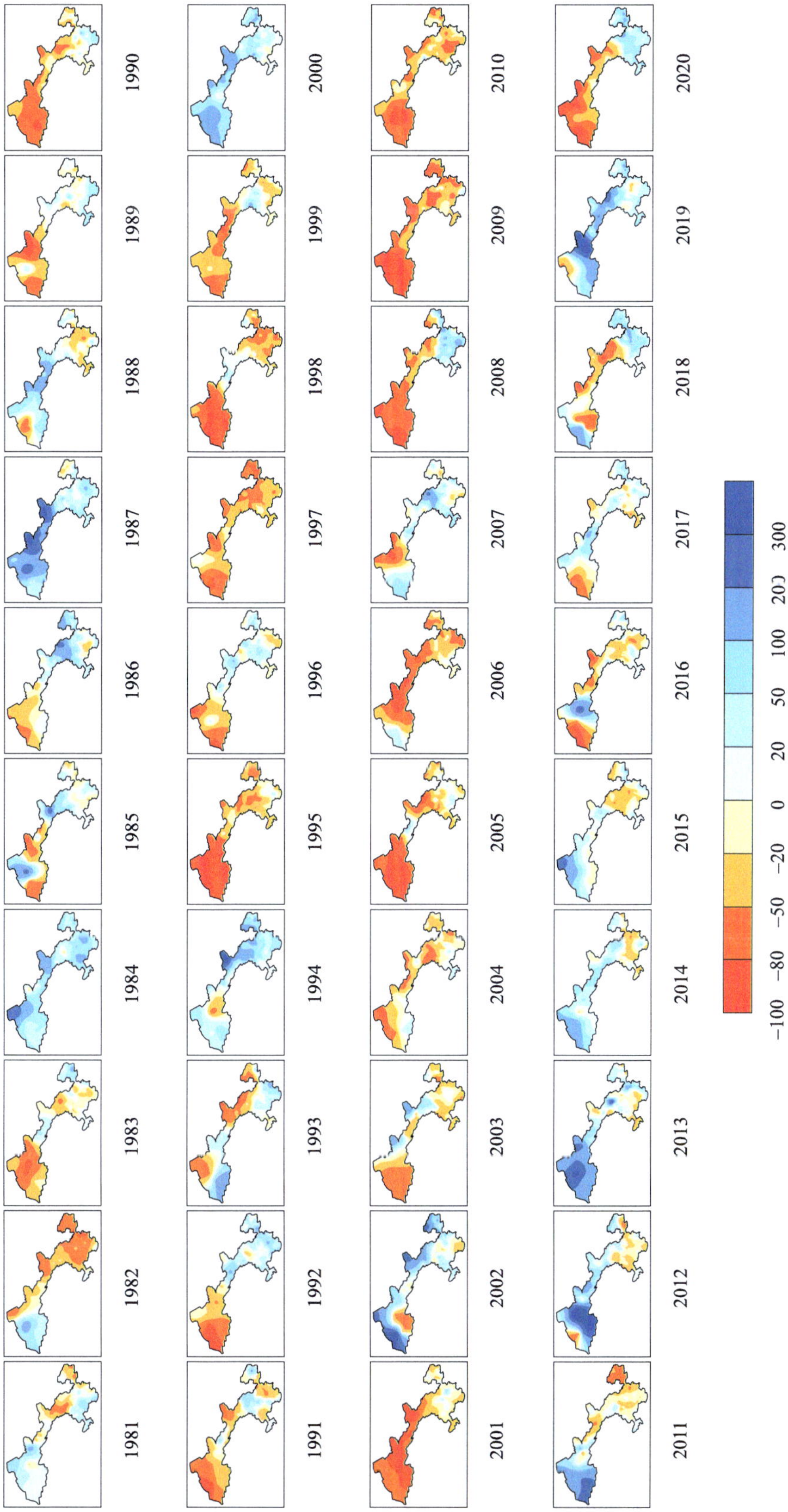

图 E. 6　1981—2020 年 6 月降水距平百分率图

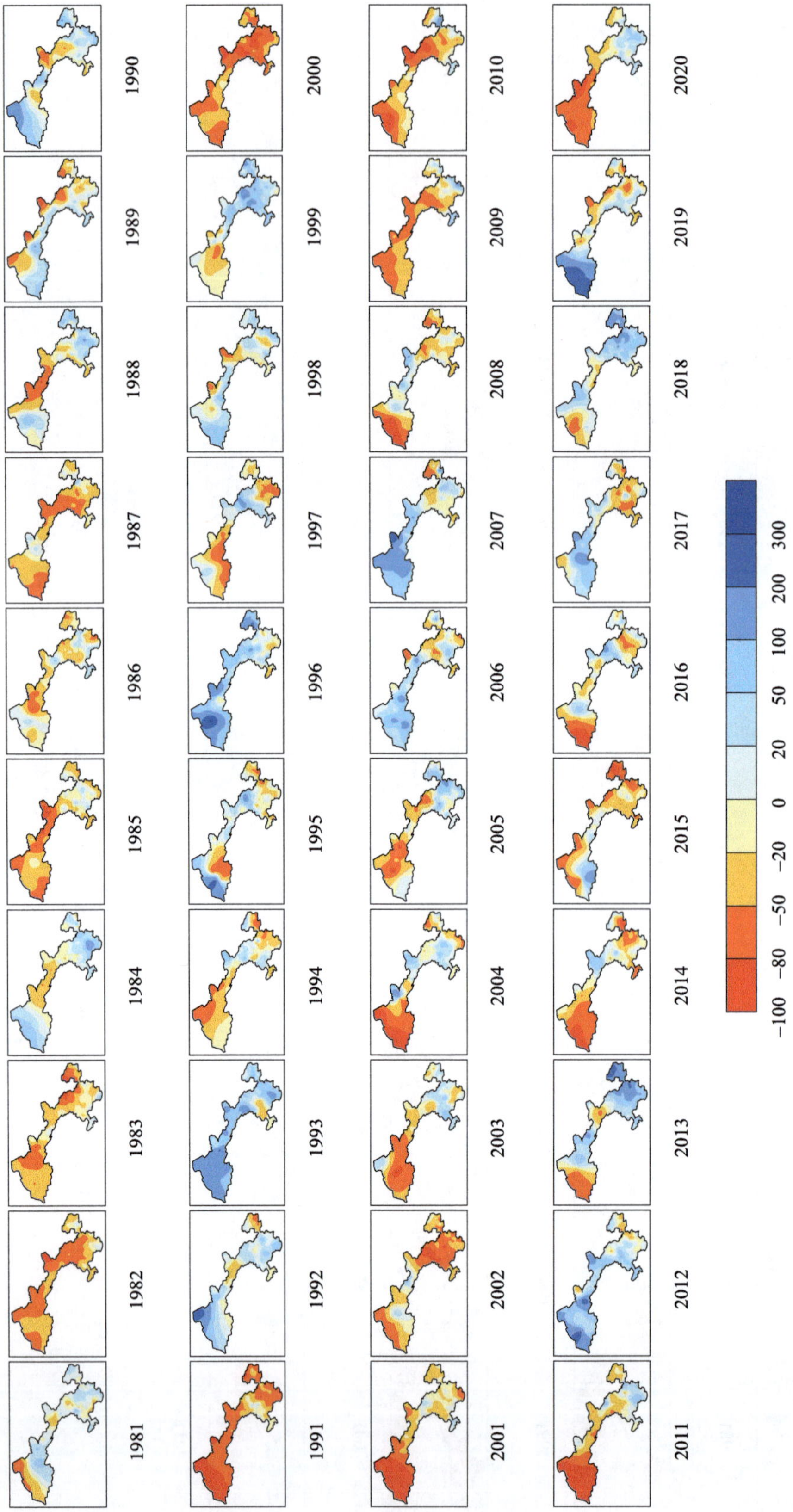

图 B. 7　1981—2020 年 7 月降水距平百分率图

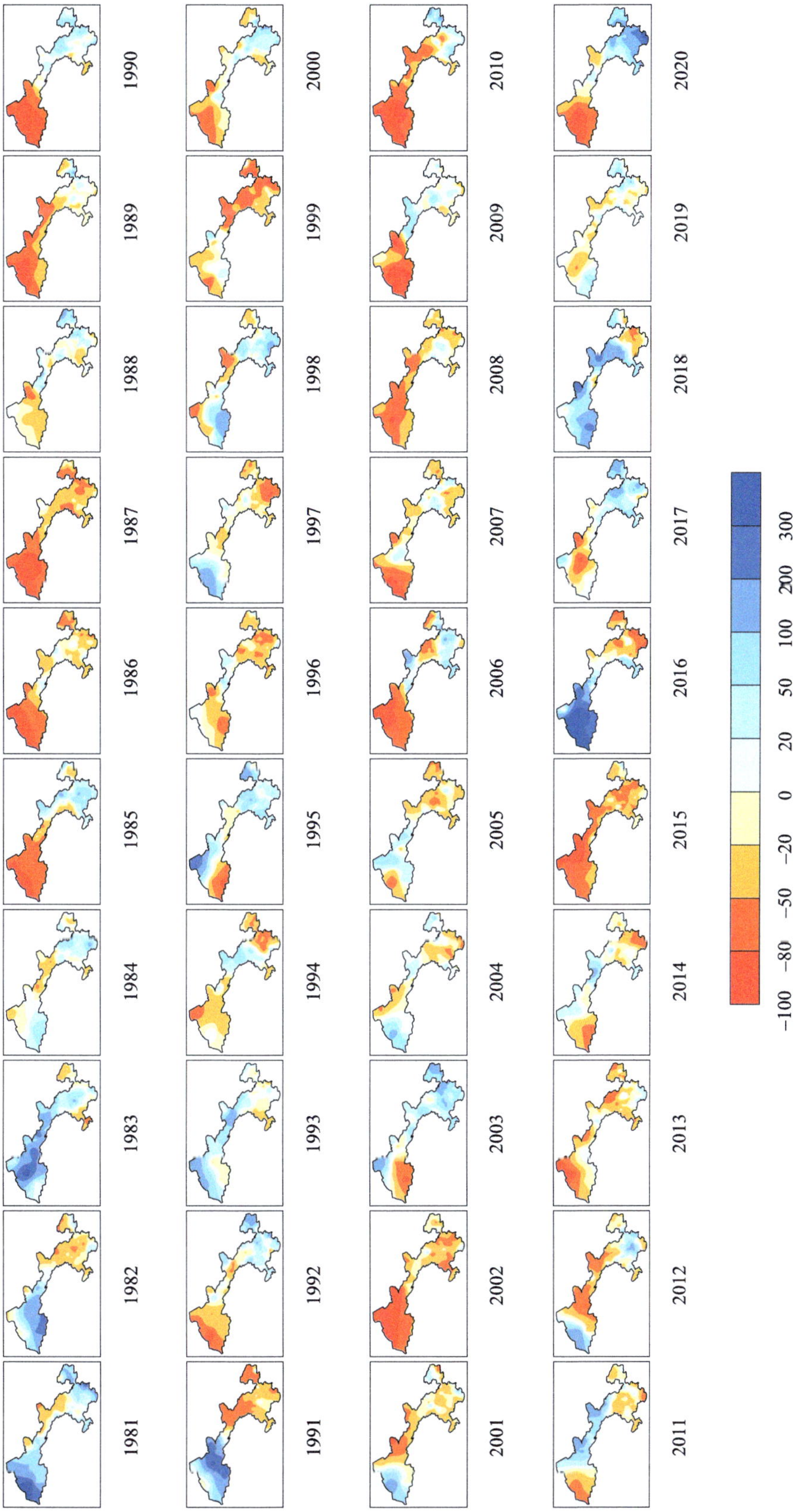

图 B.8　1981—2020 年 8 月降水距平百分率图

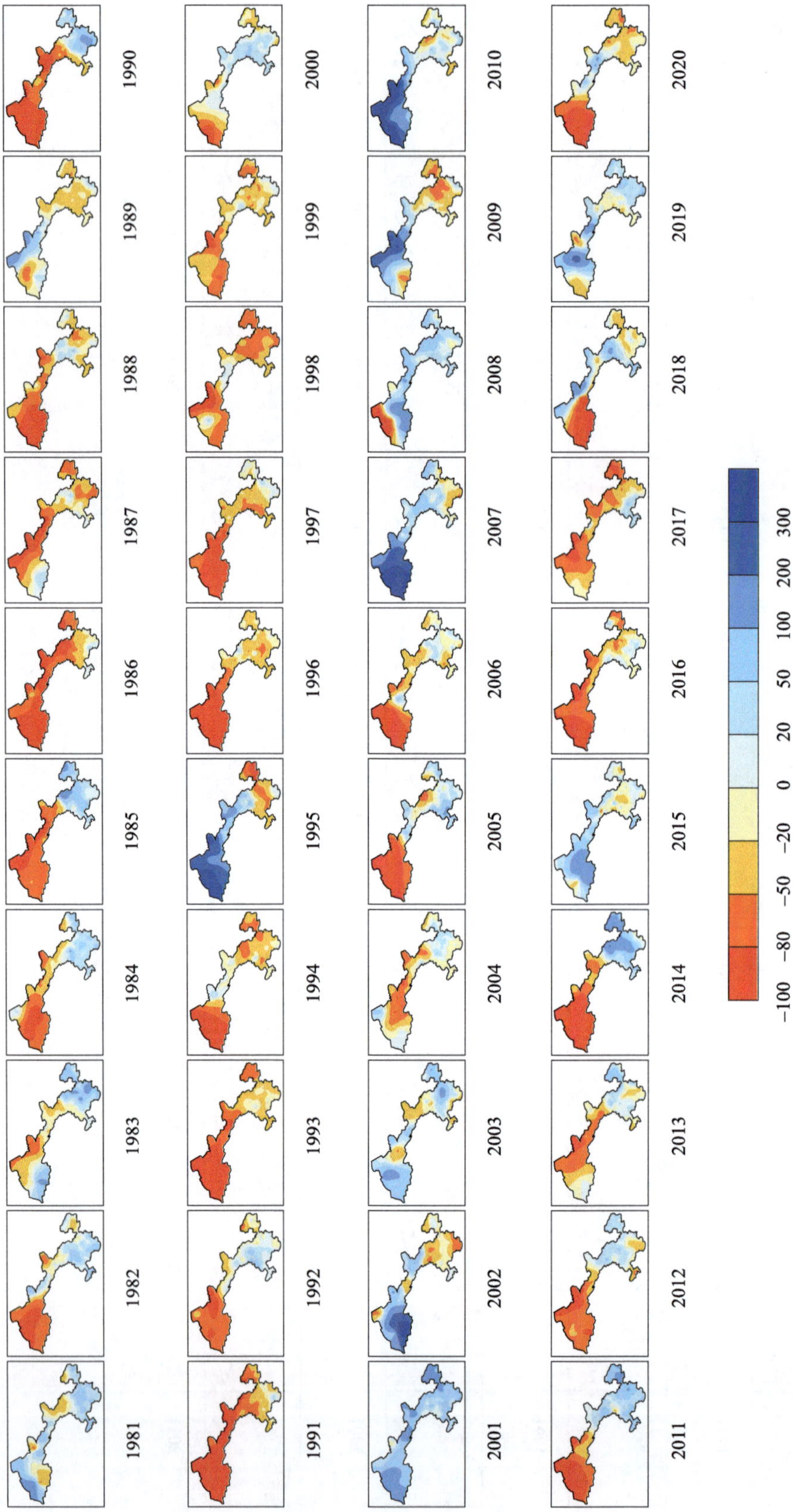

图 B.9 1981—2020 年 9 月降水距平百分率图

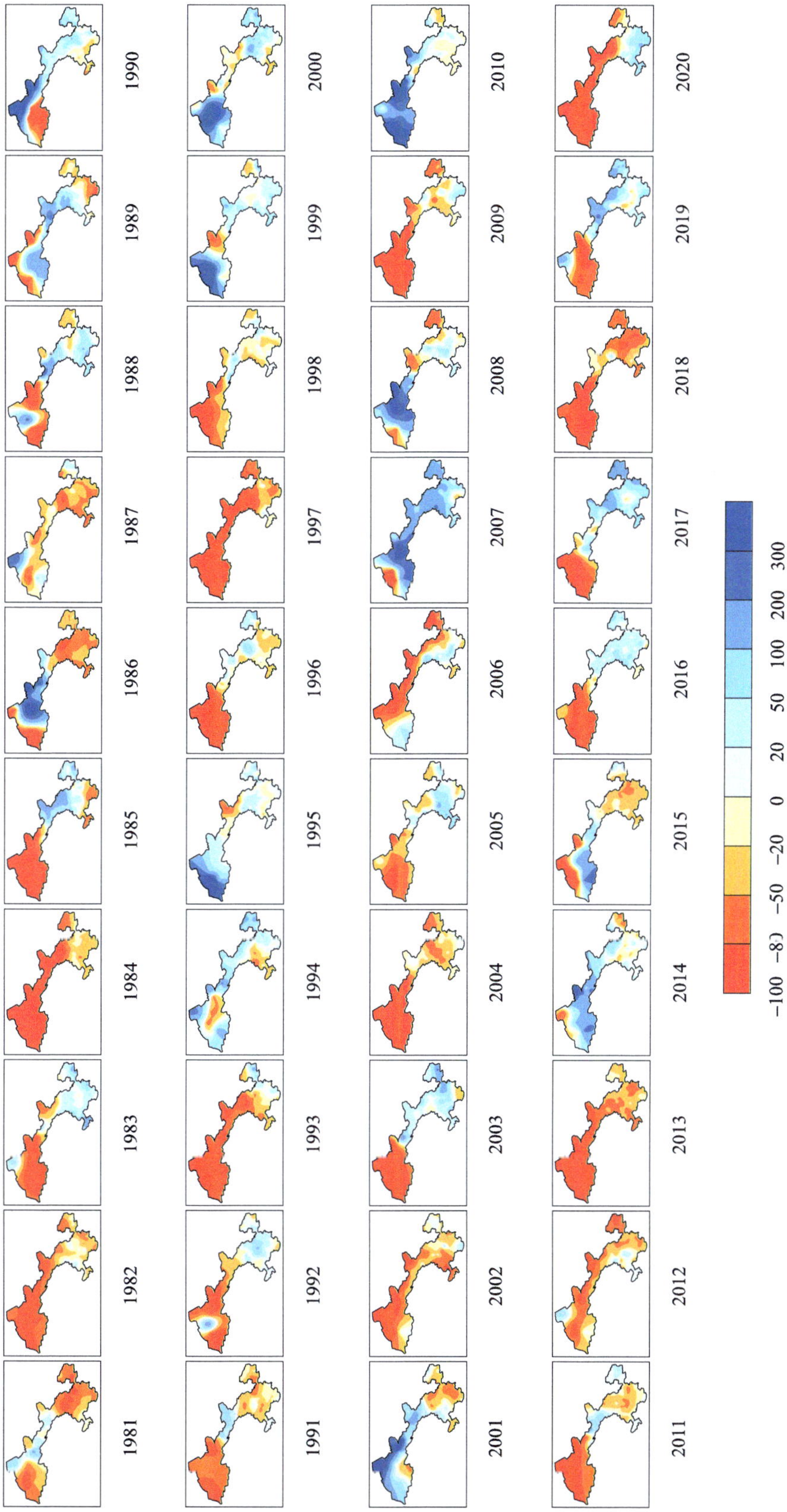

图 B.10　1981—2020 年 10 月降水距平百分率图

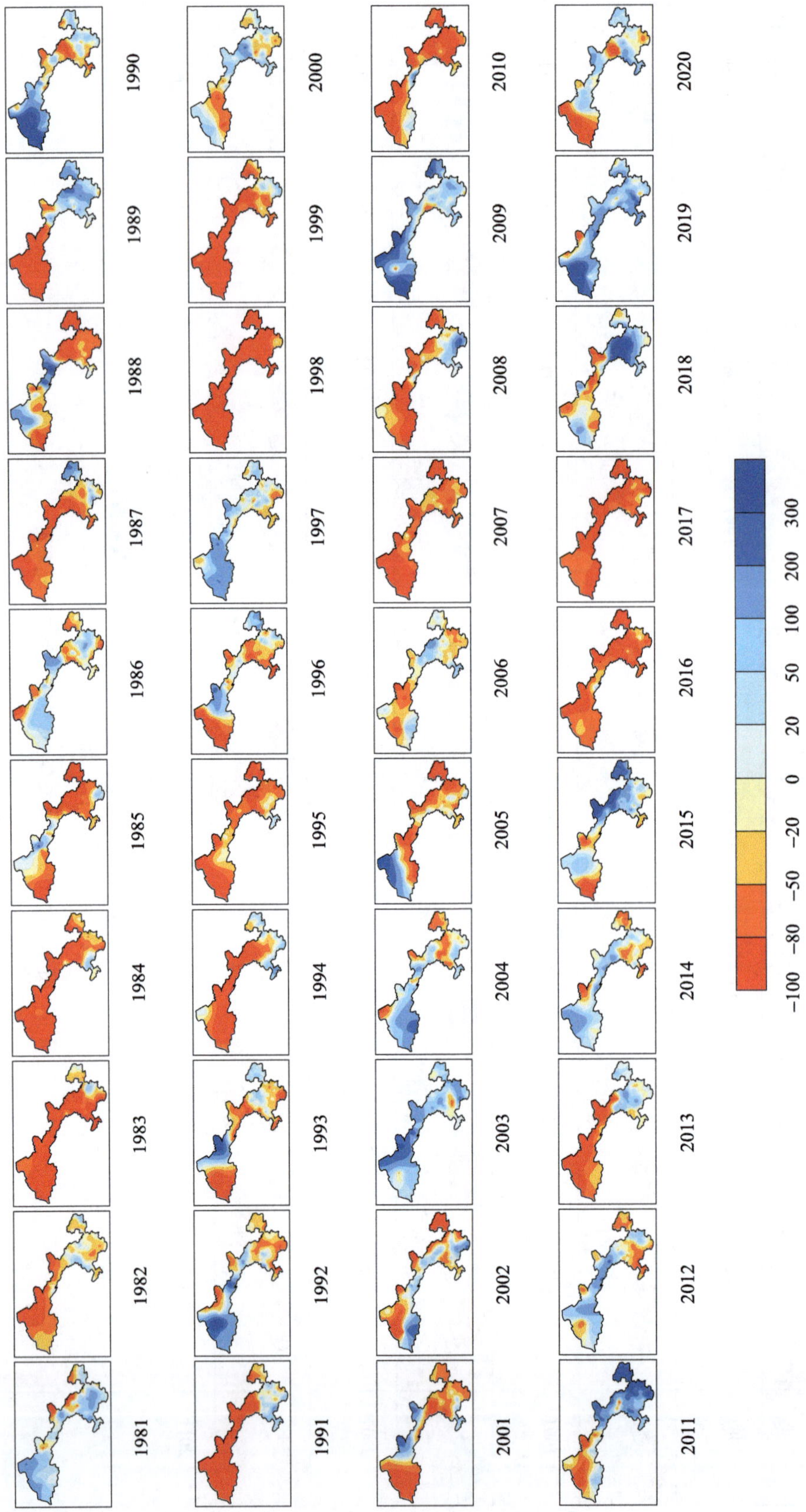

图 B.11　1981—2020 年 11 月降水距平百分率图

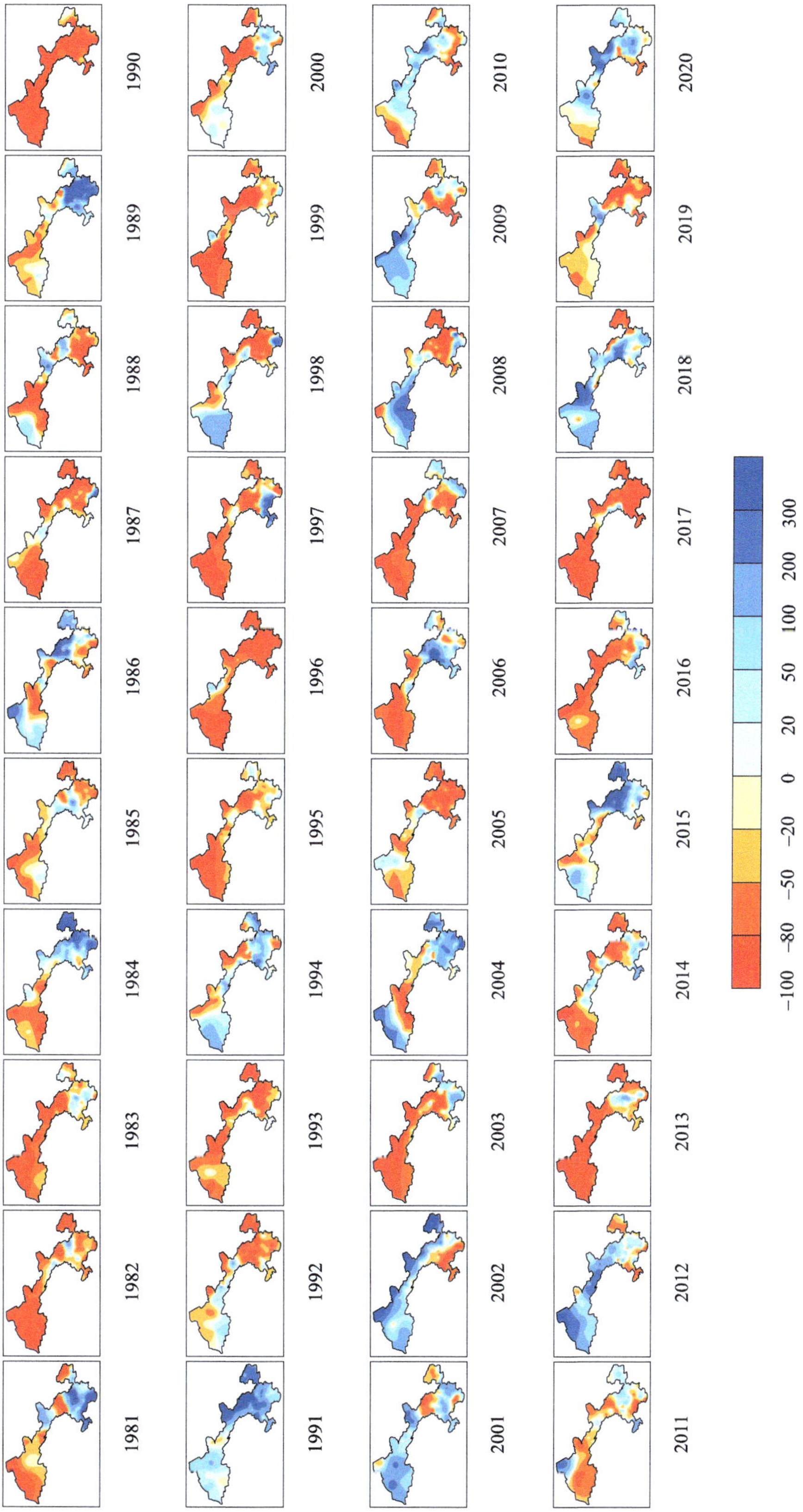

图 B. 12 1981—2020 年 12 月降水距平百分率图

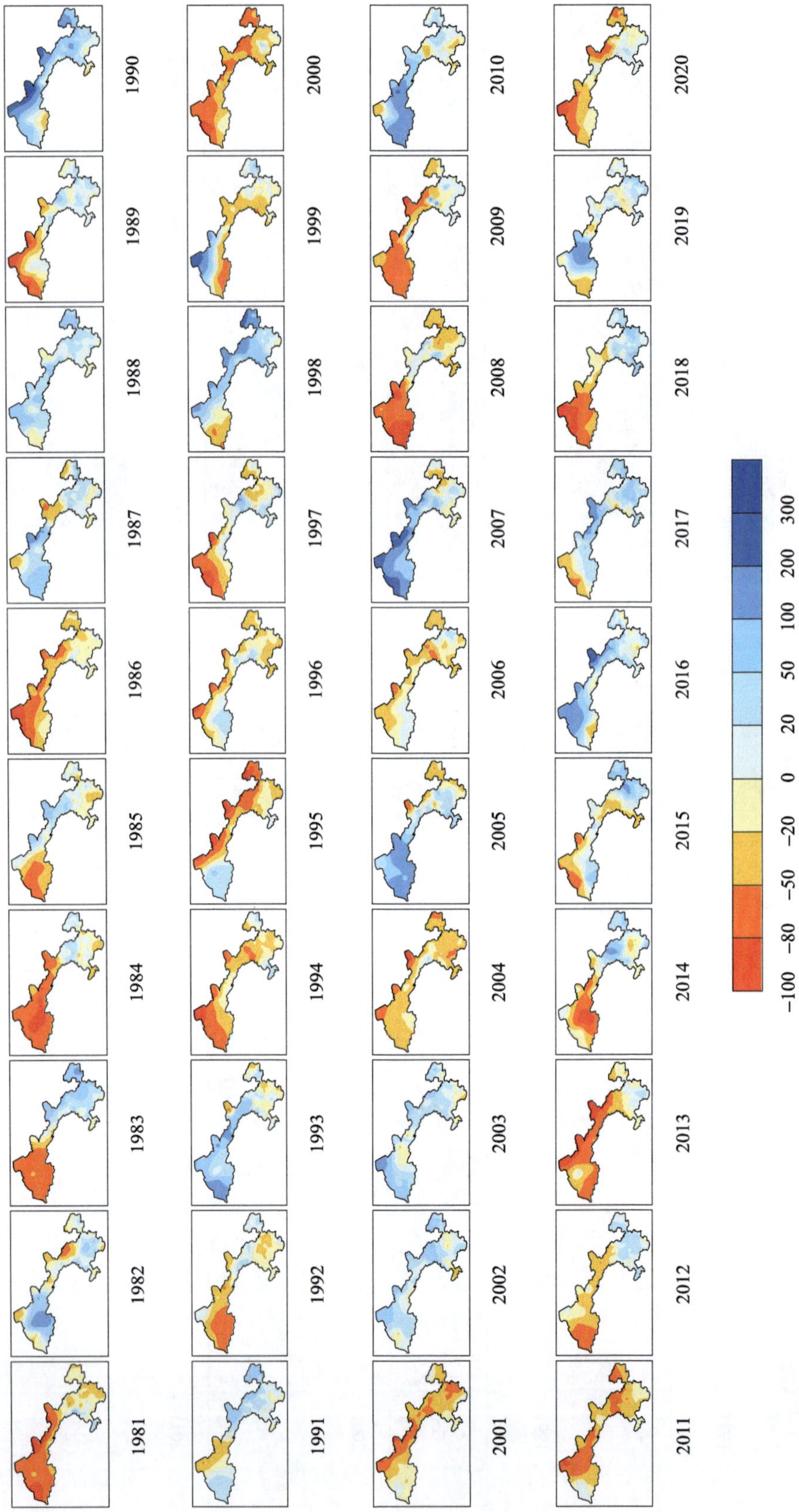

图 B. 13　1981—2020 年春季降水距平百分率图

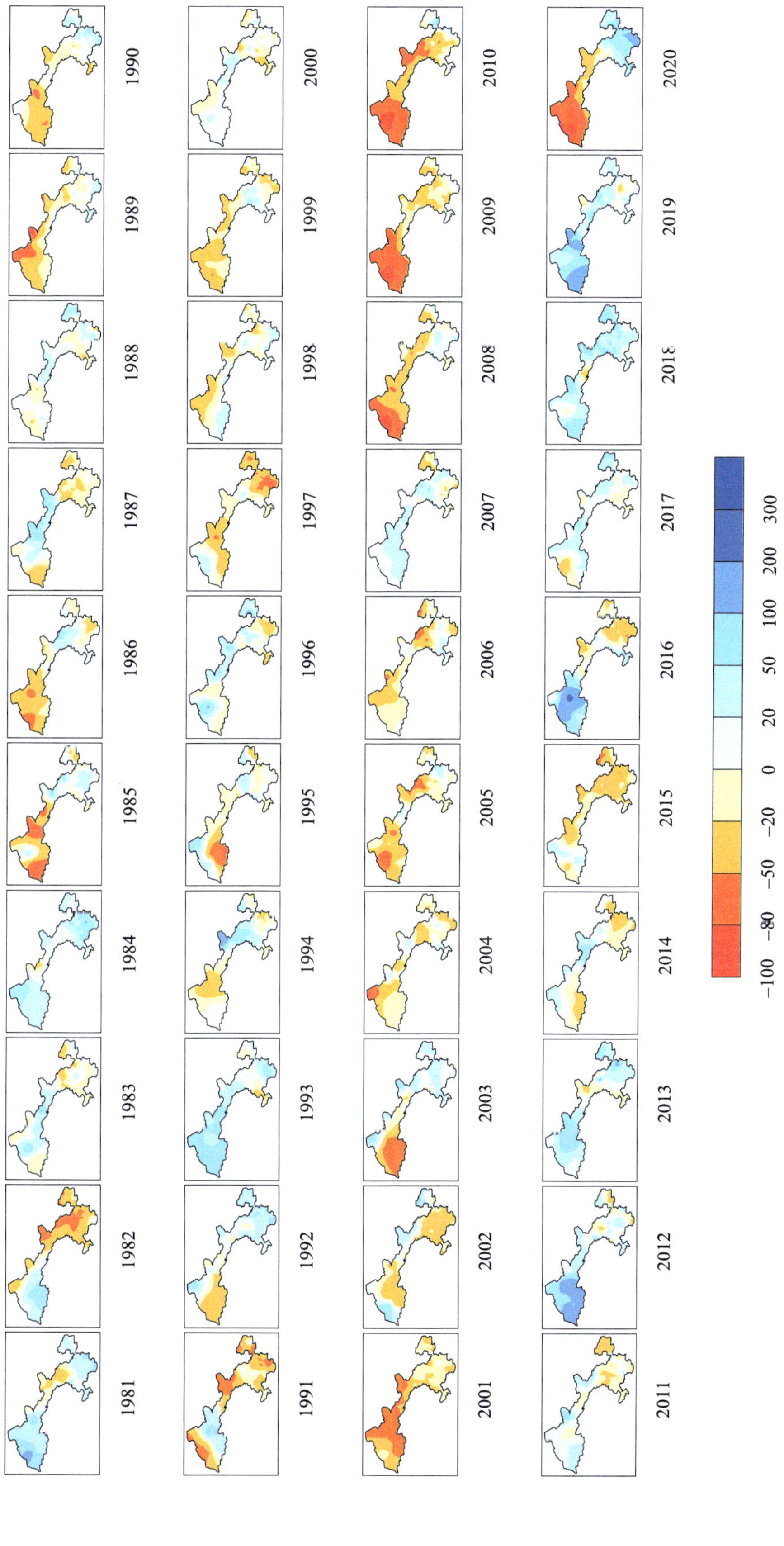

图 B.14 1981—2020 年夏季降水距平百分率图

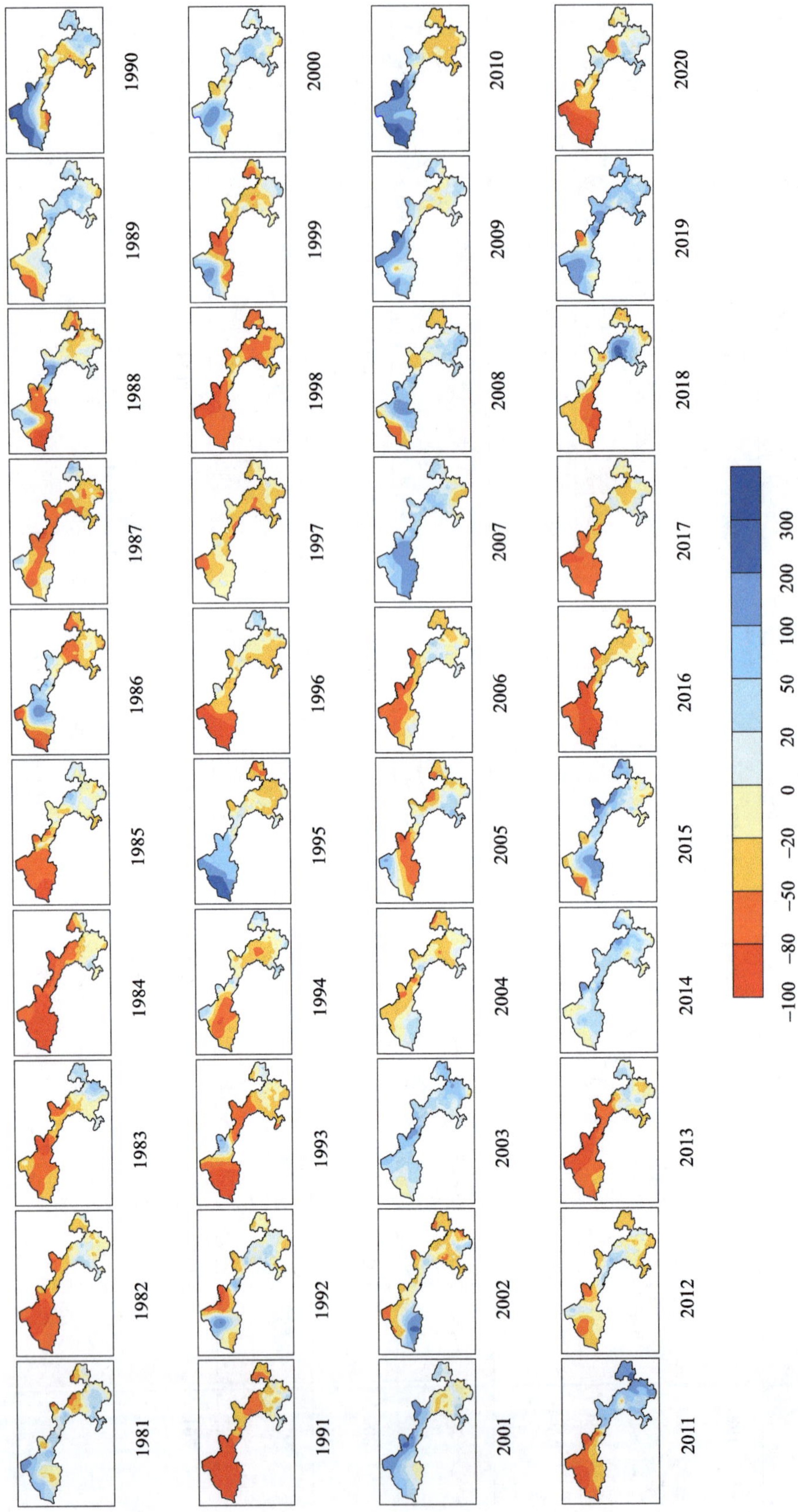

图 B.15 1981—2020 年秋季降水距平百分率图

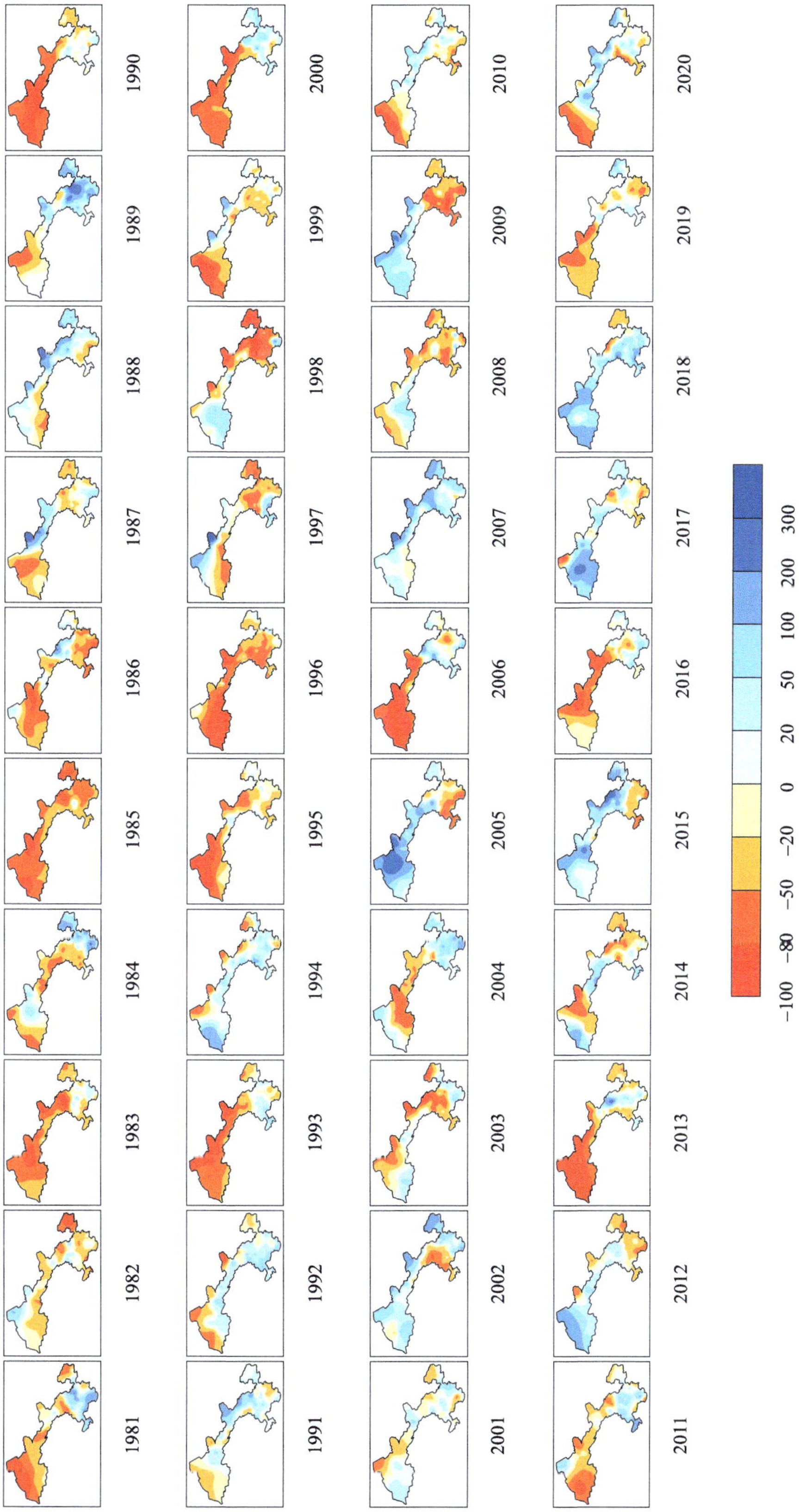

图 B.16　1981—2020 年冬季降水距平百分率图

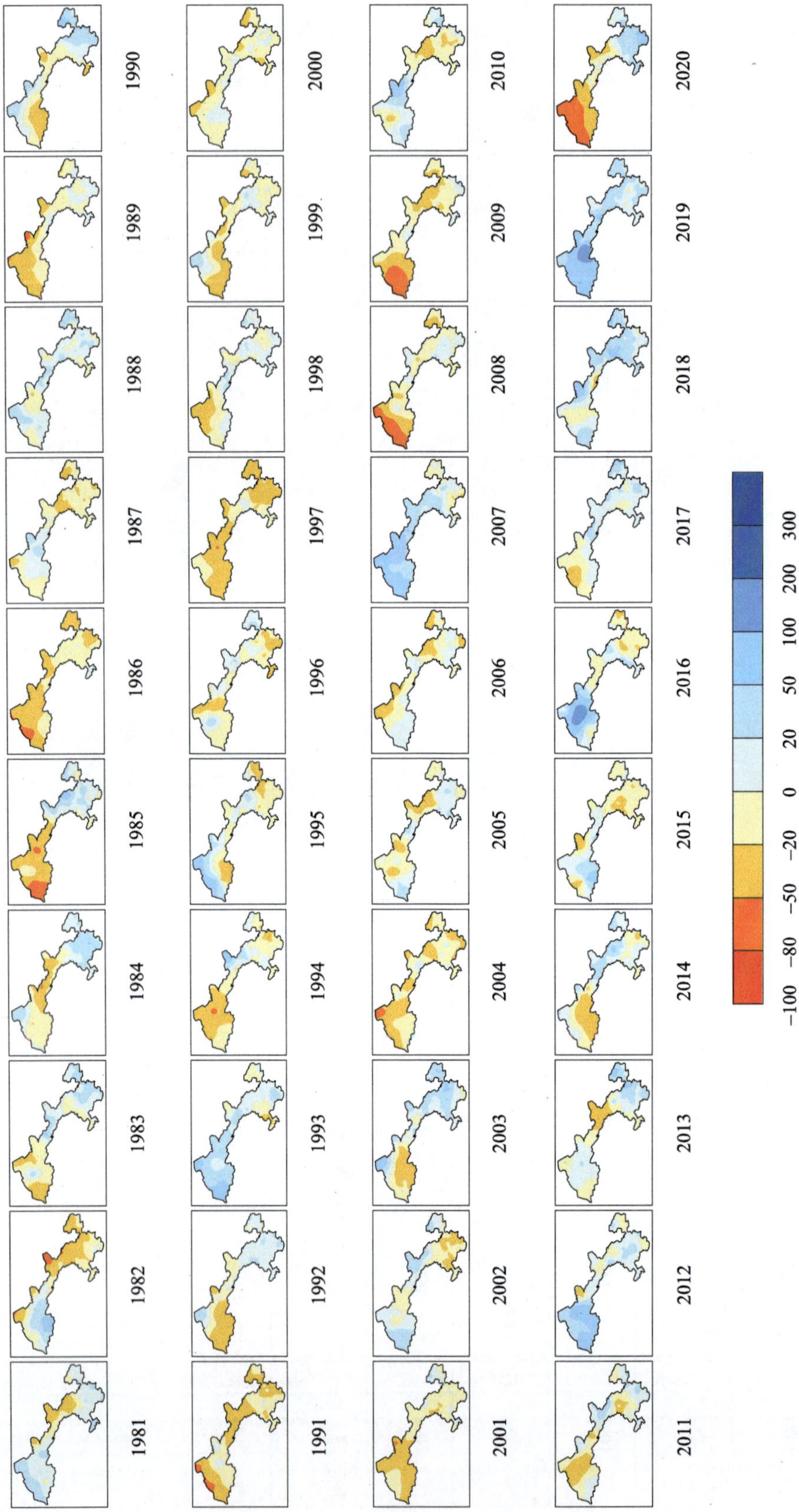

图 B.17 1981—2020 年年降水距平百分率图